哪裡有數，哪裡就有美。

——普羅克洛，希臘哲學家

一門科學的歷史是那門科學最寶貴的一部分，
因為科學只能給我們知識，
而歷史卻給我們智慧。

——傅鷹，化學家

我們最優秀的人學習數學。

——《高斯：偉大數學家的一生》

目錄

推薦序　從小樹苗到通天神木／賴以威 ———————————— 011

繁體版前言 ———————————————————————— 014

前言 —————————————————————————————— 016

第一章　中東，或數學的起源

- **數學的起源** ————————————————————— 022
  計數的開始 ———————————————————————— 022
  數基和進位制 ——————————————————————— 024
  阿拉伯數系 ———————————————————————— 026
  形而幾何學 ———————————————————————— 029

- **尼羅河文明** ————————————————————— 031
  奇特的地形 ———————————————————————— 031
  萊茵德紙草書 ——————————————————————— 032
  埃及分數 —————————————————————————— 035

- **在河流之間** ————————————————————— 038
  巴比倫尼亞 ———————————————————————— 038
  泥板書上的根 ——————————————————————— 040
  普林頓三二二號 —————————————————————— 042

- **結語** ————————————————————————— 044

第二章　希臘的那些先哲們

- **數學家的誕生** 048
  希臘人出場 048
  論證的開端 050
  畢達哥拉斯 052

- **柏拉圖學院** 058
  芝諾的烏龜 058
  柏拉圖學院 060
  亞里斯多德 063

- **亞歷山大學派** 066
  《幾何原本》 066
  阿基米德 069
  其他數學家 071

- 結語 076

第三章　中世紀的中國

- 引子 080
  先秦時代 080
  《周髀算經》 082
  《九章算術》 084

- 從割圓術到孫子定理 088
  劉徽的割圓術 088
  祖氏父子 091
  孫子定理 094

・宋元六大家 —————————————— 098

　沈括和賈憲 ———————————————— 098

　楊輝和秦九韶 ————————————— 100

　李冶和朱世杰 ————————————— 105

・結語 ——————————————————— 110

第四章　印度人和波斯人

・從印度河到恆河 —————————— 114

　雅利安人的宗教 —————————— 114

　《繩法經》和佛經 ————————— 116

　零和印度數字 ————————————— 119

・從北印度到南印度 ———————— 123

　阿耶波多 ———————————————— 123

　婆羅摩笈多 —————————————— 125

　馬哈威拉 ———————————————— 127

　婆什迦羅 ———————————————— 130

・神賜的土地 —————————————— 134

　阿拉伯帝國 —————————————— 134

　巴格達的智慧宮 —————————— 136

　花拉子密的《代數學》 ————— 138

・波斯的智者 —————————————— 142

　伊斯法罕的奧瑪珈音 —————— 142

　大不里士的納西爾丁 —————— 146

　撒馬爾罕的阿爾·卡西 ————— 149

・結語 ——————————————————— 153

第五章　**從文藝復興到微積分的誕生**

- 歐洲的文藝復興 ·· 156
  中世紀的歐洲 ··· 156
  斐波那契的兔子 ·· 158
  阿伯提的透視學 ·· 160
  達文西和杜勒 ··· 163

- 微積分的創立 ·· 167
  近代數學的興起 ·· 167
  解析幾何的誕生 ·· 170
  微積分學的先驅 ·· 173
  牛頓和萊布尼茲 ·· 176

- 結語 ··· 184

第六章　**分析時代與法國大革命**

- 分析時代 ·· 188
  業餘數學家之王 ·· 188
  微積分學的發展 ·· 193
  微積分學的影響 ·· 196
  白努利家族 ··· 200

- 法國大革命 ··· 205
  拿破崙‧波拿巴 ·· 205
  高聳的金字塔 ··· 208
  法蘭西的牛頓 ··· 211
  皇帝的密友 ··· 214

- 結語 ··· 218

第七章　　**現代數學與現代藝術**

- 代數學的新生 ———————————————————— 224

　分析的嚴格化 ———————————————————— 224

　阿貝爾和伽羅瓦 ———————————————————— 228

　哈密頓的四元數 ———————————————————— 232

- 幾何學的變革 ———————————————————— 238

　幾何學的家醜 ———————————————————— 238

　非歐幾何學的誕生 ———————————————————— 240

　黎曼幾何學 ———————————————————— 245

- 藝術的新紀元 ———————————————————— 251

　愛倫・坡 ———————————————————— 251

　波特萊爾 ———————————————————— 254

　從模仿到機智 ———————————————————— 258

- 結語 ———————————————————— 261

第八章　　**抽象化：二十世紀以來**

- 走向抽象化 ———————————————————— 266

　集合論和公理化 ———————————————————— 266

　數學的抽象化 ———————————————————— 270

　繪畫中的抽象 ———————————————————— 276

- 數學的應用 ———————————————————— 281

　理論物理學 ———————————————————— 281

　生物學和經濟學 ———————————————————— 285

　電腦和混沌理論 ———————————————————— 289

- **數學與邏輯學** 297
  - 羅素的悖論 297
  - 維根斯坦 302
  - 哥德爾定理 305
- **結語** 309

附錄
- 常用數學符號來歷一覽 315
- 數學年表 317
- 參考文獻 323
- 中外對照 327
- 索引 357

 **推薦序**

從小樹苗到通天神木

　　我第一次「真正開始瞭解數學的本質」，是前幾年教小學生的時候。對方是一位認為數學沒用，不喜歡數學的小朋友。我擺了兩堆蘋果，一堆有三顆，另一堆四顆❶，請他數完後，把兩堆蘋果合在一起，要他再數一次。

　　「不用數啦，我知道是七個。」

　　「為什麼是七個？」

　　小朋友露出數學老師常有的那種無奈表情，老成地嘆口氣回答：「3 + 4 = 7」。

　　「你覺得數學沒用，但你這不是在用數學了嗎？你覺得數學很討厭，但這時候，數學可是幫了你很大的忙，讓你省去了『數』的功夫。」

　　我不知道小朋友有沒有完全理解我想表達的，可至少當下的我，真切地感受到加法的意義與重要性。我希望透過這個例子，小朋友能發現，數學不僅僅是抽象的智力鍛鍊、人類智慧的結晶❷，更是人類從生活中觀察，進而提煉出來的工具，幫助我們過得更便利，完成更多困難的任務。

---

❶ 如果你也想到的話，對，沒錯，我試圖重現「朝三暮四」的情境。

❷ 在書中，美國數學史家Ｅ‧Ｔ‧貝爾認為埃及人發現平截頭方錐體的體積公式是最偉大的金字塔。這的確是比起金字塔更為不朽的成就。

　　我有時候會想，許多人不喜歡數學，或許不是懂得太少，而是懂得太多。他們認為必須要有個未知數 x，最好搭配一些看不懂的希臘符號，旁邊再擺上個不相關的座標軸，才算得上是數學。「使用加法就可以少數很多次。」對他們來說，不太算是數學。

　　但其實，這不僅僅是數學，還是數學的起點。

　　　　數學的誕生或許要晚一點，是在人類從「二顆雞蛋加三顆雞蛋等於五顆雞蛋」、「二枚箭矢加三枚箭矢等於五枚箭矢」之中抽象出「2 + 3 = 5」時。

　　你可以想像，遠古的祖先只會數物品，後來「發現一對雛雞和兩天之間有某種共同的東西（數字 2）」的抽象化數數。

　　領悟加法的那一剎那，數學在人類的心智中開始發芽。

　　經過幾千年演進，數學成長茁壯為通天神木，枝幹深入到各行各業的專業技能，躲在日常生活中無法一眼就看出來的地方：手機裡的晶片，街上紅綠燈的控制，電玩遊戲各個角色的參數設定。最上面的枝枒是數學家展現智力與想像力之處，它們不斷生長，來到目前生活無法觸及的地方，可能得再過幾十年、幾百年，才會有某項科技運用得上這些數學知識。

　　《數學大歷史》中，蔡天新教授旁徵博引，將文字化為紀錄片，記載了數學從小樹苗一路茁壯的過程。其中我特別喜歡第三章〈中世紀的中國〉，從名家惠施「一尺之棰，日取其半，萬世不竭」的無窮難題開始，劉徽、祖沖之父子、李淳風、沈括，到宋元四大家楊輝、秦九韶、李冶和朱世杰，蔡教授不僅介紹了中國數學的發展，比較中西方的差異，還進一步從社會文化的結構中找尋原因，以中國學者的身分探討「為什麼」中國數學的發展和西方如此不同，這是西方數學史書比較難深入的。蔡教授本身「允文允理」的跨領域背景更讓本書不僅止於一本數學史書，還涉及到藝術、社會文化領域（另一個例子是在書中登場的愛倫・坡，但他不是因為《金甲蟲》裡的密碼學，純粹是以文學家的身分被介紹）。

　　你絕對能從這本書裡學到更多的數學發展歷史；但你同樣可以抱著輕鬆的心情閱讀，裡面有環繞著數學的故事，有不同時期的文化藝術史點綴，還有更多有趣的數學家生平軼事，例如大數學家拉普拉斯擔任過拿破崙的面試官，拿破崙又如何在帶領法國大軍攻城掠地的同時，領導法國數學家奠定一整個時代的數學發展。

　　請隨意往後翻吧，不論從哪一頁開始讀起，你都可以感受到閱讀的樂趣。

賴以威
數感實驗室共同創辦人、國立臺灣師範大學電機工程學系助理教授

 **繁體版前言**

　　我的故鄉在浙江東部的台州，與臺北的直線距離大約有三百公里，並且幾乎是在正北的方向。雖說臺灣的「臺」與台州的「台」不盡相同，但簡體字是一樣的，我小時候一直天真地認為，「颱風」（大陸叫「台風」）就是從臺灣吹來的風。這個故事收入了我的童年回憶錄《小回憶》，那裡面還有更多關於我臺灣舅舅的故事，他是數萬噸級巨輪的船長，也是我唯一的親舅舅。

　　我與舅舅唯一的一次見面在一九九六年冬天，那次我應邀去彰化國立師範大學參加臺灣數學年會。會議結束之後，我在舅舅臺北文昌街的家裡住了一個星期。換句話說，是數學促成了我與他老人家的見面。舅舅後來寫信給我母親說：「天上掉下來一個小外甥。」值得一提的是，那次同行的大陸數學家只有一位，也就是大名鼎鼎的吳文俊先生，會後我們一同遊覽了日月潭。他在去年初夏某一天於北京仙逝，享年九十九歲。

　　那次旅行我還見到了一些臺灣詩人，遺憾的是，其中幾位長者如商禽、梅新，如今均已故世。不過，我在自己策畫主編的《現代漢詩一一〇首》（北京三聯書店，二〇〇七初版、二〇一七增訂版）裡，又認識了好幾位臺灣前輩或同代詩人，包括了鄭愁予先生，他是我在大陸舉辦的詩會上遇見的眾多臺灣詩人之一。

　　在《數學大歷史》出版以前，拙作《數字與玫瑰》、《漫遊——一個旅行者的詩集》、《飛行——一個詩人的旅行記》和《難以企及的人物：數學天空的閃耀群星》等五本書的繁體字版，先後已在臺灣出版。我真心希望現在這本新書是與時報文化出版社合作的開始。

　　回想起來，我見到的第一位美國數學會主席是Ｒ・Ｌ・格雷厄姆，他是一

位臺灣女婿，太太叫金芳蓉，是臺灣大學數學系「六朵金花」之一。我在《數之書》英文版裡寫到了這對數學家夫妻。我唯一一次在臺大講學是康明昌教授邀請的，如今他已經退休。另一位臺大教授于靖先生與我在大陸見過幾面，最近我們在商議互訪事宜。

　　本書第三章寫到了很多位中國古代數學家，包括南宋的秦九韶，他發明的中國剩餘定理和秦九韶演算法至今仍是數學領域不可或缺的瑰寶。他是中國歷史上最偉大的數學家，而且多才多藝，懂得作詩造橋、領兵打仗，還是全世界最早定義降雨量和降雪量的人。遺憾的是在他暮年和去世之後，由於政治原因被兩位文人誹謗，名譽受到嚴重傷害，至今尚未平反昭雪。我真誠地希望，能有李安這樣的導演來拍攝他的傳記片。

蔡天新

二〇一八年一月，杭州西溪

前言

　　二○一二年盛夏，從歐洲大陸最北部的挪威傳出一則令人震驚的消息。首都奧斯陸近郊一座名為於特的湖心島上，八十多位參加夏令營的青少年被一名歹徒瘋狂掃射身亡。挪威是當今世界上最富庶美麗、最寧靜安逸的國度，也是數學天才阿貝爾的祖國，首屆費爾茲獎（正式名稱為「國際傑出數學發現獎」）一九三六年在奧斯陸頒發，以阿貝爾命名的數學獎與諾貝爾和平獎每年也在奧斯陸評選並頒發。悲憤之餘，仍有許多人對挪威發生如此恐怖的事件表示難以置信。

　　一八二九年，二十六歲的挪威青年阿貝爾死於營養不良和肺病，卻依然是十九世紀乃至人類歷史上最偉大的數學家之一。阿貝爾是第一個揚名世界的挪威人，他取得的成就激發了他的同胞。在阿貝爾去世前一年，挪威誕生了戲劇家易卜生，接下來還有作曲家葛利格、藝術家孟克和探險家阿蒙森，每一位都蜚聲世界。想到這些，不由得對奧斯陸槍擊案可能產生的陰影稍感樂觀，阿貝爾的英年早逝、易卜生的背井離鄉和孟克的畫作《吶喊》，都說明了這個國家的人民曾經遭受不幸與磨難。

　　在所有與數學史相關的書籍裡，阿貝爾的名字總是在人名索引裡名列前茅。本書對他有較為詳細的描述，書中還會談到他的晚輩同胞索菲斯・李，二十一世紀的兩個重要數學分支——李群和李代數均得名於他。一八七二年，德國數學家克萊殷發表了〈埃爾朗根綱領〉，試圖用群論的觀點統一幾何學乃至整個數學領域，所依賴的正是李的工作。

　　限於篇幅，本書未談及二○○七年過世的挪威數學家賽爾伯格，他是我的數論同行，我也與他交談過。早在一九五○年，他便因為導出了質數定理的初

等證明而榮獲費爾茲獎。或許是一種補償，書中最後出場的奧地利人維根斯坦亦與挪威結緣，他是二十世紀最有數學味的哲學家。任職劍橋大學期間，維根斯坦在挪威西部鄉間蓋了一間小木屋，經常從英國跑到那裡度假思索，有時一住就是一年。一九五三年，於他死後兩年出版的代表作《哲學研究》便是在這間小木屋裡開始構想的。

從以上敘述，讀者可能已經看出，本書的寫作風格和宗旨是，既不願錯過任何一位偉大的數學家和任何一次數學思潮，以及由此產生的內容、方法，也不願放棄任何可以闡述數學與其他文明相互交融的機會。這是一部沒有藍本可以參照的書，從書名來看，最接近的同類著作是美國數學史家克萊因一九五三年出版的《西方文化中的數學》，可是在克萊因的著作裡，討論範圍被「西方」和「文化」兩個詞限定了，我們卻不得不考慮整個人類的歷史長河，涉及領域也超出了「文化」範疇。如同英國數學家、哲學家懷海德所言，「現代科學誕生於歐洲，但它的家卻是整個世界。」

從寫作方式來看，儘管存在著多種可能性，主要面臨的選擇卻只有兩個，是否把數學史當成一種寫作線索？克萊因的著作雖以時間為主線（他的另一部力作《古今數學思想》也是這樣），卻以每章一個專題的形式來講述數學與文化的關係。顯而易見，克萊因既精通數學，又熟知古希臘以降的西方文化（主要是古典部分），我認為這方面已經很難超越了。況且，他的書早已有簡體中文版。

不過，透過閱讀克萊因的著作，我們不難發現，他假設的讀者是數學或文化領域的專家。我心中的讀者範圍更為寬廣，他們可能只學過初等數學或簡單的微積分，也許對數學的歷史及其與其他文明的關係所知不多，對數學在人類文明的發展歷程中扮演的重要角色認識不足，尤其是，對現代數學與現代文明（比如，現代藝術）的淵源缺乏瞭解。這樣一來，就留出了寫作空間。

在我看來，數學與科學、人文的各個分支一樣，都是人類大腦進化和智力發展進程的反映。它們在特定的歷史時期必然相互影響，並呈現出某種相通的特性。在按時間順序講述不同地域文明的同時，我們先後探討了數學與各式各樣文明之間的關係。例如，埃及和巴比倫的數學來源於人們生存的需要，希臘

數學與哲學密切相關，中國數學的活力來自曆法改革，印度數學的源泉始於宗教，而波斯或阿拉伯的數學與天文學互不分離。

　　文藝復興是人類文明進程的里程碑，這個時期的藝術推動了幾何學的發展。到了十七世紀，微積分的產生解決了科學和工業革命的一系列問題，而十八世紀法國大革命時期的數學涉及力學、軍事和工程技術。十九世紀前半葉，數學和詩歌幾乎同時從古典進入現代，其標誌分別是非交換代數和非歐幾何學的誕生，愛倫·坡和波特萊爾的出現。進入二十世紀以後，抽象化又成為數學和人文學科的共同性質。

　　數學中的抽象以集合論和公理化為標誌，與此同時，藝術領域則出現了抽象主義和行動繪畫。哲學與數學的再次交會產生了現代邏輯學，並誕生了維根斯坦和哥德爾定理。更有意思的是，數學的抽象化不僅沒有使其被束之高閣，反而得到意想不到的廣泛應用，尤其在理論物理學、生物學、經濟學、電腦和混沌理論等方面，可見其符合歷史潮流和文明進程的規律。儘管如此，數學天空的未來並非一片晴朗。

　　本書的一個顯著特點是對現代數學和現代文明的比較分析和闡釋，這是我多年數學研究和寫作實踐的思考、總結。至於古典部分，我們也著力發現有現代意義的亮點。比如，談到埃及數學時，我們重點介紹了「埃及分數」這個既通俗易懂又極為深刻的數論問題，它也仍然困擾著二十一世紀的數學家。又如，巴比倫人最早發現了畢達哥拉斯定理，同時知道了畢達哥拉斯陣列，此一結果也是一千多年以後興起的希臘數學和文明的代表性成就，卻與二十世紀末的熱門數學問題 —— 費馬最後定理 —— 相連繫。

　　本書的另一個特點是，多數小節以人物為標題，力求圖文並茂，以方便理解、欣賞和記憶。在一百餘幅精心挑選的圖片（有的是我拍攝的）中，相當一部分與文學、藝術、科學、教育有密切的關聯。希望讀者能透過閱讀本書，拉近與數學這門抽象學科的心理距離，從中理解各自所學或自身專業領域與數學的關係，進而反思人類文明的歷史進程甚或生活的意義。

　　誠如部分讀者所瞭解，二〇一二年夏，北京商務印書館「名師講堂」推出了我寫的《數學與人類文明》，後入選為中國國家新聞出版廣電總局向全國青

少年推薦的「百優圖書」。該書源自我的同名教材，是教育部高等學校「十一五」國家級規劃教材之一，應用於浙江大學等多所大學的通識課程。迄今為止，兩者已印了三萬多冊。如今，北京商務印書館的版權到期，應中信出版社的約請和建議，我修訂全書，更新了相當一部分圖片。

我們把這本書易名為《數學簡史》（正體版《數學大歷史》），正是這一點觸動了我，因為這個名字更符合這本書的本意。本書既著眼於數學的歷史，數學與人類文明的關係本身也同樣屬於數學史的範疇，這樣一來就適時迴避了現代數學的複雜性，努力幫助讀者從不同的角度理解數學。另一點引起我注意的是，中信出版社出版了以色列歷史學家哈拉瑞的兩本力作《人類大歷史》和《人類大命運》。令人鼓舞的是，我在微博上發布徵求本書封面設計方案的建議後，北京海澱區的藤先生留言道：「在中國引進的各種簡史浪潮中，終於有蔡教授挺身而出，寫一本了。」

最後，我想用一首詩來結束這篇序言。這是二〇〇五年夏天，我偕同四位研究生前往馬尼拉的菲律賓大學參加一場數論與密碼學的國際研討會期間所作，那是令麥哲倫折戟沙灘、殖民者未加重視、數學史家和文化史家容易忽略的國度。詩中出現了一些幾何圖形，如線段、弧線、圓圈、扭結、曲面和拓撲變換，當然，均已被改換成相應的詩歌語言。這首詩似乎在敘述數學概念，但流露的分明是生活的情緒。

〈跳繩〉

每一棵光潔的稻草
都布滿了銀色的月光
它們被編織成繩索

就像腳踝上的鏈子
那圓圈中的圓圈
也布滿了銀色的月光

無論眉梢、鬢角
還是手臂上的燙痕
反來復去地穿梭往來

蔡天新
二〇一七年夏末，定稿於杭州西溪

第一章

中東，或數學的起源

當人們發現一對雛雞和兩天之間有某種共同的東西
（數字 2）時，數學就誕生了。

——羅素

數學的起源

計數的開始

　　如同古代世界許多偉人一樣，數學史上的先驅人物也消失在歷史的迷霧中。然而，數學每前進一步，都伴隨著人類文明的一次進步。億萬年前，居住在岩洞裡的原始人就有了數的概念，在為數不多的事物（如食物）之中增加或取出幾個，他們能分辨出多和少（不少動物也具有這類意識），畢竟對食物的需求出自人類的生存本能。慢慢地，人類就有了明確的數的概念：1，2，3，……正如部落的領導者需要知道他手下有多少成員，牧羊人也需要知道他擁有多少隻羊。

　　在有文字記載以前，計數和簡單的算術就發展起來了。獵人知道，把二枚箭矢和三枚箭矢放在一起會有五枚箭矢。就像不同種族稱呼家庭主要成員的聲音大同小異，人類最初的計數方法也是相似的，例如在計算羊隻時，每有一隻羊就扳一根手指頭。後來，逐漸衍生出了三種具代表性的計數方法，即石子計數（有的是用小木棍）、結繩計數和刻痕計數（在土坯、木頭、石塊、樹皮或獸骨上），這樣不僅可以記錄較大的數，也便於累計和保存。

　　在古希臘詩人荷馬的長篇史詩《奧德賽》中有這樣一則故事：主人公奧德修斯刺瞎了獨眼巨人波呂斐摩斯僅有的一隻眼睛以後，這不幸的盲老人天天坐在自己的山洞裡照料他的羊群。早晨羊兒外出吃草，每出來一隻，他就從一堆石子裡撿出一顆。晚上羊兒都返回山洞，每進去一隻，他就扔掉一顆石子。當他把早晨撿起的石子全部扔光時，就確信所有的羊兒都返回了山洞。這則故事告訴我們，牧羊人計算羊群隻數的方法很可能催生了數學，就如同詩歌起源於乞求豐收的禱告，這兩項人類最古老的發明均源於生存的需要。

陶罐上的圖畫：奧德修斯刺瞎
獨眼巨人

　　說來有點殘酷，美洲印第安人曾以收集被殺者的頭皮來計算殺死的敵人數
目，非洲的原始獵人則透過積累野豬的牙齒來計算他們殺死的野豬數量。據
說，住在吉力馬札羅山上的遊牧民族少女習慣在頸上佩戴銅環，銅環的數量等
於年齡，相比於緬甸某些少數民族婦女保持至今的相似習俗，更多了審美以外
的含義。從前，英國酒保往往用粉筆在石板上畫記號來計算顧客飲酒的杯數，
西班牙酒保則會在顧客的帽子裡放小石子，這兩種不同的計數方法似乎也反映
了兩個民族不同的個性：謹慎和浪漫。

　　後來，各種各樣的語言誕生，其中包括對應於大小不同的數的語言符號。
再後來，隨著書寫方式的改良，形成了代表這些數的書寫符號。起初，諸如
兩隻羊和兩個人所用的語音和用詞也不相同，舉例來說，英語就用過 team of
horses（共同拉車或拉犁的兩匹馬）、yoke of oxen（共軛的兩頭牛）、span of
mules（兩頭騾）、brace of dogs（一對狗）、pair of shoes（一雙鞋）等。中文
的量詞變化更多，而且一直保留至今。

　　可是，人類把數 2 做為共同性質抽象出來，並採用與大多數具體事物無關
的某個語音來替代它，或許經過了很長時間。如同英國哲學家兼數學家羅素所
說，「當人們發現一對雛雞和兩天之間有某種共同的東西（數字 2）時，數學
就誕生了。」而在我們看來，數學的誕生或許要晚一點，是在人類從「二顆雞
蛋加三顆雞蛋等於五顆雞蛋」、「二枚箭矢加三枚箭矢等於五枚箭矢」之中抽
象出「2 + 3 = 5」時。

英國人曾經使用的木片帳目

❶ 編按：1 英尺 = 0.305 公尺。
❷ 編按：1 英寸 = 2.54 公分。

數基和進位制

　　等到人類需要進行更廣泛深入的數字交流時，就必須將計數方法系統化。世界各地的民族不約而同採取了以下方法：把從 1 開始的若干連續數字當成基本數字，以它們的組合來表示大於這些數字的數。換言之，如果大於 1 的某個數 b 做為計數的進位制或數基（base），並確定了數目 1，2，3，……，b 的名稱，那麼任何大於 b 的數，都可以用這 b 個數的組合來表示。

　　有證據表明，2、3 和 4 都曾經被當作原始的數基。例如，澳洲北部昆士蘭州的原住民是這麼計數的：1，2，2 和 1，兩個 2，……。某些非洲矮人部落則這樣命名最前面的六個自然數：a，oa，ua，oa-oa，oa-oa-a，oa-oa-oa。這兩種計數方法均為二進位，其應用後來促進了電腦的發明。阿根廷最南端火地島的某個部落和南美洲某些部落則分別以數字 3 和 4 為基。

　　不難設想，由於人類每隻手有五根手指頭，每隻腳有五根腳趾頭，五進位一度得到了廣泛的應用。至今某些南美洲部落仍然用手計數：1，2，3，4，手，手和 1，等等。直到一八八〇年，德國的農夫曆法仍以 5 為數基。一九三七年捷克共和國摩拉維亞地區出土的一塊幼狼脛骨上，骨頭上的幾十道刻痕明顯是以五進位方式排列。西伯利亞的尤卡吉爾人居住在勒拿河下游，據信是世界上最寒冷的地方，他們至今仍採用一種類似五進位和十進位混合的方式計數。

　　12 也常被用作數基。如同美國數學史家伊夫斯所分析的，這可能與它能被六個數整除有關，也可能是因為一年有十二個朔望月。例如，1 英尺❶有 12

《德勒斯登抄本》原始石碑，內含馬雅人的
「二○一二末日預言」

英寸❷，1 英寸有 12 英分，1 先令是 12 便士，1 英鎊是 12 盎司（金衡制，常
衡制是 16 盎司）。有意思的是，直到二十世紀八○年代，中國鄉村的秤還同
時刻有兩種進位制度：十進位和十六進位。此外，沒有使用十二進位的中國
人，文字裡同樣有「打」，而英語裡除了 dozen（打）以外，還有 gross（籮），
一籮等於十二打。

　　二十進位也曾被廣泛使用，它使我們想起人類的赤腳時代，一雙手和一雙
腳共二十個指頭。美洲印第安人使用過它，其中包括高度發達的馬雅文明，著
名的三大馬雅典籍《德勒斯登抄本》、《馬德里抄本》、《巴黎抄本》中都有
記載。在這之中，又以源於十二世紀石碑的《德勒斯登抄本》所含數學內容最
多。抄本中部分內容涉及了氣候和雨季的預測，最後一頁警示人們留意世界末
日的來臨，亦即廣為流傳的「二○一二末日預言」，甚至還描述了場景，設想
一場由鱷魚引發的洪水將毀滅整個世界。此抄本於一七三九年由德勒斯登宮廷
圖書館於維也納購得，由於德勒斯登在二戰結束前毀於盟軍炮火，抄本也付之
一炬，現存的是十九世紀的副本。

　　值得一提的是，在法語裡，至今仍然使用四個 20 來表示 80（quatre-
vingts）、四個 20 加 10 表示 90（quatre-vingt-dix），丹麥人、威爾斯人和蓋爾
人的語言中也存在同樣的痕跡。令人驚奇的是，這些地方並非皆處於溫帶。在
英語裡，20（score）是一個常用字，也是一個計量單位，漢語裡也有「廿」。
至於西元前二千年巴比倫人使用的六十進位，今天仍在時間和角度計量單位中
不可或缺。

　　最終，人類還是普遍接受了十進位。在有記載的歷史中，包括古埃及的象

1	10	100	1 000	10 000	100 000	10^6

古埃及的象形數字

形數字、古代中國的甲骨文數字和算籌數義、古希臘的阿提卡數字、古印度的婆羅門數字等，都採用了十進位。在我們的頭腦裡，「十」已成為數制的必然單位，正如「二」已被電腦擁有。原因十分簡單，博學的希臘哲學家亞里斯多德已經為我們指出，「十進位被廣泛採納，只不過是由於我們絕大多數人生來具有十根手指這樣一個解剖學的事實。」

　　除了口說，用手指表達數也曾經被長期採納。英語的「digit」原本是指手指或腳趾，後來才表示從 1 到 9 這些數字，如今我們正處於數位時代（digital age）。事實上，原始人甚或開化的人在進行口頭計數時，往往會同時做出一些手勢。例如當說到「10」時，會用一隻手拍另一隻手的手心。對於某些部落或民族，我們可以透過觀察他們計數時的手勢來判斷其歸屬。在今天的中國，我們仍然可以透過一個人划拳的手勢，大致弄清楚他或她究竟來自哪個地區或省分。

阿拉伯數系

　　考古學發現，刻痕計數大約出現在三萬年以前，經過極其緩慢的發展，終於在大約西元前三千多年出現了書寫計數和相應的數系。可能是受手指表達的影響，最早表示數 1、2、3 和 4 的書寫符號大多是相應數目的豎或橫的堆積。前者有古埃及的象形文字、古希臘的阿提卡數字、古代中國的縱式籌碼數字和馬雅數字，後者有古代中國的甲骨文數字、橫式籌碼數字和古印度的婆羅門數字（數 4 例外）。

　　有意思的是，上述受到手指影響用豎或橫來表達前四個數的數系，均不約而同採用了十進位。另外兩種著名的數系——古巴比倫的楔形數字和馬雅數字——分別使用一個個銳利的小等腰三角形和小圓點來表示，則採用了六十進位和二十進位。在數 5 和 5 以後的計數，即使同為豎寫的數系也有不同的表達方法。以 10 為例，古埃及人用軛或踵骨∩（集合論中的「交」）表示，古希臘人用△（第四個希臘字母）表示，中國人則用四個豎上面加一橫表示。

　　所謂的阿拉伯數系，是指由 0，1，2，3，…，9 這十個數字及其組合表示的十進位數字書寫體系。例如，在 911 這個數中，最右邊的 1 代表 1，中間的 1 代表 1 乘以 10，9 則代表 9 乘以 100。在如今現存數以千計的語言系統裡，這十個阿拉伯數字是唯一通用的符號，比拉丁字母的使用範圍更廣。可以想像，假如沒有阿拉伯數系，全球的科技、文化、政治、經濟、軍事和體育各方面的交流將變得十分困難，甚至不可能進行。

　　阿拉伯數系也被稱為印度－阿拉伯數系，因為它是印度人發明，再經由阿拉伯人改造後傳至西方。後一項文明的流通是在十二世紀完成的，前一項發明的起源不得而知，近代考古學在印度一批石柱和窯洞的牆壁上發現了這些數字的痕跡，其年代在西元前二五〇年到西元二〇〇年之間。值得一提的是，那些痕跡裡並沒有零這個符號，而在八二五年前後，阿拉伯人花拉子密的著作《印度的計算術》裡卻描述了已經完備的印度數系。今天英文和德文裡的零，就是依據阿拉伯文音譯的。

　　阿拉伯數字隨著阿拉伯人鼎盛時期的遠征，傳入了北非和西班牙，一位叫斐波那契的義大利人曾受教於西班牙的穆斯林數學家，還曾遊歷北非。他回到義大利以後，於一二〇二年出版了一部數學著作，這是阿拉伯數字傳入穆斯林以外的歐洲的里程碑，對於稍後的義大利文藝復興時期數學發展有一定的促進作用。有意思的是，同樣在十三世紀，威尼斯人馬可·波羅實現了歐洲人對東方的首次訪問，其時橫跨歐亞兩個大陸的君士坦丁堡（今伊斯坦堡）是一個戰亂紛爭之地，這位旅行家雖然也是經由北非和中東繞過地中海，不過他是沿著與阿拉伯數字傳播路線相反的方向。

1	2	3	4	5	6	7	8	9

前婆羅門時期的印度數字

1	2	3	4	5	6	7	8	9

一世紀的印度數字

1	2	3	4	5	6	7	8	9

四世紀的印度數字

1	2	3	4	5	6	7	8	9	0

十一世紀的印度數字

1	2	3	4	5	6	7	8	9

傳至歐洲的阿拉伯數字

形而幾何學

數系的出現使得數的書寫和數與數之間的運算成為可能。在此基礎上，加、減、乘、除乃至於初等算術便在幾個古老的文明地區發展起來，後來數系的統一又為世界數學的發展和應用插上了翅膀。與數的概念如何形成一樣，人類最初的幾何知識也是萌發自對於形的直覺。例如，不同種族的人都注意到了滿月和挺拔的松樹在形象上的區別，可以想見幾何學的基礎，就是建立在這類從自然界提取出來的「形」的總結上。

一條直線就是一段拉緊的繩子，源於希臘文的英文 hypotenuse（斜邊）的原意正是「拉緊」，若設想這條直線是呈直角的兩臂拉緊後的連線，arms（手臂）自然成了兩條直角邊。如此看來，三角形的概念是人們觀察自己的身體後得到的。巧合的是，古代中國也是這樣，勾、股既是小腿和大腿，也是直角三角形中較短和較長的直角邊，因此才有「勾股定理」這樣的名稱。西安半坡出土的陶器殘片上可以看到完整的全等三角形圖案，每條邊由間隔相等的八個小孔連接而成。埃及舊都底比斯出土的古墓壁畫中也有直線、三角形和弓形等圖案。同樣地，圓、正方形、長方形等幾何圖形的概念，也來自人們的觀察和實踐。

正如古希臘歷史學家希羅多德所指出，埃及的幾何學是「尼羅河的饋贈」。早在西元前十四世紀，埃及的國王便將土地分封給所有國民，每個人都得到一塊同等面積的土地，然後據此納稅。如果每年春天的尼羅河洪水沖毀了某個人的土地，他必須向法老報告損失。法老會派專人測量這個人失去的土地，再按相應的比例減稅。這樣一來，幾何學（geometry）就產生並發展了起來，geo 意指土地，metry 是測量。這類專門負責測量土地的人有一個專門稱謂，叫作「司繩」（rope-stretcher）。

巴比倫人的幾何學源於實際的測量，它的重要特徵是其算術性質。至少在西元前一六〇〇年，他們就已熟悉長方形、直角三角形、等腰三角形和某些梯形的面積計算方法。古印度幾何學的起源則與宗教和建築實作密切相關，西元前八世紀至二世紀產生的《繩法經》（又譯《祭壇建築法規》）便涉及了建造

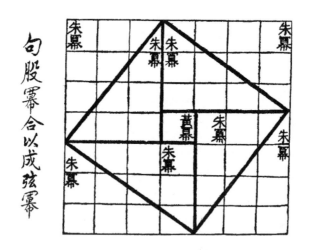

《周髀算經》裡的弦圖，
用以說明邊長（3，4，5）的三角形滿足勾股定理

祭壇與寺廟的幾何問題及其求解。而在古代中國，幾何學的起源更與天文觀測
密切相關，大約在西元前一世紀成書的《周髀算經》裡，便討論了天文測量時
使用的幾何方法。

尼羅河文明

奇特的地形

在歐洲人的地理概念中，近東或中東指地中海東岸，包括土耳其的亞洲部分和北非，也就是從黑海到直布羅陀海峽之間的環地中海沿岸及附近區域。近東既是人類文明的搖籃，也是西方文明的發祥地。

如同美國數學史家克萊因指出的，「當那些喜歡四處遷徙的遊牧民族遠離其出生地，在歐洲平原上遊蕩時，與他們毗鄰的近東人民卻致力於辛勤耕作，創造文明和文化。若干個世紀以後，居住在這片土地上的東方賢哲們不得不負擔起教育未開化西方人的任務。」

埃及位於地中海的東南角，處於中東和北非交會之地。它的西面和南面是世界上最大的撒哈拉大沙漠，東面、北面大部分被紅海、地中海環繞，唯一的陸上出口是面積僅六萬平方公里的西奈半島。

西奈半島的大部分被沙漠和高山覆蓋，東西兩側又夾在阿卡巴灣和蘇伊士灣之間，只有一條狹窄的通道連接以色列，古羅馬的統治者如凱撒便是沿著這條路入侵埃及。然而在遠古時代，這種外敵的侵犯幾乎是不可能的，也讓埃及得以長期保持安定。

除了擁有天然的地理屏障之外，埃及還擁有一條清澈的河流，那便是世界上最長的河流──尼羅河。這條自南向北貫穿埃及全境、最後注入地中海的河流兩岸是一道狹長且肥沃的河谷，素有「世界上最大的綠洲」之稱，因為它的西邊是浩瀚的撒哈拉沙漠，東邊是阿拉伯沙漠。事實上，尼羅河的英文「Nile」一詞的希臘文原意便是谷地或河谷。正是由於上述兩個特殊的地理因素，才造就了以古老的象形文字和巨大的金字塔為標誌，綿延了三千年的古埃

埃及地圖　　　　　　　　　　紙草書裡的象形文字

及文明。

　　埃及象形文字產生於西元前三千年以前，是一種完全圖像化的文字，後來則簡化成一種較易書寫的僧侶體和世俗體。西元三世紀前後，隨著基督教的興起，不僅古埃及原始宗教趨於消亡，象形文字也隨之煙消雲散，現存資料中使用這種文字的最後年代是西元三九四年的一塊碑銘。與此同時，埃及基督徒改為使用一種稍加修改的希臘字母（這種文字隨著七世紀穆斯林的入侵又逐漸被阿拉伯文取代），讓神祕的古代文字就此成為不解之謎。

　　一七九九年，跟隨拿破崙遠征埃及的法國士兵在距離亞歷山大港不遠的古港口羅塞塔發現了一塊面積不足一平方公尺的石碑，上面刻著用象形文字、世俗體和希臘文三種文字記述的同一銘文。在英國醫生兼物理學家湯瑪斯・楊的工作基礎上，最後由法國歷史學家兼語言學家商博良完成了全部碑文的釋讀。如此一來，也為人們閱讀象形文字和僧侶體文獻，理解包括數學在內的古埃及文明打開了方便之門，那塊石碑則被後人命名為「羅塞塔石碑」，如今收藏在倫敦大英博物館內。

萊茵德紙草書

　　如果你有機會到開羅旅行，除了造訪金字塔、參觀博物館，乘船遊尼羅

莫斯科紙草書（局部）

河、看肚皮舞表演以外，你的朋友或導遊還會帶你去看銷售或製作紙莎草紙（Papyrus）的商店或作坊（通常它們是合二為一的）。原來，紙莎草這種植物生長在尼羅河三角洲中，採摘後，人們將其莖稈中心的髓切成細長的狹條，壓成一片，經過乾燥處理，形成薄而平滑的書寫表面。古埃及人一直在這種紙上書寫，後來的希臘人和羅馬人也沿用之，直到三世紀才用價錢更低、可以兩面書寫的羊皮紙（Parchment，源自今土耳其）取代。埃及人則一直使用紙莎草紙到八世紀。

所謂紙草書，是指用紙莎草紙書寫並裝訂起來的書籍（確切地說是書卷），我們今天瞭解的關於古埃及人的數學知識，主要是依據兩部紙草書。一部以蘇格蘭律師兼古董商人萊茵德的名字命名，現藏於倫敦大英博物館。另一部叫莫斯科紙草書，由俄國貴族戈列尼雪夫在底比斯購得，現藏於莫斯科普希金藝術博物館。萊茵德紙草書又被稱為阿姆士紙草書，以紀念西元前一六五〇年左右一位抄錄此書的書記官。值得一提的是，阿姆士是人類歷史上第一個因為對數學做出貢獻而留名的人。該書卷長五二五公分，寬三三公分，中間有些許缺失，其缺失的碎片現藏於紐約布魯克林博物館。

這兩部紙草書均用僧侶體書寫，年代已經十分久遠，阿姆士在前言裡說，到那時為止，此書至少流傳了兩個世紀多。根據專家考證，莫斯科紙草書的成書年代大約在西元前一八五〇年。因此，這兩部書堪稱流傳至今、用文字記載

蘇格蘭古董商人萊茵德

數學的典籍中最古老的。從內容來看，它們只不過是各種類型的數學問題集。萊茵德紙草書的主體部分由八十五個問題組成，莫斯科紙草書則由二十五個問題組成。書中的問題大多來自日常生活，比如麵包的成分和啤酒的濃度，牛和家禽的飼料比例及穀物儲存，作者卻把它們當成範例編輯在一起。

　　既然幾何學是「尼羅河的贈禮」，那我們就來看看古埃及人在這方面的成就。在一份古老的地方契約中，可發現他們求任意四邊形的面積公式，如果用 a 和 b、c 和 d 分別表示四邊形的兩組對邊長度，S 表示面積，則

$$S = \frac{(a+b)(c+d)}{4}$$

　　儘管這種嘗試十分大膽，但卻十分粗略，這個公式只對長方形這種特殊的四邊形才是正確的。我們再來看圓面積的計算。在萊茵德紙草書第五十題中，假設一個圓的直徑為 9，則其面積等於邊長為 8 的正方形。如果比較圓面積計算公式，就會發現古埃及人心目中的圓周率（如果有這個概念）相當於

$$(8 \times \frac{2}{9})^2 \approx 3.160\,5$$

　　讓人驚訝的是，埃及人在體積計算（其目的是為了儲存糧食）問題上達到了相當高的水準，例如他們已經知道圓柱體的體積是底面積乘以高。又如，對高為 h、上下底面分別是邊長 a 和 b 的正方形的平截頭方錐體而言，埃及人得

在英文裡，錐體和金字塔是同一個單詞，即 pyramid。

到的體積公式是（莫斯科紙草書第十四題）：

$$V = \frac{h}{3}(a^2 + ab + b^2)$$

這個結論是正確的，這是一項非常了不起的成就。美國數學史家 E・T・貝爾稱其為「最偉大的金字塔」❸。

埃及分數

在石器時代，人們只需要整數，但進入更先進的青銅時代以後，分數概念和記號便隨之產生了。從紙草書中我們發現，埃及人有一個重要而有趣的特點──喜歡使用單位分數，即形如 $1/n$ 的分數。不僅如此，他們可以把任意一個真分數（小於 1 的有理數）表示成若干不相同的單位分數之和。例如，

$$\frac{2}{5} = \frac{1}{3} + \frac{1}{15}$$

$$\frac{7}{29} = \frac{1}{6} + \frac{1}{24} + \frac{1}{58} + \frac{1}{87} + \frac{1}{232}$$

埃及人為何對單位分數情有獨鐘，我們不得而知。無論如何，利用單位分數，分數的四則運算得以進行，儘管做起來比較麻煩。也正因為如此，才有了被後人稱為「埃及分數」（Egyptian fractions）的數學問題，這也是萊因

❹ 德國數學家法爾廷斯因為證明了莫德爾猜想而獲得費爾茲獎。

德紙草書中延伸出來的問題裡最有價值的。埃及分數屬於數論的分支之一——不定方程式（也稱丟番圖方程式，以古希臘最後一位大數學家丟番圖的名字命名），它討論的是下列方程式的正整數解

$$\frac{4}{n} = \frac{1}{x_1} + \frac{1}{x_2} + \cdots + \frac{1}{x_k}$$

埃及分數引出了大量的問題，其中許多至今尚未解決，而且還不斷產生新的問題。毫不誇張地說，每年世界各國有許多碩士、博士論文，甚至大師們的工作都圍繞著這個問題開展。下面我們來舉幾個例子，一九四八年，匈牙利數學家艾狄胥（與陳省身分享一九八四年度的沃爾夫獎）和德國出生的美國數學家、愛因斯坦的助手斯特勞斯曾經猜測：

$$\frac{4}{n} = \frac{1}{x} + \frac{1}{y} + \frac{1}{z}$$

當 $n > 1$ 時總有解。顯而易見，只要驗證當 n 為質數 p 時猜想成立即可。美國出生的英國數學家莫德爾❹證明，除了 $n \equiv 1, 11^2, 13^2, 17^2, 19^2, 23^2 \pmod{840}$ 之外，此猜想皆成立。這裡 $a \equiv b \pmod{m}$，表示 m 整除 $a - b$，稱 a 和 b 關於模 m 同餘。不難驗證，當 $n \equiv 2 \pmod 3$，上述猜想恆定成立。事實上，

$$\frac{4}{n} = \frac{1}{n} + \frac{1}{\frac{n-2}{3} + 1} + \frac{1}{n\left(\frac{n-2}{3} + 1\right)}$$

埃及汽車牌照，
用兩種數系書寫

還有人驗證當 $n < 10^{14}$ 時猜想成立。

接下來，數論學家要考慮的問題是

$$\frac{5}{n} = \frac{1}{x} + \frac{1}{y} + \frac{1}{z}$$

一九五六年，波蘭數學家席賓斯基猜測，當 $n > 1$ 時，上述方程式均有解。有人驗證了當 $n < 10^9$，或者 n 不是形如 $278460k + 1$ 的數時，此猜測為真。

可是，上述兩個問題的完全解決看來遙遙無期。之所以在這裡展示這兩個問題的部分細節，一方面是想表明，古埃及人的數學並不是我們想像的那樣簡單明瞭。另一方面也想藉此說明，研讀某些看似簡單的經典問題，常常能為處於現代文明中的我們帶來新啟示。

費馬最後定理便是一個很好的例子，那是一位十七世紀的法國人閱讀三世紀的希臘著作時產生的靈感。難怪二十世紀現代派詩歌運動的領袖、美國詩人龐德說：「最古老的也是最現代的。」

在河流之間

巴比倫尼亞

尼羅河即使是在入海口附近的埃及首都開羅，水流依然平緩，可是流經巴格達的底格里斯河和與之比肩的幼發拉底河卻洶湧湍急，正如居住在這塊被稱為美索不達米亞上的人民所經歷的諸多戰亂（和平時期經濟發展速度也快，是大型商隊的必經之地）。「美索不達米亞」的希臘文含意為「在河流之間」，即今日的伊拉克一帶。自有歷史記載以來，這塊土地先後被十多個外來民族侵占，卻一直維持著高度統一的文化，並曾經三次達到人類文明的最高點，分別是蘇美人、巴比倫尼亞和新巴比倫王國。這之中，一種特殊的、被稱作楔形文字的使用至關重要，後者無疑是文化統一的黏合劑。

巴比倫尼亞位於美索不達米亞東南部，即巴格達周圍向南直至波斯灣，巴比倫城是這一地區的首府，因此巴比倫尼亞又簡稱巴比倫。和埃及人一樣，巴比倫人也居住在河流之濱，那裡土地肥沃，易於灌溉，孕育出了燦爛的文明。巴比倫人除了創造楔形文字，還制定出最早的法典，建立城邦，發明陶輪、帆船、耕犁等，另一方面，他們也是鍥而不捨的建築師，通天塔和空中花園便是這種精神的產物。正如《大英百科全書》編撰者所寫的，巴比倫人的文學、音樂和建築式樣，影響了整個西方文明。

在計數方式上，巴比倫人更是別出心裁，他們採用了六十進位。有趣的是，巴比倫人僅僅使用兩個記號，即垂直向下的楔子和橫臥向左的楔子，再透過排列組合，便表示了所有的自然數。眾所周知，巴比倫人還把一天分成二十四個小時，每個小時六十分鐘，每分鐘六十秒。這種計時方式後來傳遍世界，至今已沿用四千多年。

蘇美人的圓柱形印章
（作者攝於巴格達）

　　與埃及人在紙莎草紙上書寫的習慣不同，兩河流域的居民用尖蘆管在潮溼的軟泥板上刻下楔形文字，再將其晒乾或烘乾。這樣製作而成的泥板文書比紙草書更易於保存，迄今已有五十萬塊出土，成為我們瞭解古代巴比倫文明的主要文獻和工具。只是，人們對於楔形文字的釋讀比埃及象形文字要晚，大約在十九世紀中期才完成。這全賴一片叫貝希斯敦的石崖，它坐落在今天伊朗西部鄰近伊拉克的城市巴赫塔蘭郊外。

　　和羅塞塔石碑一樣，貝希斯敦石崖上也用三種文字刻著同一篇銘文，分別是巴比倫文、古波斯文和埃蘭文。埃蘭是古波斯的一個國家，後來連同其語言一起消亡了。破譯石崖上巴比倫文的人，是一個名叫羅林森的英國軍官，他早年是一名被派往印度的軍校生，在英國東印度公司任職。二十三歲那年，羅林森與其他英國軍官奉命前往伊朗整編伊朗國王的軍隊，由此對波斯古蹟產生興趣。他利用古波斯文的知識，釋讀了以楔形文字書寫的巴比倫語。

　　原來，貝希斯敦銘文講的是波斯帝國最負盛名的統治者大流士一世如何殺死國王的繼承人、擊潰反對者並奪得王位的故事。此事發生在西元前六世紀。大流士的國土橫跨亞歐非三大洲，自然也把巴比倫置於波斯的版圖之內。值得一提的是，按照「歷史之父」希羅多德的說法，大流士是得知軍隊在著名的馬拉松戰役中潰敗之後才去世的，那是他對希臘發動的第一次進攻。不過，即便破譯了巴比倫語，針對泥板書中數學部分的釋讀，直到二十世紀三〇、四〇年代才有所突破。

泥板文書上的楔形文字

泥板書上的根

那五十萬塊出土的泥板文書中，有三百多塊是數學文獻。我們今天對於巴比倫人數學水準的瞭解，便是基於這些資料。如同前文所說，巴比倫人創造了一套六十進位的楔形文字計數體系（用重複的短線或圓圈表示），並把小時和分鐘畫分成六十個單位。與埃及人相比，巴比倫人的數字符號有所不同，一個數只要處於不同位置就可以表示不同的值，這是一項了不起的成就。之後，他們甚至把這個原理應用在整數以外的分數上，這樣在處理分數時，就不會像埃及人那樣依賴單位分數了。

比起埃及人，巴比倫人更擅長算術。他們創造出許多成熟的算法，開平方根就是其中一例。這種方法簡單有效，具體步驟如下：為求 $\sqrt{a}$ 的值，設 a_1 為其近似值，先求出 $b_1 = a / a_1$，令 $a_2 = (a_1 + b_1)$；再求出 $b_2 = a / a_2$，令 $a_3 = (a_2 + b_2) / 2$；繼續下去，這個數值會愈來愈接近 $\sqrt{a}$，並在其正確值附近振盪。例如，由美國耶魯大學收藏的一塊泥板書（編號 7289）裡，將 $\sqrt{2}$ 用一個六十進位的小數表示：

$$\sqrt{2} \approx 1 + \frac{24}{60} + \frac{51}{60^2} + \frac{10}{60^3} = 1.41421296\cdots\cdots$$

這是相當精確的估計，因為正確的值為 $\sqrt{2} \approx 1.41421356\cdots\cdots$。

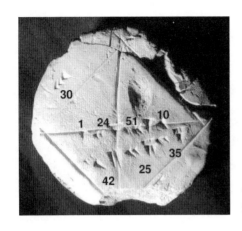

古巴比倫人計算出 $\sqrt{2}$ 的值，
精確到小數點後五位

　　巴比倫人在代數領域也取得了不錯的成績，而埃及人只能求解線性方程式和像 $ax^2 = b$ 這類最簡單的二次方程式。同樣由耶魯大學收藏的另一塊泥板書裡，巴比倫人給出了二次方程式 $x^2 - px - q = 0$ 的求根公式：

$$x = \sqrt{(\frac{p}{2})^2 + q} + \frac{p}{2}$$

　　由於正係數二次方程式沒有正根，因此除了上述方程式，泥板書也給了另外兩種類型的二次方程式的正確求解程序。這與十六世紀法國數學家韋達發明的根與係數關係式如出一轍，只不過韋達考慮了更普遍的情形，即方程 $ax^2 + bx + c = 0$。因此，我們不妨稱其為「巴比倫公式」。而對於 $x^3 = a$ 或 $x^3 + x^2 = a$ 這類特殊的三次方程式，巴比倫人雖然沒有辦法求得一般的解法，卻繪製出了相應的表格（前者即立方根表）。

　　可是在幾何學方面，巴比倫人的成就並沒有超越埃及人。例如，他們對四邊形的面積估算與埃及人的計算公式一致，十分粗糙。至於圓的面積，他們通常認定其值為半徑平方的三倍，相當於取圓周率為 3，其精確度尚不及埃及人。不過有證據表明，巴比倫人懂得用相似性的概念來求線段的長度。至於美國數學史家 E・T・貝爾稱讚的「最偉大的金字塔」，巴比倫人也能推導出類似的公式。

普林頓三二二號

普林頓三二二號

　　某些泥板文書上的問題說明巴比倫人對數學除了抱有實用目的，還有理論上的興趣，這一點是埃及人難以企及的。這在一塊叫「普林頓三二二號」的泥板書上有很好的體現，這塊泥板書的來歷已經無法考證，只知道曾經被一個叫普林頓的人收藏，三二二是他給予這塊泥板的收藏編號，現存紐約哥倫比亞大學圖書館。其實，普林頓三二二號是一塊更大的泥板文書的右半部分，因為左半邊是斷裂的，且留有膠水的痕跡，說明了其缺損的部分是在出土之後才丟失的。

　　普林頓三二二號板的面積很小，長度和寬度分別只有 12.7 公分和 8.8 公分，上面的文字是古巴比倫語，因此年代至晚是在西元前一六〇〇年。事實上，這塊泥板上面只刻著一張表格，由四列十五行六十進位的數字組成，所以在相當長的時間內，它被人們誤認是一張商業帳目表，並未受到重視。直到一九四五年，時任美國《數學評論》雜誌的編輯諾伊格鮑爾發現了普林頓三二二號的數論意義，才激起了人們對它的極大興趣。

　　諾伊格鮑爾的研究表明，普林頓三二二號與畢達哥拉斯陣列有關。所謂畢達哥拉斯陣列，是指滿足

$$a^2 + b^2 = c^2$$

的任何正整數陣列（a, b, c），它在古代中國被稱為整勾股數，最小的一組是

（3，4，5）。從幾何學的意義來講，每一組畢達哥拉斯數都構成了某個整數邊長的直角三角形（又稱畢達哥拉斯三角形）的三條邊長。諾伊格鮑爾發現，第二、三列的相應數字，恰好構成畢達哥拉斯三角形的斜邊 c 和一條直角邊 b。其中只有四處例外，諾伊格鮑爾認為那可能是筆誤，並做了糾正。

　　例如，這張表的第一、第五和第十一行分別是陣列（1，59；2，49），（1，5；1，37），（45；1，15），轉化成十進位就是（120，119，169），（72，65，97），（60，45，75）。每組中的第一個數是計算後得出來的另一條直角邊 a，它們恰好是整數。在補全空缺數字後，諾伊格鮑爾發現，第四列（第一列是序號）的數字是 $s = (a/c)^2$，也就是說，s 是 b 邊所對應的角的正割的平方。若設 b 邊的對角為 B，則

$$s = \csc^2 B$$

　　事實上，普林頓三二二號第四列寫的是一張從 31° 到 45° 的正割函數平方表（以約 1° 的間隔）。

　　大約一千年以後的希臘人才知道，互質的畢達哥拉斯數（a, b, c）可由下列參數公式推導出來，即

$$a = 2uv, \ b = u^2 - v^2, \ c = u^2 + v^2$$

其中 $u > v$，u、v 互質且一奇一偶。然而，巴比倫人是如何計算出這些數字的？這無疑是個謎。

　　諾伊格鮑爾的天才發現提升了巴比倫人的數學成就。這位奧地利人於十九世紀的最後一年出生，自小父母雙亡，由叔叔撫養成人。十八歲那年為了逃避畢業考試，他入伍當了炮兵。一次大戰結束時，他在義大利的俘虜營裡與同胞哲學家維根斯坦成為獄友，戰後輾轉於奧地利和德國的幾所大學中學習物理學和數學，最後在哥廷根大學攻讀數學史，畢業後先後執教於美國的布朗大學和普林斯頓大學。諾伊格鮑爾精通古埃及文和巴比倫文，也是德國和美國兩家《數學評論》的創始人。

 **結語**

　　除了上面介紹的數學成就，埃及人和巴比倫人還將數學大量應用在日常生活裡。他們在紙草書、泥板書上記載帳目、期票、信用卡、賣貨單據、抵押契約、待發款項，以及分配利潤等事項。算術和代數被用於商業交易，幾何公式則被用來推算土地和運河橫斷面的面積，計算儲存在圓形倉庫或錐形倉庫中的糧食數量。當然，無論是埃及人的金字塔，還是巴比倫人的通天塔和空中花園，都凝聚著數學的智慧和光芒。

　　一方面，在數學和天文學被用於計算曆法和航海之前，人類本能的好奇心和對大自然的恐懼早已存在，他們年復一年地觀察太陽、月亮和星星的運行。埃及人已經知道一年共有三百六十五天，對於季節的變化也有所瞭解和掌握，他們透過觀察太陽的方位和角度，預計尼羅河河水氾濫的時間；透過辨別星星的位置和方向，確定在地中海或紅海中航船的方向。巴比倫人不僅能夠預測各大行星在每一天的位置，還能把新月和虧蝕出現的時間精確控制在幾分鐘之內。

　　另一方面，在巴比倫和埃及，數學與繪畫、建築、宗教以及自然界的探究之間的連繫，其密切性和重要性絲毫不遜於數學在商業、農業等方面的應用。巴比倫和埃及的祭司可能掌握了普遍的數學原理，但他們對這些知識祕而不宣，只用口頭的方法傳授，從而加劇了大眾對於統治階級的敬畏。這樣一來，尤其是與沒有僧侶階級統治的文明比較起來，自然顯得不太利於數學和其他文明的發展。

　　當然，宗教神祕主義本身也對自然數的性質產生了好奇心，並將數做為表

一五三一年的拉丁文版《聖經》

達神祕主義思想的一個重要媒介。一般認為，巴比倫的祭司發明了這種關於數的神祕學甚或魔幻的學說，後來希伯來人又加以利用並發展之。比如數字 7，巴比倫人最早注意到它是上帝的威力和複雜的自然界之間的一個和諧點；到了希伯來人手裡，7 又成為一個星期的天數。《聖經》說，上帝用六天時間造物和人，第七天是休息日。

　　還有一些數字之謎，比如，巴比倫人為何要把圓設為三百六十度？這可能是巴比倫人在西元前最後一個世紀的創造，卻與他們使用已久的六十進位無關，後者被用於小時和分、秒之間的計量換算。二世紀的希臘天文學家托勒密接受了這個巴比倫人的定義，就此沿用至今。埃及人則把他們的天文和幾何知識用於建造神廟，使陽光能夠在一年中白晝最長的那一天直接射入廟宇，照亮祭壇上的神像。金字塔朝向天空某個特定方向，人面獅身像斯芬克斯則面向東方。

　　可以說，正是人類層出不窮的需要和興趣，加上對天空無法抑制的想像，激發了自身的數學靈感和潛能。巧合的是，自然界本身也存在著數學規律，或說以數學的形式存在。無論如柏拉圖所言，上帝是一位幾何學家；還是德國數學家雅可比修正的，上帝是一位算術家，似乎都意謂著造物主是以數學的方式創造了世界。這也讓我們更容易明白，數學不僅源於人們生存的需要，最終也一定要回到這個世界裡。

　　不幸的是，無論埃及還是巴比倫尼亞，在歷史上都不斷遭受外敵入侵，中東地區的文明或權力交替頻繁。尤其是七世紀中葉，阿拉伯人的統治重新

確立了這兩個地區的語言和宗教信仰。這兩個民族後來都未能好好邁入現代社會，社會發展和生產力水準偏低，即便伊拉克已探明的石油儲量位列世界第二也無濟於事。進入二十一世紀後，它們也相繼經歷了伊拉克戰爭和「茉莉花革命」。如此看來，一個國家或民族某個時期數學和文明的發達，並無法確保其經濟和社會永遠持續地發展下去。

第二章

希臘的那些先哲們

古希臘的數學家和哲學家人才輩出，就如同文藝復興時期義大利的作家和藝術家一樣。

——題記

數學家的誕生

希臘人出場

　　大約在西元前七世紀，在今天的義大利南部、希臘和小亞細亞（土耳其亞洲部分的西部）一帶興起了古希臘文明，它在許多方面都不同於上一章講述的古埃及和古巴比倫文明。按照英國作家韋爾斯的說法，巴比倫和埃及是從原始農業社會開始，圍繞著廟宇和祭司緩慢成長起來的；遊牧的希臘人則是外來民族，他們侵占的土地上本來就有農業、航運、城邦，甚至文字，因此希臘人並沒有產生自己的文明，而是破壞一個文明，並在它的廢墟上重新集合成另一個文明。也正是基於這個原因，後來希臘人被馬其頓人打敗時，他們也能坦然接受，並同化入侵者。

　　一方面，正如羅素談論埃及人和巴比倫人時所言，宗教的因素約束了智力的大膽發揮。埃及人的宗教主要關心人死後的日子，金字塔就是一群陵墓建築；巴比倫人對宗教的興趣主要在於現世的福利，記錄星辰的運動、進行相關的法術和占卜，都是為了這個目的。可是在希臘，既沒有相當於先知或祭司的人，也沒有一個君臨一切的耶和華。遊牧出身的希臘人有著勇於開拓的精神，他們不願意因襲傳統，而是更喜歡接觸並學習新鮮的事物。舉例來說，希臘人把他們使用的象形文字，悄悄改換成了腓尼基人的拼音字母。

　　另一方面，每一個到過希臘的遊客都會發現，這個國家的土地崎嶇不平，貧瘠的山脈分割了國土，陸路交通極為不便；沒有通暢的河流和水網，僅有少量肥沃的平原。當土地無法容納所有的居民時，有些人便渡海去開闢新的殖民地。從西西里島、南義大利到黑海之濱，希臘人的城鎮星羅棋布。既然有如此多的移民，返鄉探親和貿易往來必不可少，這樣一來，定期航線就把東地中海

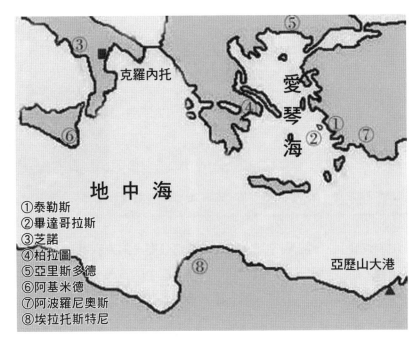

①泰勒斯
②畢達哥拉斯
③芝諾
④柏拉圖
⑤亞里斯多德
⑥阿基米德
⑦阿波羅尼奧斯
⑧埃拉托斯特尼

古希臘數學家的出生地

和黑海的各個港口連接了起來（此現象一直延續至今，雅典與愛琴海島嶼之間的航線密布）。再加上早先因地震移居到小亞細亞的克里特人，希臘人與東方的接觸愈來愈多。

　　希臘離兩大河谷文明本來就近，易於汲取那裡的文化，大批遊歷埃及和巴比倫的希臘商人與學者返回故鄉時，又帶回了那裡的數學知識。在城邦社會特有的唯理主義氛圍下，這些算術和幾何法則被提升到具有邏輯結構的論證數學體系裡。人們常常這樣發問：「為什麼等腰三角形的兩個底角相等？」「為什麼圓的直徑能把圓分成兩等分？」美國數學史家伊夫斯指出，古代東方以經驗為依據的方法，能夠自信滿滿地回答「如何」這個問題，但是對於更科學的「為什麼」這類追問，就沒那麼胸有成竹了。

　　與東方文明古國多數時間為大一統的狀態不同，希臘城邦始終處於割據狀態，這當然與地理因素有關，山脈和海洋把人們分散在相距遙遠的海岸上。希臘的社會結構主要是由貴族和平民兩個階級構成（有些地區由原住民充當農

泰勒斯頭像

民、技工或奴隸），貴族與平民之間並非截然分開，遇到戰爭時，他們同歸一個國王領導，而這個國王只不過是某個貴族家庭中的首領，如此的社會容易產生民主和唯理主義氛圍，而這一切，都為希臘人在世界文明舞臺上扮演要角做好了準備。

論證的開端

　　人類文明史上不乏接踵而至的巧合，古希臘的數學家和哲學家人才輩出，就如同文藝復興時期義大利的作家和藝術家一樣。一二六六年，大詩人但丁降生佛羅倫斯隔年，這座城市又誕生了傑出的藝術家喬托。義大利人普遍認為，藝術史上最偉大的時代就是從喬托開始。按照英國藝術史家宮布利希的說法，在喬托以前，人們看待藝術家就像看待一個出色的木匠或裁縫，藝術家甚至不常在自己的作品上署名；但在喬托以後，藝術史就成了藝術家的歷史。

　　相比之下，數學家出道早得多，第一個揚名後世的數學家是希臘的泰勒斯，他生活的年代比喬托早了足足十八個世紀。泰勒斯出生於小亞細亞的米利都（今土耳其亞洲區西海岸門德雷斯河口附近），米利都是當時希臘在東方最大的城市，周圍的居民大多是原先散居的愛奧尼亞移民，因此該地也被稱為愛奧尼亞。在米利都這座城市裡，商人統治代替了氏族貴族政治，思想因此較為自由和開放，產生了多位文學界和科學哲學界的著名人物，相傳詩人荷馬和歷史學家希羅多德都來自愛奧尼亞。

米利都殘存的愛奧尼亞廊柱

　　對於泰勒斯生平的瞭解，我們主要依賴後世哲學家的著作。泰勒斯早年經商，曾經遊歷巴比倫和埃及，很快便學會了那裡的數學和天文學知識。他本人除了研究這兩個領域，還涉及物理學、工程和哲學。亞里斯多德講過一則故事：有一年，泰勒斯依據自己掌握的農業知識和氣象資料，預見橄欖必將大大豐收，於是提前以低價收購該地區所有的榨油機，事情果然一如預料，他便以高價出租榨油機，獲得了巨額財富。泰勒斯這樣做並不是想成為富翁，而是想回擊某些人的譏諷：如果你真那麼聰明，為什麼沒發財呢？

　　柏拉圖記述了另一樁逸事：有一次，泰勒斯仰觀天象，不小心跌入了溝渠。一位美麗的女子嘲笑他說，近在足前都看不見，怎麼會知道天上的事？對此泰勒斯並未回應，倒是雅典執政官梭倫的發問刺痛了他。據羅馬帝國時代的希臘傳記作家普魯塔克記載，有天梭倫來米利都探望泰勒斯，問他為何不結婚──泰勒斯可能是許許多多終身獨居的智者中的第一位──當時他未予回答。幾天以後，梭倫得知兒子不幸死於雅典，悲痛欲絕之際，泰勒斯笑著出現，先告訴梭倫他兒子的消息是虛構，再解釋自己不願娶妻生子的原因，正是害怕面對失去親人的痛苦。

　　第一位數學史家歐德莫斯曾經寫道：「……（泰勒斯）將幾何學研究（從埃及）引入希臘，他發現了許多命題，並指導學生研究那些可以推導出其他命題的基本原理。」

　　傳說泰勒斯根據人的身高和影子的關係，測量出埃及金字塔的高度。一位柏拉圖的門徒在書裡寫道，泰勒斯證明了平面幾何中的若干命題：圓的直徑將

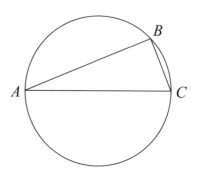

泰勒斯定理

圓分成兩個相等的部分；等腰三角形的兩個底角相等；兩條相交直線形成的對頂角相等；如果兩個三角形有兩角、一邊對應相等，那麼這兩個三角形全等。

當然，泰勒斯最有意義的成就是如今被稱為「泰勒斯定理」的命題：半圓上的圓周角是直角。更重要的是，他引入了「證明」這個觀念，也就是借助一些公理和真實性已經得到確認的命題，論證其他命題，開啟了論證數學的先河，這是數學史上一次非比尋常的飛躍。雖然沒有原始文獻可以證實泰勒斯取得了上述所有成就，但以上記載流傳至今，使他獲得了歷史上第一位數學家和論證幾何學鼻祖的美名，「泰勒斯定理」自然也成為數學史上第一個以數學家名字命名的定理。

數學以外，泰勒斯同樣成就非凡。他認為陽光會蒸發水分，霧氣從水面上升形成雲，雲又轉化為雨，因此斷言水是萬物的本質。雖然此觀點後來被證明是錯誤的，但他敢於揭露大自然的本來面目，建立自己的思想體系（他認為地球是一個漂浮在水面上的圓盤），因此是公認的希臘哲學鼻祖。在物理學方面，琥珀摩擦產生靜電的發現也歸功於泰勒斯。希羅多德聲稱，泰勒斯曾經準確地預測出一次日食。歐德莫斯則相信，泰勒斯已經知道按春分、夏至、秋分和冬至來劃分的四季，天數長短並不相等。

畢達哥拉斯

在泰勒斯的引導下，米利都接連產生了兩位哲人阿納克西曼德和阿那克希

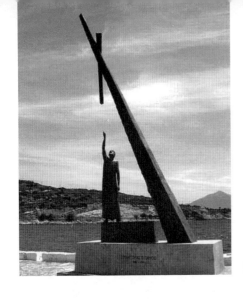

薩摩斯島上的畢氏紀念碑

米尼，以及作家赫克特斯。赫克特斯不僅用簡潔優美的文筆寫出了最早的遊記，也是地理學和人種學的先驅。阿納克西曼德認為世界不是由水組成的，而是由某種特殊的、不為我們熟知的基本形式組成，並主張地球是一個自由浮動的圓柱體，他還創造出一種歸謬法，由此推斷人是從海魚演化而來。阿那克希米尼的觀點又不同，他認為世界是由空氣所組成，空氣的凝聚和疏散產生了各種不同的物質形式。

　　距離米利都僅一箭之遙的愛琴海上有一座叫薩摩斯的小島。島上的居民比陸地來得保守些，盛行一種沒有嚴格教條的奧爾菲教，經常會把有共同信仰的人召集在一起，或許這就是讓哲學成為一種生活方式的濫觴。

　　這種新哲學的先驅是畢達哥拉斯。畢達哥拉斯成年後離開薩摩斯島，前往米利都求學，泰勒斯卻以年事已高為由拒絕了他，並建議他去找阿納克西曼德。畢達哥拉斯不久後發現，在米利都人的眼裡，哲學是一種高度實際的東西，與他本人超然於世的冥想習慣完全相反。

　　按照畢達哥拉斯的觀點，人可以分成三類：最低層是做買賣交易的人，其次是參加（奧林匹克）競賽的人，最高一層是旁觀者，即所謂的學者或哲學家。畢達哥拉斯離開米利都後，獨自一人遊歷到了埃及，在那裡住了十年並學習埃及人的數學。後來他淪為波斯人的俘虜，還被擄到了巴比倫，在那裡又住了五年，掌握了更為先進的數學知識。由於得再加上旅途的停頓，等到畢達哥拉斯乘船返回故鄉時，已流逝了十九年光陰，比東晉的法顯和唐代的玄奘到印度取經更久。

可是，保守的薩摩斯人無法接納畢達哥拉斯的想法，他不得不再度漂洋過海前往義大利南部的克羅托內，並在那裡安頓下來，娶妻生子、廣收弟子，建立了所謂的畢達哥拉斯學派。儘管該社團是個祕密組織，紀律嚴格，但他們的研究成果並沒有被宗教思想左右，反而形成了流傳兩千多年的科學傳統（主要是數學）。「哲學」（$\varphi\iota\lambda o\sigma o\varphi\iota\alpha$）和「數學」（$\mu\alpha\theta\eta\mu\alpha\tau\iota\chi\alpha$）這兩個詞本身就是畢達哥拉斯創造的，前者的意思是「智力愛好」，後者的意思是「可以學到的知識」。

畢達哥拉斯學派的數學成就主要包括：畢達哥拉斯定理；特殊的數和陣列的發現，如完全數、親和數、三角形數、畢氏三數；正多面體作圖；$\sqrt{2}$ 的無理性；黃金分割等。這些工作有的至今尚未完成，如完全數、親和數；有的被廣泛應用於日常生活各個方面，有的如畢氏定理則提煉出像費馬最後定理這樣深刻而現代的結論。

與此同時，畢達哥拉斯學派注重和諧與秩序，並重視限度，認為這就是善，同時強調形式、比例、數的表達方式的重要性。

畢達哥拉斯曾用詩歌描述他發明的第一個定理：

> 斜邊的平方，
> 如果我沒有弄錯，
> 等於其他兩邊的
> 平方之和。

這個早已被巴比倫人和中國人發現的定理，其第一個證明過程就是畢達哥拉斯給出的，據說他當時緊緊抱住啞妻大聲喊著：「我終於發現了！」畢達哥拉斯還發現，三角形的三個內角和等於兩個直角的和，他也證明了平面可以用正三角形、正四邊形或正六邊形填滿。現今我們只要使用鑲嵌幾何學就能嚴格推導出，不可能用其他正多邊形來填滿平面。

畢達哥拉斯是如何證明畢氏定理的？一般認為他採用了剖分法。如右上圖所示，設 a、b、c 分別表示直角三角形的兩條直角邊和斜邊，考慮邊長為

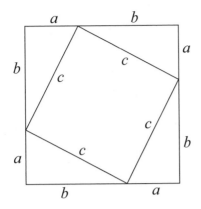

畢達哥拉斯定理的證明

$a + b$ 的正方形的面積。這個正方形被分成五塊，即一個以斜邊為邊長的正方形和四個與給定的直角三角形全等的三角形。這樣一來，求和後經過約減，就可以得到：

$$a^2 + b^2 = c^2$$

關於自然數，畢達哥拉斯最有趣的發現與定義是親和數（amicable number）和完全數（perfect number）。完全數是指一個數等於其真因數的和，例如 6 和 28，因為

$$6 = 1 + 2 + 3$$
$$28 = 1 + 2 + 4 + 7 + 14$$

《聖經》裡提到，上帝用六天的時間創造了世界。而相信地心說的古希臘人認為，月亮圍繞地球旋轉所需的時間是二十八天（即便在哥白尼的眼裡，太陽系也恰好有六顆行星）。必須指出的是，迄今為止，人們只發現四十九個偶完全數，尚未找到任何一個奇完全數，但也沒有人能夠否定奇完全數的存在。

親和數則是指一對數字中，任一個是另一個的真因數之和，例如 220 和 284。後人為親和數添加了神祕色彩，應用在魔法術和占星術上。《聖經》裡提到，雅各送孿生兄弟以掃二百二十隻羊，以示摯愛之情。直到兩千多年以後，第二對親和數（17926，18416）才被法國數學家費馬找到，他的同胞笛卡

畢達哥拉斯胸像，現藏於羅馬
卡比托利歐博物館

兒找到了第三對親和數。雖然運用現代數學技巧和電腦，數學家們發現了一千
多對親和數，不過第二小的一對親和數（1184，1210）卻是十九世紀後期被一
位十六歲的義大利男孩巴格尼尼找到的。

更難得的是，畢達哥拉斯的思想持續影響著後世。中世紀時，他被視為
「四藝」（算術、幾何、音樂、天文）鼻祖。文藝復興以來，他的觀點如黃
金分割、和諧比例均被應用於美學。十六世紀初期，哥白尼自認為他的「日心
說」屬於畢達哥拉斯的哲學體系。隨後，自由落體定律的發現者伽利略也被稱
為畢達哥拉斯主義者。十七世紀創建微積分學的萊布尼茲則自視為畢達哥拉斯
主義的最後一位傳人。

在畢達哥拉斯看來，音樂是最能淨化生活的東西。他發現了音程之間的數
學關係。一根調好的琴弦如果長度減半，將奏出一個高八度音；如果縮短到
2/3，就會奏出一個第四音，諸如此類。調好的琴弦與和諧的概念在希臘哲學
中占有重要地位，和諧意味著平衡，對立面的調整和聯合就像音程適當地調高
或調低。羅素則認為，倫理學（又稱道德哲學）裡中庸之道等概念，可以溯源
到畢達哥拉斯的這類發現。

音樂上的發現也直接引出了「萬物皆數」的理念，這可能是畢達哥拉斯
哲學的本質，將畢達哥拉斯的觀點與那三位米利都先哲區別開來。在畢達哥
拉斯看來，一旦掌握了數的結構，就控制了世界。在此以前，人們對數學的興
趣主要源於實際需要，例如埃及人是為了測量土地和建造金字塔，但到了畢達
哥拉斯，卻是「為了探求」（按希羅多德的說法）。這一點從畢達哥拉斯對

「數學」和「哲學」的命名也看得出來，又如「計算」一詞的原意是「擺布石子」。

　　畢達哥拉斯認為，數乃神的語言。他指出，我們生活的世界中，多數事物都是匆匆過客，隨時會消亡，唯有數和神是永恆的。當今世界早已進入數位時代，這似乎也是畢達哥拉斯的預言之一。遺憾的是，在這個時代裡，數字控制的多半是物質世界，尚缺少一些神聖或精神性的東西。

 **柏拉圖學院**

芝諾的烏龜

　　畢達哥拉斯學派在政治上傾向貴族制，因此在希臘民主力量高漲時受到了衝擊並逐漸瓦解，畢達哥拉斯也逃離了克羅托內，不久後被殺。在持續不斷的波（斯）希（臘）戰爭之後，希臘獲勝，雅典則成為希臘的政治、經濟和文化中心。尤其到了伯里克利時代，他對雅典民主政治制度的形成和發展做出了重大貢獻，其中包括始建於西元前四四七年的衛城。

　　與此同時，希臘數學和哲學也隨之走向繁榮，產生了許多學派。第一個著名學派叫伊利亞學派，創建人是畢達哥拉斯學派的成員巴門尼德，他居住在義大利南部的伊利亞（今拿坡里東南一百多公里處），代表人物是他的學生芝諾，師徒倆堪稱前蘇格拉底時期最有智慧的希臘人。

　　巴門尼德是少數幾個以詩歌形式表達哲學觀點的希臘哲學家之一，他留下的殘片詩集《論自然》第一部分叫「真理之路」，包含了後來的哲學家們十分感興趣的邏輯學說。巴門尼德認為，存在物的多樣性及其變化形式和運動，不過是唯一永恆的存在的現象而已，於是產生了「一切皆一」的巴門尼德原理。巴門尼德認為，無法想到的東西不能存在，因此能存在的是可以被想到的，這與前輩哲學家赫拉克利特的「它存在又不存在」互相衝突。赫拉克利特因為引入理性證明的方法做為論斷基礎，被當作形而上學的創立者。值得一提的是，赫拉克利特、畢達哥拉斯和巴門尼德都被視為海外的愛奧尼亞人。

　　柏拉圖在《巴門尼德篇》裡用曖昧揶揄的語調記敘了巴門尼德和弟子芝諾某一次的雅典訪問，其中寫道：「巴門尼德年事已高，約六十五歲，頭髮灰白但儀表堂堂。那時芝諾約四十歲，身材魁梧又健美，人家說他已變成巴門尼德

❶ 荷馬史詩《伊利亞德》中善跑的猛將。

伯里克利塑像

鍾愛的人了。」雖然後世的希臘學者推測這次訪問是柏拉圖虛構的，卻認為其中對於芝諾的描寫準確且可靠。據說芝諾為巴門尼德的「存在論」做了辯護，他不像巴門尼德那樣從正面去證明存在是「一」而不是「多」，而是用歸謬法做反證：「如果事物是多數的，將比『一』的假設得出更可笑的結果。」

　　這種方法成為所謂「芝諾悖論」的出發點，芝諾從「多」和運動的假設出發，一共推導出四十個不同的悖論。可惜由於著作失傳，得依賴亞里斯多德《物理學》等著作的記載，至今只留下八個，其中以四個關於運動的悖論最著名。然而，即便是這幾個悖論，後人的領會也不得要領，因為他們認同亞里斯多德的引述，認為這幾個悖論只不過是一些有趣的謬見而加以批判。直到十九世紀下半葉，學者們重新研究芝諾的悖論，才發現它們與數學中的連續性、無限性等概念緊密相關。

　　接著就讓我們依次介紹芝諾的四個運動悖論，引號內的文字是亞里斯多德《物理學》中的原話：

1. **二分說**。「運動不存在。原因在於，移動事物在到達目的地之前必須先抵達一半處。」
2. **阿基里斯❶追龜**。阿基里斯永遠追不上一隻烏龜，因為阿基里斯每次必須先跑到烏龜的出發點。
3. **飛箭靜止說**。「如果移動的事物總是『現在』占有一個空間，那麼飛馳的箭也是不動的。」
4. **運動場**。空間和時間並非由不可分割的單元組成。例如，運動場跑道上有三排佇列 A、B、C，令 A 往右移動，C 往左移動，其速度相對

於 B 而言均是每瞬間移動一個點。這樣一來，A 就在每個瞬間離開 C 兩個點的距離，因而必然存在一個更小的時間單元。

前兩個悖論針對的是事物無限可分的觀點，後兩個則蘊含著不可分無限小量的想法。要澄清這些悖論需要動用高等數學，尤其是極限、連續和無窮集合等概念，這在當時和後來的希臘人看來都是無法理解的，因此包括亞里斯多德在內的智者也無法解釋。可是，亞里斯多德注意到了芝諾是從對方的論點出發，再用反證法將其論點駁倒，因此他稱芝諾是雄辯術的發明者。當然，這一切首先是因為希臘的言論自由和學派林立的氛圍，給予了學者們探求真理的機會。

自幼在鄉村長大的芝諾熱愛運動，也許他提出這些悖論純粹是出於好奇心和好勝心，並非要給城裡的大人物製造恐慌，不過他應該是反畢達哥拉斯主義的，因為後者把一切歸因於整數。無論如何，正如美國數學史家 E・T・貝爾所言，芝諾曾「以非數學的語言，記錄下最早同連續性和無限性鬥爭的人們所遭遇的困難」。在二千四百年後的今天，人們已經明白，芝諾的名字永遠也不會從數學史或哲學史中消失。近代德國哲學家黑格爾在《哲學史講演錄》中指出，芝諾主要是客觀而辯證地考察了運動，是「辯證法的創始人」。

柏拉圖學院

現在來談談古希臘三大哲學家之一的柏拉圖，以及他的老師蘇格拉底和他的學生亞里斯多德。

他們三位都與雅典有關，蘇格拉底和柏拉圖出生在雅典，亞里斯多德則在雅典學習與執教。蘇格拉底既無著作流傳後世，也沒有建立學派，想瞭解他的生平和哲學思想，主要是透過柏拉圖和蘇格拉底的另一位弟子色諾芬。後者既是一位將軍，也是歷史學家和散文家。蘇格拉底在數學方面並無太大建樹，但正如他的兩位弟子所評價的，他在邏輯學上有兩大貢獻，也就是歸納法和一般定義法。

拉斐爾名畫〈雅典學派〉。柏拉圖和亞里斯多德居中，畢達哥拉斯、芝諾、歐幾里得均在其列

　　蘇格拉底對於柏拉圖的影響是無法估量的，儘管後者出生於顯赫家庭，前者的雙親分別是雕刻工匠和助產士。蘇格拉底相貌平平，不修邊幅，對肉體有著驚人的克制力，有時說著話就突然停下來陷入沉思。雖然很少飲酒，但每飲必有酒友滾倒在桌子底下，他卻毫無醉意。蘇格拉底之死（因受指控腐蝕雅典青年的靈魂而被判服毒），以及他臨死前展現的大無畏精神，給了柏拉圖深深的刺激，使他放棄從政的念頭，終其一生投入哲學研究。柏拉圖稱他的導師是「我所見到最智慧、最公正、最傑出的人物」。

　　蘇格拉底死後，柏拉圖離開雅典，開始長達十年（一說十二年）的遊歷，先後落腳小亞細亞、埃及、昔蘭尼（今利比亞）、義大利南部和西西里等地。柏拉圖在旅途中接觸了多位數學家，並親自鑽研數學，返回雅典後創辦了一所頗似現代私立大學的學院（Academy，這個詞現在的意思是科學院或高等學府）。學院裡有教室、餐廳、禮堂、花園和宿舍，柏拉圖擔任院長，並和他的助手們負責講授各門課程。除了幾次應邀赴西西里講學之外，他在學院裡度過了生命的後四十年，學院更是奇蹟般地存續了九百年。

　　做為一位哲學家，柏拉圖對歐洲的哲學乃至整個文化、社會的發展影響深

❷ 倍立方體問題是所謂的古希臘三大幾何問題之一，
　 另外兩個是化圓為方問題、三等分角問題。直到十
　 九世紀數學家們才弄清楚，這三個問題事實上是不
　 可解的。

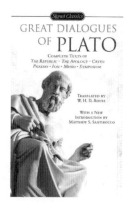

《柏拉圖對話錄》
2008 年英文版封面

遠。他一生共撰寫了三十六本著作，大部分用對話形式寫成。內容主要關乎政治和道德問題，也有的涉及形而上學和神學。例如，他在《理想國》裡提出，所有的人，不論男女，都應該有機會展示才能，進入管理機構。在《會飲篇》裡，這位終生未娶的智者談到了愛欲，「愛欲是從靈魂出發，達到渴求的善，對象是永恆的美」。用最通俗的話講就是，愛一個美女，實際上是透過美女的身體和後嗣，求得生命的不朽。

　　雖然柏拉圖本人並沒有在數學研究方面做出特別突出的貢獻（有人將分析法和歸謬法歸功於他），但他的學院卻是當時希臘的數學活動大本營，大多數重要的數學成就均由他的弟子取得。例如，一般整數的平方根或高次方根的無理性研究（包括擺脫由於發現無理數而導致的第一次數學危機）、正八面體和正二十面體的構造、圓錐曲線和窮竭法的發明（前者的發明是為了解決倍立方體問題❷）等。歐幾里得早年也曾在學院攻讀幾何學，這一切使得柏拉圖及其學院贏得了「數學家的締造者」美名。

　　對數學哲學的探究同樣起始於柏拉圖。在柏拉圖看來，數學研究的對象應該是理念世界中永恆不變的關係，而不是現象世界的變化無常。他不僅把數學概念和現實中相應的實體區分開來，也把數學概念和在討論時用來代表它們的幾何圖形嚴格區分開來。舉例來說，三角形的理念是唯一的，但存在許多三角形，也存在這些三角形的各種不完善摹本，即各種具有三角形形狀的現實物體。這樣一來，就把始於畢達哥拉斯、針對數學概念的抽象化定義，又往前推進了一步。

正四面體　　　正八面體　　　正六面體　　　　正十二面體　　　　正二十面體

被稱為「柏拉圖多面體」的五種正多面體

　　在柏拉圖所有著作中，最有影響力的無疑是《理想國》。這部書由十篇對話組成，核心部分勾勒出形而上學和科學的哲學。其中第六篇談及數學假設和證明，他寫道：「研究幾何、算術這類學問的人，首先要假定奇數、偶數、三種類型的角以及諸如此類的東西是已知的……從已知的假設出發，以前後一致的方式往下推導，直至得到想要的結論。」由此可見，演繹推理在學院裡已然盛行。柏拉圖還嚴格限定數學作圖工具為直尺和圓規，這對後來歐幾里得幾何公理體系的形成有著重要的促進作用。

　　談到幾何學，我們都知道那是柏拉圖極力推崇的學問，是他構想中得花十年學習的精密科學之中，一塊非常重要的組成部分。柏拉圖認為，創造世界的上帝是一位「偉大的幾何學家」，他曾經系統性地闡述（僅有的）五種正多面體的特徵和作圖，以至於它們被後人稱為「柏拉圖多面體」。一則從西元六世紀起廣為流傳的故事說，柏拉圖學院門口刻著「不懂幾何學的人請勿入內」字眼。無論如何，柏拉圖充分意識到了數學對於探求人類理想的重要性，在晚年某部著作中，他甚至把那些無視這種重要性的人形容為「豬一般的傢伙」。

亞里斯多德

　　西元前三四七年，柏拉圖在參加朋友的結婚宴會時忽感不適，退到屋子的一角，平靜地辭世了，享年八十歲。雖然沒有記載，但參加葬禮的人群中，應該有他教過的學生亞里斯多德。自從十七歲那年被監護人送入柏拉圖學院，亞

亞里斯多德《物理學》
1623 年拉丁文版

里斯多德跟隨柏拉圖已整整二十年。亞里斯多德無疑是學院培養的最出色學生，他後來成為世界古代史上最偉大的哲學家和科學家，對西方文化的走向和內容有著深遠影響，其他思想家都無法媲美。

亞里斯多德出生在希臘北部的哈爾基季基半島上，當時屬於馬其頓領土（如今是希臘北部的旅遊中心），其父曾經擔任馬其頓國王的御醫。或許是受父親影響，亞里斯多德對生物學和實證科學饒有興趣；在柏拉圖的影響下，他後來又迷戀上哲學推理。柏拉圖死後，亞里斯多德展開遊歷，一如柏拉圖在蘇格拉底去世後展開遊歷。亞里斯多德和同學兼好友首先在小亞細亞的阿蘇斯停留了三年，接著到附近列斯伏斯島上的米蒂利尼創辦了一個研究中心（阿蘇斯和列斯伏斯島的地理位置恰如南面的米利都和薩摩斯島），開始從事生物學研究。

四十二歲那年，亞里斯多德應馬其頓國王腓力二世之邀，前往馬其頓首都培拉擔任十三歲王子亞歷山大的家庭教師。他試圖依照荷馬史詩《伊利亞德》的英雄形象教育王子，希望使其體現希臘文明的最高成就。

幾年後，亞里斯多德返回故鄉，直到西元前三三五年亞歷山大繼承王位才再度來到雅典，創辦了自己的學院「呂園」。此後十二年間，除了研究和寫作，他把精力全部投入了呂園的教學和管理。據說亞里斯多德授課時喜歡在庭院裡邊走邊講，以至於今日英文的演講或論述（discourse）一詞，原意就是「走來走去」。

呂園和柏拉圖學院均坐落在雅典郊外，與柏拉圖的興趣偏向數學不同，亞

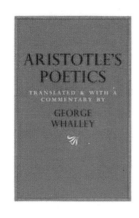

亞里斯多德《詩學》
2004 年英文版封面

里斯多德感興趣的主要是生物學和歷史學。不過，亞里斯多德畢竟在學院裡薰陶了二十年，不免承繼了一部分的柏拉圖數學思想。他對定義做了更細膩的討論，同時深入研究了數學推理的基本原理，並將它們區分為公理和公設。在他看來，公理是一切科學共同的真理，公設則是某一門科學特有的最初原理。

在數學領域，亞里斯多德最重要的貢獻是將數學推理規範化和系統化，其中最基本的原理是矛盾律（一個命題不能既是真的又是假的）與排他律（一個命題要嘛是真的，要嘛是假的，兩者必居其一），這兩者早已成為數學證明的核心。在哲學領域，亞里斯多德最大的貢獻是創立了形式邏輯學，尤其是俗稱三段論的邏輯體系，這是他百科全書式眾多建樹的其中一個。形式邏輯學被後人奉為推理演繹的圭臬，在當時則為歐幾里得幾何學奠定了方法論的基礎，而歐幾里得幾何學無疑是希臘數學黃金時代最具代表性的成就。

此外，亞里斯多德也是最近剛從數學領域中獨立出來的統計學鼻祖。他撰寫的「城邦政情」包含了各個城邦的歷史、行政、科學、藝術、人口、資源和財富等社經狀況的比較分析。這類研究後來延續了兩千多年，直到十七世紀中葉才被替代，並迅速演化為「統計學」（statistics），但依然保留了城邦（state）的字根。

最後必須提及的是亞里斯多德的《詩學》，此書不僅講述如何寫詩，也教導人們如何作畫、演戲……這本薄薄的小冊子與稍後出版的歐幾里得《幾何原本》都是基於對三維空間的模仿，只不過《詩學》是形象的模仿，《幾何原本》是抽象的模仿，雙雙堪稱古代世界文藝理論和數學理論的最頂尖成果。

亞歷山大學派

《幾何原本》

比起我們前面講到的幾位人物，歐幾里得的出生時間晚得多，也沒有留下任何生活細節或線索。我們不但不知道他在哪裡出生，歐洲、亞洲還是非洲？也無法確定他的生卒年，只知道他待過雅典的柏拉圖學院，並在大約西元前三○○年時受聘前往埃及的亞歷山大大學數學系任教，留下了著作《幾何原本》。事實上，《幾何原本》的英文書名本意是「原本」。由於《幾何原本》被當作教科書廣泛使用了兩千多年（今天初等數學的主要內容仍源於它），加上數學對於人類智慧的重要性，因此在所有數學家中，歐幾里得被視為是對世界歷史最具影響力的一位。

現在，我必須介紹一下亞歷山大港這座城市。伯羅奔尼薩戰爭之後，希臘處於政治上的分裂時期，北方的馬其頓人乘虛而入，不久便攻陷了雅典。等到年輕的亞歷山大大帝繼承了馬其頓王國的王位，在為希臘文明折服的同時，他也產生了征服世界的野心。隨著軍隊的節節勝利，亞歷山大大帝也挑選了許多優良地點，建造一座又一座新城市。亞歷山大大帝占領埃及後，在地中海邊某處（開羅❸西北方向二百多公里處）建起了一座以他的名字命名的城池，不僅請來最好的建築師，他還親自監督規劃、施工和移民。那是在西元前三三二年。

九年後，亞歷山大大帝遠征印度回來，在巴比倫暴病身亡，年僅三十二歲，他的龐大帝國自此一分為三，但仍然聯合在希臘文化的旗幟底下。等到托勒密一世統治埃及時，將亞歷山大港定為首都。為了吸引有學問的人，托勒密一世下令建立著名的亞歷山大大學，其規模和建制堪與現代大學媲美。該大學

歐幾里得塑像

❸ 雖說開羅的歷史只有一千三百多年，但它的近郊五千年前就是一座大都市（已經毀壞的孟菲斯），尼羅河在此分成兩個支流注入地中海。

的中心是一間大圖書館，據說藏有六十多萬卷紙草書。自那以後，亞歷山大港便成為希臘民族精神和文化的首都，持續了將近一千年。直到十九世紀和二十世紀之交，希臘最負盛名的現代詩人卡瓦菲仍選擇在亞歷山大港度過大半生。

歐幾里得正是在上述背景中抵達亞歷山大港，他的《幾何原本》應該是在此期間寫成。書中幾乎所有關於幾何學和數論的定理在他之前就已為人知曉，使用的證明方法也大抵相同，但他將這些已知做了整理和系統性闡述，包括對於各種公理和公設做了適當的選取，而後一項工作並不容易，需要超乎尋常的判斷力和洞察力。之後，他非常仔細地編排這些定理，使得每一個定理之間的前後邏輯保持一致。正因如此，歐幾里得被公認是古希臘幾何學的集大成者，《幾何原本》問世後，很快就取代了以前的教科書。

歐幾里得之所以能做到這一點，應該與他在柏拉圖學院受過的薰陶有關。柏拉圖強調終極實在的抽象本性和數學對於訓練哲學思維的重要性，在他的影響下，包括歐幾里得在內的許多數學家都將理論從實際需要中分離了出來。在這本古代世界（也可以說是迄今為止）最著名的數學教科書裡，歐幾里得從定義、公設和公理出發，把點定義為沒有部分的一種東西，線（現在稱為弧線或曲線）是沒有寬度的長度，直線是其上各點無曲折排列的線。全書共分十三卷，第一到第六卷談論平面幾何，第七到第九卷講述數論，第十卷討論無理數，第十一到第十三卷講解立體幾何。全書共收入四百六十五個命題，用了五條公設和五條公理。眾所周知，對於第五公設的證明與嘗試替換之，促進了非歐幾何學的誕生，我們會在第七章再詳細討論。

作於 1620 年的阿基米德畫像

　　在這裡，我想特別介紹一下數論的部分，因為其中仍然有相當一部分出現在今日的初等數論教科書裡。例如，第七卷談到了兩個或兩個以上正整數的最大公約數的求法（今稱為歐幾里得演算法），並用它來檢驗兩個數是否互質。第九卷中的命題十四相當於算術基本定理，也就是任何大於一的數可以分解成若干質數的乘積；命題二十講的則是質數有無限多個，其證明普遍被視為數學證明的典範，至今仍然是所有數論教科書中不可或缺的內容；命題三十六給出了著名的偶完全數的充要條件，這個源自畢達哥拉斯的問題至今依然無人能夠徹底解決。

　　有兩則歐幾里得的逸事很有趣，它們均來自歐幾里得的希臘同行對《幾何原本》的注釋讀本。據說有一次，國王托勒密一世向歐幾里得詢問學習幾何學的捷徑，他脫口答道：「幾何學中沒有王者之路。」還有一次，一位向歐幾里得學習幾何學的學生問他，學這門功課會得到什麼，歐幾里得沒有直接回答，反而命令奴僕給學生一便士，並說：「因為他總想著從學習中撈到什麼好處。」

　　自從德國人古騰堡在十五世紀中葉發明活字印刷術，《幾何原本》在世界各地已經出版了上千個版本，除了被視為現代科學產生的主因之一，就連思想家們也傾心於它完整的演繹推理結構。值得一提的是，由於亞歷山大圖書館相繼被羅馬軍隊和偏激的基督徒燒毀，《幾何原本》最完整的拉丁文版本事實上是從阿拉伯文版本轉譯而來。直到十七世紀，《幾何原本》才被義大利傳教士利瑪竇和明朝的徐光啟譯成中文，不過僅僅譯了前六卷，還要等待整整兩個半

1543 年印刷的阿基米德著作

世紀以後，英國傳教士偉烈亞力和清朝數學家李善蘭才完成了較完整的中譯本。

阿基米德

　　歐幾里得任教於亞歷山大大學後，該校數學系聲名大震（他可能是系主任），引來各方青年才俊，其中最著名的要數阿基米德。由於有多位羅馬歷史學家記載，阿基米德的生卒年較其他數學家顯得可靠，他出生在西西里島東南方的敘拉古，父親是天文學家。阿基米德早年在埃及跟隨歐幾里得的弟子學習，回鄉後仍然和那裡的人們保持密切聯絡（他的學術成果多半透過這些信件得以傳播和保存），因此可以算是亞歷山大學派的成員。

　　阿基米德著述甚豐，且多為論文手稿而非大部頭著作，稱得上是數學史中著述最多產的一位。這些論著涉及了數學、力學與天文學，流傳至今的，在幾何學方面有《圓的度量》、《拋物線求積》、《論螺線》、《論球和圓柱》、《論劈錐曲面體和旋轉橢圓體》、《論平面圖形的平衡或重心》，力學方面有《論浮體》和《有關力學定理的方法》，還有一部給小王子寫的科普著作《沙粒的計算》（王子長大後繼承了王位並善待阿基米德）。此外，他還有一部僅存的拉丁文著作《引理集》和用詩歌體寫成《群牛問題》，副標題是「給亞歷山大數學家埃拉托斯特尼的信」。

　　在幾何學方面，阿基米德最擅長探求面積、體積及相關問題，這方面他略勝歐幾里得一籌。舉例來說，他用窮竭法來計算圓的周長，從圓內接正多

邊形著手，隨著邊數的逐漸增加，計算到九十六邊時，獲得了圓周率的近似值 $\frac{22}{7}$。這個值精確到小數點後兩位，即我們熟知的 3.14，也是西元前人類能獲得的、關於圓周率的最好結果。阿基米德還用類似的方法證明了球的表面積等於大圓的四倍，這樣也就有了球表面積的計算公式。

可是，窮竭法只能嚴格證明已知的命題，不能發現新的結果。為此，阿基米德發明了一種平衡法，其中蘊含著極限的概念並借助了力學的槓桿原理，它也是近代積分學裡微元法的雛形。例如，球的體積公式（r 為圓半徑）

$$V = \frac{4}{3}\pi r^3$$

就是阿基米德用這個方法首先推算出來的，他再用窮竭法給出了證明。這種發現和求證的雙重方法無疑是阿基米德的獨創，他還用這個方法推導出「拋物線上的弓形面積與其相應的三角形面積之比為 4：3」，這個命題的發現應是畢達哥拉斯數比例關係的佐證。

與歐幾里得相比，阿基米德可說是一位應用數學家，歷史上記載了許多他的故事。古羅馬建築學家維特魯威為了能在神廟和公共建築中保存古典傳統，寫了一部十卷本的《建築十書》，書中第九卷就記述了一則傳誦千古的阿基米德逸事：隨著敘拉古國王的政治威望日益高漲，他為自己訂做了一頂金皇冠。皇冠做好後，卻有人說皇冠裡摻了銀子。國王請阿基米德來解決這個難題，阿基米德閉門謝客、冥思苦想卻不得解。一日，阿基米德踏入裝滿水的浴盆泡澡，忽然覺得身體輕盈起來，原來是水溢出了澡盆。阿基米德恍然大悟，領悟固體的體積可放入水中測量，並由此判斷其比重和質地。

更有意義的是，經過反覆實驗和思考，阿基米德同時發現了流體力學的基本原理（又稱浮體定律）：物體在流體中減輕的重量，等於排出去的流體重量。根據希臘最後一位大幾何學家帕波斯的記載，阿基米德曾經宣稱：「給我一個支點，我就可以撐起地球！」據說為了說服眾人，他設計了一組滑輪，讓國王借助這組滑輪親手移動了一艘三桅大帆船。對他佩服得五體投地的國王當即宣布：「從現在起，阿基米德說的話我們都要相信。」即便今天，通過巴拿

---

❹ 迦太基，古代國名，由腓尼基人建立。以今北非突尼斯為中心，鼎盛時期領土東起西西里，西達摩洛哥和西班牙。
❺ 橢圓、雙曲線和拋物線這三個中文譯名由清代數學家李善蘭於 1859 年率先使用，那一年達爾文的《物種起源》正式出版。

馬運河或蘇伊士運河的巨輪，依然得依靠有軌滑輪車的推動。而阿基米德之所以能說出此番豪言壯語，是因為他發明並掌握了槓桿原理。

不僅如此，阿基米德還用智慧和力學知識保衛了家鄉，最終為國捐軀。事情是這樣的，敘拉古的近鄰迦太基❹由於商業和殖民上的利益衝突，在西元前三世紀和前二世紀與羅馬人爆發了三次戰爭，史稱布匿戰爭，布匿（Punic）是由腓尼（Poeni）轉化而來。第二次布匿戰爭把與迦太基人結盟的敘拉古人也捲了進來，於是在西元前二一四年，羅馬軍隊包圍了敘拉古。

相傳敘拉古人用阿基米德發明的、類似起重機的工具，先把靠近岸邊或城牆的船隻抓起來並狠狠往下摔，又用強大的機械把巨石拋擲出去，暴雨似地打得敵人倉皇逃竄。還有一種誇張的說法是，阿基米德用巨大的火鏡讓陽光反射，以此焚燒敵船，不過另一種說法似乎更加可信，也就是將燃燒的火球拋向敵船使之著火。最後，羅馬人改用長期圍困的策略，敘拉古終因糧盡彈絕而陷落，正在沙盤上畫圖的阿基米德也被一名莽撞的羅馬士兵用長矛刺死了。阿基米德之死，預告著希臘數學和燦爛的文化開始走向衰敗，自此以後羅馬人將展開野蠻和愚昧的統治。

其他數學家

羅馬人攻陷敘拉古之際，亞歷山大學派另一位代表人物阿波羅尼奧斯正要完成他一生的主要工作。阿波羅尼奧斯出生在小亞細亞南部的潘菲利亞，早年也在亞歷山大大學攻讀數學，後來回到家鄉，晚年重返亞歷山大港並在那裡去世。阿波羅尼奧斯最主要的貢獻是寫了《圓錐曲線論》，今天我們熟知的橢圓（ellipse）、雙曲線（hyperbola）和拋物線（parabola）最早都出現在這部書裡。❺

阿波羅尼奧斯的圓錐是這樣定義的：給定一個圓和該圓所在平面外一點，過該點和圓上的任意一點可畫一條直線（母線），讓這條直線移動即可得到所要的圓錐。然後，用一個平面去截圓錐，如果這個截面不與底圓相交，所得的交線就是一個橢圓。如果截面與底圓相交但不與任何一條母線平行，所得的交線就是一條雙曲線。如果截面與底圓相交且與其中一條母線平行，所得的交線就是一條拋物線。此外，他還研究了圓錐曲線的直徑、切線、中心、漸近線、焦點等。

阿波羅尼奧斯用純幾何的方法，得到了近兩千年後解析幾何的某些主要結果，這點令人讚嘆，他的《圓錐曲線論》可說是代表了希臘演繹幾何的最高成就。也因此，阿波羅尼奧斯、歐幾里得、阿基米德被後人合稱為亞歷山大前期三大數學家，因為他們共同造就了希臘數學的「黃金時代」。在那以後，隨著羅馬帝國的擴張，雅典及其他許多城市的學術研究迅速枯萎。可是，由於希臘文明的慣性影響，尤其是羅馬人對稍遠的亞歷山大港自由思想的寬鬆態度，仍產生了一批數學家和了不起的學術成果。

亞歷山大後期的數學家在幾何學方面貢獻不大，最值得一提的是希羅公式（Heron's formula）。設三角形的邊長依次為 a、b、c，$s=(a+b+c)/2$，面積為 Δ，則

$$\Delta = \sqrt{s(s-a)(s-b)(s-c)}$$

後來人們才知道，這個公式是阿基米德首先發現的，但未收入他現存的著作裡。相比之下，三角學的建立更值得稱道，相關內容被收在一部天文學著作《天文學大成》裡，書的作者是一位與國王托勒密一世同名的數學家兼天文學家。這本書因為提出「地心說」而在整個中世紀成為西方天文學的經典，作者托勒密也被視為古希臘最偉大的天文學家。當然，他出生時托勒密王朝已經落幕了。托勒密用六十進位算出 π 的值為（3；8，30），即 $\frac{377}{120}$，或 3.1416。在幾何學中，所謂的「托勒密定理」是這樣陳述的：

| 圓 | 橢圓 | 拋物線 | 雙曲線 |

圓錐曲線的幾何意義

圓內接四邊形中，兩條對角線長的乘積等於兩對邊長乘積之和。

亞歷山大後期希臘數學的一個重要特點是，突破了前期圍繞著幾何學的傳統，使算術和代數成為獨立的學科。希臘人所謂的「算術」（Arithmetic）即今天的數論（number theory），這個詞被沿用至今，波蘭的《數論學報》英文名就是 Acta Arithmetic。《幾何原本》之後，數論領域的代表著作首推丟番圖的《算術》，其拉丁文譯本是透過阿拉伯文轉譯而來，書中以討論不定方程式的求解著稱。不定方程式又稱為丟番圖方程式，指的是整係數的代數方程式，一般只考慮整數解，未知數的個數通常多於方程式的個數。

《算術》中最有名的問題是第二卷的問題八，丟番圖這樣表述：「將一個已知的平方數表示為兩個平方數之和。」十七世紀的法國數學家費馬在讀此書的拉丁文譯本時為它添加了一個注釋，引出了後來舉世矚目的「費馬最後定理」。丟番圖的生平也很有趣，一般認為他生活在西元二五〇年前後。一本在六世紀元年前後集結而成的《希臘詩選》裡，恰好收錄了丟番圖的墓誌銘：

墳墓裡邊安葬著丟番圖，
多麼讓人驚訝，
他所經歷的道路忠實地記錄如下：
上帝給予的童年占六分之一，

又過了十二分之一，兩頰長鬚，

再過七分之一，點燃起婚禮的蠟燭。

五年之後天賜貴子，

可憐遲到的寧馨兒，

享年僅及父親的一半，便進入冰冷的墓。

悲傷只有用整數的研究去彌補，

又過了四年，他也走完了人生的旅途。

這相當於解方程式

$$\frac{x}{6} + \frac{x}{12} + \frac{x}{7} + 5 + \frac{x}{2} + 4 = x$$

答案是 $x = 84$，由此人們知道丟番圖活了八十四歲。

到了帕波斯生活的年代，亦即西元三二〇年前後，中國數學家劉徽已在世。和丟番圖一樣，帕波斯也有一本傳世著作《數學匯編》，此書被視為希臘數學的「安魂曲」。書中最突出的結論是：在周長相等的平面封閉圖形裡，圓的面積最大。這個問題涉及極值，屬於高等數學範疇。書中還給出了解決倍立方體問題的四種嘗試，其中第一種嘗試出自埃拉托斯特尼之手。埃拉托斯特尼出生在昔蘭尼（今利比亞），後來前往亞歷山大求學，有著「柏拉圖第二」美譽，但他無疑更加多才多藝，同時是一位詩人、哲學家、歷史學家、天文學家和五項全能運動員。

在數論中，所謂的埃拉托斯特尼篩法（簡稱埃氏篩）為製造質數表提供了最初的方法，即便到了二十世紀，針對偶數哥德巴赫猜想的相關研究主要仍然依賴埃氏篩及其變種。此外，埃拉托斯特尼也是第一個較精確計算出地球周長的人，其計算結果和他在亞歷山大的同事阿基米德的相去甚遠。不過埃拉托斯特尼最有實用價值的成就是，他率先劃分出地球的五個氣候帶，而這種劃分方法沿用至今。埃拉托斯特尼在分析比較了地中海（大西洋水系）和紅海（印度洋水系）的潮漲潮落之後，斷定它們是相通的，意謂著可以從海上繞過非洲，

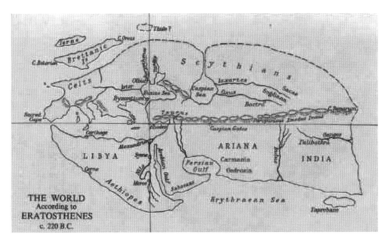

西元前 220 年由埃拉托斯特尼繪製的世界地圖

這為十五世紀末葡萄牙人達‧伽馬從水路前往印度提供了理論依據。

　　不過，埃拉托斯特尼繪製的這幅據稱是人類歷史上第一張世界地圖卻表明，古希臘人認識的世界依舊非常有限，在這張地圖裡，阿拉伯灣即紅海，厄立特尼亞海即印度洋，沒有亞洲東部、美洲、大洋洲和南極洲。儘管古希臘人在數學和藝術方面取得的成就已達到古典時期的高峰，卻仍不夠完整，這為十九世紀前半葉現代主義的出現和茁壯成長埋下了一顆種子，現代主義在數學領域的表現主要是非歐幾何學和非交換代數。

結語

　　從以上論述我們不難發現，希臘數學有兩個顯著特點，一是抽象化和演繹精神，二是它與哲學的關係非常密切。正如克萊因所言，埃及人和巴比倫人所積累的數學知識就像空中樓閣，或是由沙子砌成的房屋，一觸即潰；希臘人建造的卻是一座座堅不可摧、永恆的宮殿。此外，如同音樂愛好者將音樂視為結構、音程和旋律的組合，希臘人也將美看作秩序、一致、完整和明晰。柏拉圖聲稱：「無論希臘人接受什麼東西，我們都要改善它並使之完美無缺。」

　　柏拉圖喜愛幾何學，亞里斯多德則不願把數學和美學分開，他認為秩序和對稱是美的重要因素，而這兩者都不難在數學中找到。事實上，古希臘人認為球是一切形體中最美的，因而球形是神聖的，也是善良的。圓也與球一樣為人們喜愛，所以天上那些代表永恆秩序的行星均以圓形為運動軌跡，但在不完善的大地之上則以直線運動居多。正因為對希臘人來說，數學有如此美麗的吸引力，他們才會如此堅持探索那些超出理解自然時需要的數學定理和法則。

　　不僅如此，希臘人還是天生的哲學家，他們熱愛理性，愛好體育和思辨，這讓他們與其他民族有了重要的區別。從西元前六世紀米利都的泰勒斯到西元前三三七年柏拉圖去世，這段時期是數學和哲學的蜜月期，一個人可以既是數學家又是哲學家，希臘哲學的顯著特點正是把整個宇宙當作研究對象，也就是說，哲學是包羅萬象的。這與當時數學的發展處於初級階段不無關係，數學家們只能討論簡單的幾何學和算術，對運動和變化無能為力（因此才會出現芝諾的悖論），也只好以哲學家的身分擔起解釋的重任。

　　可是，隨著希臘諸城邦在西元前三三八年被馬其頓帝國控制，希臘的數學

作於 1866 年的素描
《希帕提婭之死》

中心從雅典轉移到地中海南邊的亞歷山大港，數學和哲學的蜜月期也隨之結束了。儘管如此，此一奇妙結合還是催生出一部堪稱古代世界邏輯演繹最高結晶的著作——歐幾里得《幾何原本》。《幾何原本》的意義不僅僅是貢獻了一系列美妙的定理，更有價值的是孕育、演繹了理性的精神。可以說，後世一代又一代歐洲人是從《幾何原本》中學會了如何進行無懈可擊的推理，而誰又能否認，西方社會由來已久的民主和司法制度也與之有關呢？

　　當時的希臘社會有許多原住民和外來奴隸專門負責耕種土地、收穫莊稼，從事城邦裡各項具體勞務和雜務，使得許多希臘人有時間從事唯理主義的思考和探討。但這樣的生活在物質並非十分富足的情況下終歸無法持久，講究效率的羅馬最後取代了精神至上的希臘。正如很久以後，熱衷於物質進步的美國取代了理想主義的歐洲。

　　西元四一五年，人類歷史上第一位被記載的女數學家希帕提婭在家鄉亞歷山大港被一群暴徒殘殺至死，標誌著希臘文明難以避免衰敗的結局。

　　希帕提婭的父親是最權威的《幾何原本》注釋者，她本人則是丟番圖《算術》和阿波羅尼奧斯《圓錐曲線論》的注釋者，以及亞歷山大新柏拉圖主義哲學的領袖，據說以其美貌、善良和非凡的才智吸引了大批崇拜者。可惜的是，希帕提婭的所有注釋本均已遺失，我們甚至不知道她寫過哪些哲學著作，僅存的只有學生寫給她的信件，在信中向她討教如何製造星盤和水鐘。

　　希臘文明衰落之後，無論是羅馬統治時期還是漫長的中世紀，數學與哲學都漸行漸遠。我們則會在第三和第四章看到，這如何為幾個東方古國再度登上

世界歷史舞臺提供了契機。直到十六世紀，「義大利人文主義思想強調了畢達哥拉斯和柏拉圖的數學傳統，世界的數字結構再次受到重視，並取代了曾使之黯然失色的亞里斯多德傳統。」（羅素語）進入十七世紀以後，隨著微積分學的誕生，哲學和數學再次靠近，不過那時哲學的主要研究目標已經縮小為「人怎樣認識世界」了。

第三章

中世紀的中國

可以肯定的是，中國科學達到的境界是達文西式的，而不是伽利略式的。

——李約瑟

 引子

先秦時代

正當埃及文明和巴比倫文明在亞、非、歐三大洲的接壤處發展之時，另一個完全不同的文明也在遙遠的東方沿著黃河和長江流域發展並散播開來，這就是中國文明。學者們普遍認為，在今天新疆的塔里木盆地和幼發拉底河之間，由於一系列高山、沙漠和蠻橫遊牧部落的阻隔，遠古時代並不存在遷徙的可能性。西元前二七○○年到西元前二三○○年間，出現了傳說中的五帝，之後又相繼出現一系列王朝。❶儘管燒錄漢字的竹板不如泥板書和紙草書耐久，但「由於中國人勤於記錄，仍有相當多資料流傳下來」，英國科學史家李約瑟這樣說。

與埃及和巴比倫一樣，遠古中國也有數和形的萌芽。雖說殷商甲骨文仍未完成破譯，但已發現完整的十進位。最遲在春秋戰國時代，中國已經出現嚴格的算籌計數，這種計數法分為縱橫兩種形式，分別表示奇數位數和偶數位數，逢零則虛位以待。至於形，司馬遷在西元前一世紀的《史記·夏本紀》裡記載，「（夏禹治水）左規矩，右準繩」，「規」和「矩」分別是圓規和直角尺，「準繩」則是用來確定垂線的器械，或許這可以算是幾何學的早期應用。

更難得的是，與熱衷探討哲學和數學理論的希臘雅典學派一樣，同期的戰國時代（西元前四七五～二二一年）也有諸子百家，那是盛產哲學家的年代。其中，墨家的代表作《墨經》討論了形式邏輯的某些法則，並在此基礎上提出一系列數學概念的抽象定義，甚至涉及了無窮的概念。以善辯著稱的名家對於無窮概念則有更進一步的認識。道家的經典著作《莊子》記載了名家的代表人物惠施的命題：「至大無外，謂之大一。至小無內，謂之小一。」此處「大

縱式：
橫式：

$$1 \quad 2 \quad 3 \quad 4 \quad 5 \quad 6 \quad 7 \quad 8 \quad 9$$

中國古代的算籌計數法

❶ 2007 年冬天公開的良渚文化城址預示著夏朝或許不是中國歷史上第一個朝代。

一」指無限宇宙，「小一」相當於赫拉克利特的原子。

惠施是哲學家，宋國（今河南）人，當時的聲望僅次於孔子和墨子。他曾任魏相十五年，主張聯合齊楚抗秦，政績卓著。惠施與以寫作《逍遙遊》聞名的同時代哲學家莊周既是朋友，又是論敵，兩人的魚樂之辯是很著名的辯論。惠施死後，莊周嘆息再無可言之人。惠施涉及數學概念的精彩言論尚有：

> 矩不方，規不可以為圓；
>
> 飛鳥之影未嘗動也；
>
> 鏃矢之疾，而有不行、不止之時；
>
> 一尺之棰，日取其半，萬世不竭；

等，與早他一個世紀的希臘人芝諾的悖論有異曲同工之妙。惠施的後繼者公孫龍以「白馬非馬」之說聞名，雖然在邏輯學上區分了「一般」和「個別」，卻未免有詭辯之嫌。

可惜的是，名、墨兩家在先秦諸子中屬於例外，其他諸子包括更有社會影響力的儒、道、法等各家的著作，很少關心與數學相關的論題，只注重治國經世、社會倫理和修心養身之道，這與古希臘學派的唯理主義有很大的差異。秦始皇統一中國以後，結束了百家爭鳴的局面，還焚燒各國史書和民間典藏。漢武帝時（西元前一四〇年）則獨尊儒術，名、墨著作中的數學論證思想失去進一步發展的機會，不過由於社會穩定，加上對外開放，經濟空前繁榮，推動數學朝向實用和演算法發展，也都取得了較大的成就。

1984 年初湖北江陵張象山出土的一批西漢初年竹簡中，有一部
《算術書》，體例也是問題集，但未分章卷，有可能是中國已知
最早的數學著作。

《周髀算經》

　　西元前四十七年，為了幫助情人「埃及豔后」克麗歐佩特拉奪取政權，凱撒統率羅馬軍隊攻打亞歷山大港，造成亞歷山大圖書館部分燒毀。克麗歐佩特拉是托勒密十二世的次女，先後與兩個弟弟托勒密十三世和十四世，以及她和凱撒的兒子托勒密十五世共同執政。那時的中國屬於西漢後期，正處於第一個數學高峰的上升階段。

　　一般認為，中國最重要的古典數學名著《九章算術》就是在那時成書的，亦即西元前一世紀，而更古老的數學著作《周髀算經》❷成書年代應該在此之前。

　　值得一提的是，對中國古代科學技術史頗有研究的李約瑟雖然認同《九章算術》的數學水準比《周髀算經》更先進，卻認為《周髀算經》確切的成書年代比《九章算術》還要晚兩個世紀。顯而易見，這是數學史家和考古學家的一大遺憾。李約瑟在其巨著《中國科學技術史》裡嘆息：「這是一個比較複雜的問題……書中有一部分結果是如此古老，不由得讓我們相信它們的年代可以追溯到戰國時期。」

　　《周髀算經》不僅成書年代無法考證，就連作者也不詳，與《幾何原本》的命運完全不同。《周髀算經》裡最讓人感興趣的數學結果有兩個，其一當然是勾股定理，也就是有關直角三角形的畢達哥拉斯定理。畢達哥拉斯的年代是西元前六世紀，勾股定理的提出至少在畢氏之前，但缺乏歐幾里得在《幾何原本》第一卷命題四十七中所提供的證明。有意思的是，勾股定理是以記載西周初年（西元前十一世紀）政治家周公與大夫商高討論勾股測量的對話形式出現的，周公與商高可說是中國歷史上最早留名的數學人物。

目前已知中國最早的
數學著作《算術書》

　　周公是文王之子，武王之弟。武王卒後，他攝政並平定了叛亂，七年之後還政給已經成年的成王。周公主張以禮治國，制定了中國古代的禮法制度，使周朝延續了八百多年，孔子將其視為理想的楷模。商高在回答周公時說：「勾廣三，股修四，徑隅五」，這是勾股定理的特例，因此勾股定理又被稱為商高定理。《周髀算經》還記載了一段周公後人榮方和陳子之間的對話，包含了勾股定理的一般形式：

　　　　……以日下為勾，日高為股，勾股各自乘，並而開方除之，得邪至日。

　　不難看出，這是從天文測量中總結出來的規律。對話裡的勾和股分別指直角三角形中較短和較長的直角邊，髀則是大腿或大腿骨，也是測量日高的兩處立表。《周髀算經》中另一個重要的數學結論即所謂的日高公式，在早期天文學和編制曆法中受到了廣泛使用。

　　《周髀算經》裡也有分數的應用、乘法的討論以及尋找公分母的方法，這代表當時已在應用平方根。值得一提的是，該書的對話中提到了治水的大禹、伏羲和女媧手中的規和矩，表明當時已有測量術和應用數學。此外，書中還有幾何學產生於計量的零星觀點。李約瑟認為，這些種種似乎意謂著中國人在遠古時代就具有算術和商業頭腦，但是對於那種與具體數字無關的、單從某種假設出發得以證明的定理和命題所組成的抽象幾何學不太感興趣。

　　令人欣慰的是，三世紀的東吳數學家趙爽用非常優美的方法獨立證明了勾

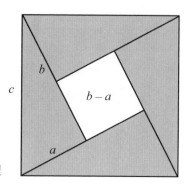

趙爽用此圖證明勾股定理

股定理。他在注釋《周髀算經》時，運用了面積的出入相補法給予證明。如上圖所示，設直角三角形的兩條直角邊長分別為 a 和 b，$b > a$，則以它的斜邊 c 為邊長的正方形可以分成五塊，即一個邊長為 $b - a$ 的正方形和四個全等的直角三角形，計算化簡可得 $a^2 + b^2 = c^2$。這個證明與八百年前畢達哥拉斯的證明可謂異曲同工，只不過畢氏的證明是後人推測的，趙爽的證明卻有案可查，圖形也更為美麗。

《九章算術》

　　與《周髀算經》不同的是，雖然《九章算術》的作者和成書年代同樣不詳，但基本上可以確定，《九章算術》是從西周貴族子弟必修的六門課程「六藝」之一的「九數」發展而來，並經過兩位西漢數學家的刪補。為首的張蒼是一位著名的政治家，曾經擔任漢文帝的丞相，任職期間親自制定了律法和度量衡。一般認為，《九章算術》是一部從先秦至西漢中葉經過眾多學者編撰、修改而成的數學著作。

　　《九章算術》採用問題集的形式，把二百四十六個問題分成了九個章節，依次為：方田、粟米、衰分、少廣、商功、均輸、盈不足、方程、勾股，可看出這部書的重點在於計算和應用數學，少數涉及幾何的部分主要是面積和體積的計算。粟米、衰分、均輸這三章集中探討數字的比例問題，與希臘人用幾何線段建立起來的比例論形成了鮮明對照。「衰分」就是按一定的級差分配，「均輸」則是為了解決糧食運輸負擔的平均分配問題。

《九章算術》中最有學術價值的算術問題應該是所謂的「盈不足術」，即求方程 $f(x) = 0$ 的根。先假設一個答數為 x_1，$f(x_1) = y_1$，再假設另一個答數為 x_2，$f(x_2) = -y_2$，求出

$$x = \frac{x_1 y_2 + x_2 y_1}{y_1 + y_2} = \frac{x_2 f(x_1) - x_1 f(x_2)}{f(x_1) - f(x_2)}$$

如果 $f(x)$ 是一次函數，這個解答是準確的；如果 $f(x)$ 是非線形函數，這個解答就只是一個近似值。在今天看來，盈不足術相當於一種線形插值法。

十三世紀義大利數學家斐波那契的《計算之書》（又名《算盤書》）中有一章專門講「契丹演算法」，指的就是「盈不足術」，因為歐洲人和阿拉伯人古時候稱中國為契丹。可以想見，「盈不足術」是借著絲綢之路，經過中亞流傳到阿拉伯國家，再透過他們的著作傳至西方。

代數領域，《九章算術》的記載更具意義，「方程」這一章裡已有線性聯立方程組的解法，例如：

$$\begin{cases} x + 2y + 3z = 26 \\ 2x + 3y + z = 34 \\ 3x + 2y + z = 39 \end{cases}$$

《九章算術》裡沒有表示未知數的符號，而是把未知數的係數和常數垂直排列成一個矩陣（方程）圖，即

$$\begin{array}{ccc} 1 & 2 & 3 \\ 2 & 3 & 2 \\ 3 & 1 & 1 \\ 26 & 34 & 39 \end{array}$$

清嘉慶年間刻印的
《九章算術》

再透過相當於消去法的「直除法」，把此「方程」的前三行轉化成只有反對角線上有非零，即

$$
\begin{array}{ccc}
0 & 0 & 4 \\
0 & 4 & 0 \\
4 & 0 & 0 \\
11 & 17 & 37
\end{array}
$$

從而得出答案。直除法在西方被稱為「高斯消去法」，「方程術」則被稱為中國數學史上的一顆明珠。

除了方程術，《九章算術》提到的另外兩個貢獻也非常值得稱道。一是正負術，即正負數的加減運算法則；二是開方術，甚至有「若開之不盡者，為不可開」的語錄。正負數說明了中國人很早就開始使用負數，相比之下，印度人直到七世紀才開始使用，西方對負數的認識更晚得多。開方術則顯示了中國人已經知道無理數的存在，但因為是在方程術中遇到的，所以並沒有認真對待。重視演繹思維的希臘人就不一樣了，他們不會輕易放過任何一個值得深究的機會。

從《九章算術》對於幾何問題的處理可以看出老祖先的不足，例如「方田」裡的圓面積計算公式表明，他們估算圓周率值為 3，這與巴比倫人的計算

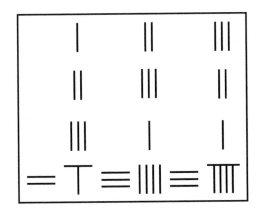

用算籌表示聯立方程組

結果相當。而球體積計算公式得出的結果只有阿基米德的精確值的一半，再考慮到圓周率取 3，誤差就更大了。不過，《九章算術》所列的直線形幾何圖形面積或體積的計算公式，基本上是正確的。《九章算術》的一個特色是把幾何問題算術化或代數化，正如《幾何原本》把代數問題幾何化一樣。遺憾的是，書中幾何問題的演算法一律沒有推導過程，因此只是一種實用幾何。

從割圓術到孫子定理

劉徽的割圓術

　　西元三九一年的亞歷山大港，由於基督教會內部的矛盾，以及亞歷山大港教會與羅馬教廷之間的衝突，一群基督教徒瘋狂燒毀了克麗歐佩特拉女王早先下令從大圖書館裡搶救出來的寶藏，另一處藏有大量希臘手稿的塞拉比斯神廟同樣難逃厄運。那一年，曾經擁有造紙術發明者蔡倫和大科學家張衡❸的東漢已經分裂，隋朝尚未建立，中國社會正處於歷史動盪的魏晉南北朝。在長期獨尊儒學之後，學術界的思辨之風再起，出現了我們今日仍津津樂道的「魏晉風度」和「竹林七賢」。

　　所謂的「魏晉風度」，乃魏晉之際名士風度之謂也，亦稱魏晉風流。名士們崇尚自然、超然物外，率真任性而風流自賞。他們言詞高妙，不務世事，喜好飲酒，以隱逸為樂。尊《周易》、《老子》和《莊子》為「三玄」，使得清談或玄談成為崇尚虛無、空談名理的風氣，魏末晉初，以詩人阮籍、嵇康為首的「竹林七賢」便是其中的典型代表。做為一種士大夫意識形態的人格表現，「魏晉風度」成為風靡一時的審美理想。

　　在這樣的社會和人文環境下，中國的數學研究也掀起了論證的熱潮，多部學術著作以注釋《周髀算經》或《九章算術》的形式出現，實質上是要證明這兩部著作中的一些重要結論。前文提到的三國東吳人趙爽便是其中的先驅，成就更大的則是劉徽。劉徽和趙爽的生卒年均無法考證，只知道他同樣生活在西元三世紀，並於二六三年（當時魏國和吳國均未滅亡）撰寫了《九章算術注》。很難斷定這兩個人誰先誰後，但在公認取得重要成就的中國數學家中，他們都是最早留名的。

魏晉時期的數學家劉徽

❸ 張衡以製造出世界上第一臺監測地震的儀器「地動儀」聞名，曾採用 730/232（≈ 3.1466）做為圓周率（如屬實，當在劉徽之前），可惜其數學著作皆已失傳。張衡也是一位著名的文學家和畫家。

　　劉徽用幾何圖形分割後重新拼合（出入相補法）等方法驗證了《九章算術》中各種圖形計算公式的正確性，這與趙爽證明勾股定理一樣，開創了中國古代史上對數學命題進行邏輯證明的範例。此外，劉徽還注意到這種方法的缺陷，也就是立體與平面的情形不同，並非任意兩個體積相等的立體圖形都可以剖分或拼補。為了繞過這一障礙，劉徽借助了無限小的方法，如同阿基米德所做的那樣。事實上，劉徽採用極限和不可分量這兩種無限小的方法，指出了《九章算術》中球體積計算公式的錯誤。

　　確切地說，劉徽是在一個立方體內做出兩個垂直的內切圓柱，所交部分剛好把立方體的內切球包含在內且與之相切，他稱之為「牟合方蓋」。劉徽發現，球體積與牟合方蓋體積之比應該是 $\frac{\pi}{4}$，這個結果其實相當接近積分學中以義大利數學家命名的「卡瓦列里原理」。可惜的是，劉徽沒有總結出一般形式，無法計算出牟合方蓋的體積，也就難以得到球體體積的計算公式。不過，劉徽的方法為兩個世紀後祖沖之父子的最終成功預先鋪設了道路。

　　除了針對《九章算術》逐一注釋，劉徽《九章算術注》的第十章其實是一篇論文，後來單獨刊行，即《海島算經》。《海島算經》發展了古代天文學中的「重差術」，成為測量學的典籍。當然，劉徽最有價值的工作無疑是「注方田」（《九章算術注》第一章）中引進的割圓術，用以計算圓的周長、面積和圓周率，其要旨是用圓內接正多邊形去逼近圓。劉徽寫道：

　　　　割之彌細，所失彌少，割之又割，以至於不可割，則與圓合體而無所失矣。

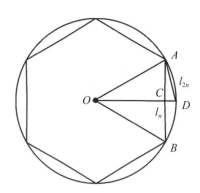

圓周率的計算

劉徽注意到，兩次利用勾股定理，正 $2n$ 邊形的邊長 l_{2n} 可由正 n 邊形的邊長 l_n 導出。如上圖所示，設圓的半徑為 r，則

$$l_{2n} = AD = \sqrt{AC^2 + CD^2} = \sqrt{(\frac{1}{2}l_n)^2 + (r - \sqrt{r^2 - (\frac{1}{2}l_n)^2})^2}$$

取 $r = 1$，從正六邊形出發，到第五次時，就會得到正一九二（6×2^5）邊形的邊長，由此得到的圓周率

$$\pi \approx \frac{157}{50} = 3.14$$

稱為徽率。這與阿基米德於西元前二四〇年所得到的結果和使用方法基本一致，只不過阿基米德利用了圓的外切和內接正多邊形，因此只算了九十六（6×2^4）邊形的邊長就得到了同樣的值。注文（尚未證實是不是劉徽所為，但應算到了正三〇七二（6×2^9）邊形的邊長）得出

$$\pi = \frac{3927}{1250} = 3.1416$$

鑑於劉徽在數學領域的卓越成就，一一〇九年，宋徽宗追封他為淄鄉男。由於同時被封的其他人均以家鄉命名，故推斷劉徽是山東人，因為含淄字的縣

南北朝時期的數學家祖沖之

級地名只有淄博和臨淄，而按照《漢書》記載，鄰近淄博的鄒平縣有個淄鄉。齊魯之邦做為儒學發祥地，經兩漢到魏晉，學術氛圍十分濃厚，也讓劉徽接受了良好的文化薰陶，並置身於辯難之風。從劉徽的文字也可看出他熟諳諸子百家言論，深得思想解放之先風，因而得以開創上述算術之演繹。

祖氏父子

　　在劉徽注釋《九章算術》的第三年，中國迎來繼秦朝之後的第二次統一，魏國將軍司馬炎建立了晉朝，史稱西晉。經濟的發展和日益增加的跨地域交往刺激了地理學的發展，並催生出地圖學家裴秀，他提出的比例尺、方位、距離等六條基本原則，奠定了中國製圖學的理論基礎。此外，一些新的風俗習慣隨之出現，如喝茶，若干新的省力工具也被發明出來，如獨輪車和水磨。西元二八三年，博物學家兼道家煉丹術士葛洪出生。

　　然而，中國的北方仍舊面臨多個外來民族入侵的危險。三一七年，晉室被迫遷到長江以南，建都建康（今南京），史稱東晉，國祚延續了一百零三年，北方則被分割成十六個小國。接著，東晉滅亡，相繼被四個軍人篡權並更改國號，即宋（劉宋）、齊、梁、陳，史稱南朝，歷時約一百七十年，均設都建康。劉宋十年，即西元四二九年，祖沖之出生在建康的一個曆法世家。雖然他後來只在鎮江、徐州等地做過幾次小官，卻是中國數學史上第一個名列正史的數學家。

《隋書》裡記載了祖沖之算出的圓周率上下限為

$$3.1415926 < \pi < 3.1415927$$

數值精確到小數點後七位。這是祖沖之最重要的數學貢獻，這個紀錄直到一四二四年才被阿拉伯數學家阿爾‧卡西打破，後者算到了小數點後十七位。遺憾的是，沒有人知道祖沖之的計算方法。一般認為，他沿用了劉徽的割圓術。祖沖之必定是一個很有毅力的人，因為如果按照割圓術的方法，需要連續算到正二四五七六邊形，才能得到上述數據。

《隋書》還記載了祖沖之計算圓周率的另一項重要成果，即約率為 $\frac{22}{7}$，密率為 $\frac{355}{113}$。約率與阿基米德的計算結果一致，都精確到小數點後兩位，密率則精確到小數點後六位。在現代數論中，如果將 π 表示成連分數，則其漸進分數為：

$$\frac{3}{1}, \frac{22}{7}, \frac{333}{106}, \frac{355}{113}, \frac{103993}{33102}, \frac{104348}{33215}, \dots$$

第一項與巴比倫人和《九章算術》的結果相同，可稱作古率，第二項是約率，第四項是密率，這是分子和分母都不超過 1000 時最接近 π 真值的分數。

一九一三年，日本數學史家三上義夫在其影響深遠的著作《中日數學的發展》裡，主張把 $\frac{355}{113}$ 這一圓周率數值稱為「祖率」。在歐洲，此密率直到一五七三年才由歐洲數學家奧托得出。遺憾的是，時至今日，我們仍然無法知曉祖沖之是如何計算出這個分數的，也沒有任何證據表示當時中國已有連分數的概念或應用，而割圓術是無法直接得到祖率的。因此有史家猜測，祖沖之使用的是同樣發明於南北朝時期的「調日法」。

「調日法」的基本概念是：假如 $\frac{a}{b}$、$\frac{c}{d}$ 分別為不足和過剩近似分數，那麼適當選取 m、n，新得出的分數 $\frac{ma+nc}{mb+nd}$ 就有可能更接近真值。這個方法由劉宋時期的政治家何承天首先提出，他也是一位著名的天文學家和文學家。如果在 $\frac{157}{50}$（徽率）和 $\frac{22}{7}$（約率）之間選擇 $m=1$，$n=9$，或在 $\frac{3}{1}$（古率）和 $\frac{22}{7}$

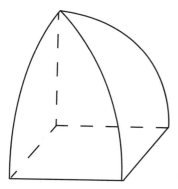

牟合方蓋的八分之一

（約率）之間選擇 $m=1$，$n=16$，均可獲得 $\frac{355}{113}$（密率）。我們可以推測，祖沖之用「調日法」求得密率後，再用割圓術加以驗證，正如阿基米德同時運用了平衡法和窮竭法。

　　和劉徽一樣，祖沖之的另一項成就也是球體積的計算。計算結果在他那篇非常有名的〈駁議〉（被收入《宋書》）裡有提及，並極有可能被寫進他的代表作《綴術》中，可惜後者失傳了。有趣的是，唐代數學家李淳風在一篇為《九章算術》而寫的注文裡提到「祖暅之開立圓術」。祖暅之即祖暅，也就是祖沖之的兒子，他在數學上也有許多創造。正因如此，現代的數學史家通常把球體積計算公式歸功於祖氏父子。

　　按照李淳風的描述，祖氏計算「牟合方蓋」體積的方法是：先取以圓半徑 r 為邊長的一個立方體，以一頂點為心、r 為半徑，分縱橫兩次各截立方體為圓柱體。如此一來，立方體會被分成以下四個部分：兩個圓柱體的共同部分（內棋，即牟合方蓋的 $\frac{1}{8}$）和其餘的三個部分（外三棋）。

　　祖氏先計算出「外三棋」的體積，這也是問題的關鍵，他們發現這三個部分在任何一個高度的截面積之和與一個內切的倒方錐相等。由於倒方錐的體積是立方體的 $\frac{1}{3}$，因此內棋的體積是立方體的 $\frac{2}{3}$，故而牟合方蓋的體積為 $\frac{16}{3}r^3$。最後，利用劉徽關於牟合方蓋體積與球體積之比為 $\frac{4}{\pi}$ 的結果，就得到了阿基米德的球體積計算公式：

$$V=\frac{4}{3}\pi r^3$$

在中國古代,「算術博士」並非最早的專精一藝
的官銜,西晉便置「律學博士」,北魏則增「醫
學博士」。

正如當代的中國數學史家李文林所指出,「劉徽和祖沖之父子的成果中蘊含的思考非常深刻,它們反映了魏晉南北朝時期中國古典數學研究中出現的論證傾向,以及這種傾向所達到的高度。然而令人迷惑的是,這種傾向隨著這一時期的結束,可以說是戛然而止。」隋唐時,祖沖之的《綴術》曾與《九章算術》一起被列為官方教科書,國子監的算學館也規定其為必讀書目,修業時間長達四年,一度流傳到朝鮮和日本,可惜在西元十世紀以後就完全失傳了。

孫子定理

西元六三九年,阿拉伯人大舉入侵埃及,此時羅馬人早已退出,埃及處於拜占庭帝國的控制下。拜占庭軍隊與阿拉伯人交戰三年後,被迫撤離,亞歷山大學術寶庫裡僅存的那些殘本也被入侵者付之一炬,希臘文明至此落下了帷幕。此後,埃及才有了開羅,埃及人改說阿拉伯語並信奉伊斯蘭教。那時的中國正逢大唐盛世,唐太宗李世民在位。唐朝是中國封建社會最繁榮的時代,疆域也不斷擴大,首都長安(今西安)是各國商人和名士的聚集地,中國與西域等地的交往十分頻繁。

雖說唐代並沒有出現與魏晉南北朝或宋、元相媲美的數學大師,卻在數學教育制度的確立和數學典籍的整理上有所建樹。唐代不僅沿襲了北朝和隋代創立的「算學」制度,設立了「算術博士」❹此官銜,還在科舉考試中設置了數學科目,授予通過者官銜,只不過級別為最低階,而且到晚唐就廢止了。事實

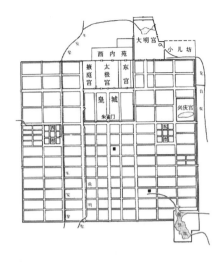

唐代長安城平面圖，
正方形裡套著長方形

上，唐代文化的主流氛圍是人文主義，不太重視科學技術，這與義大利的文藝復興時期頗為相似。總的來說，長達近三百年的唐代在數學方面最有意義的成就，莫過於《算經十書》的整理和出版，由唐高宗李治下令編撰。

　　奉詔負責編撰工作的人，正是前文提到的李淳風。他除了精通數學，更以其天文學成就和奇書《推背圖》聞名後世。在堪稱世界上最早的氣象學專著《乙巳占》裡，他把風力分為八級（加上無風和微風則為十級），直到一八〇五年，某英國學者才把風力等級劃分為〇～十二級。除了《周髀算經》、《九章算術》、《海島算經》和《綴術》以外，《算經十書》中至少還有三部書值得一提，分別是《孫子算經》、《張丘建算經》和《緝古算經》。這三部書的共同特點是每一部都提出了一個非常有價值的問題，並以此傳世。

　　《孫子算經》的作者不詳，一般被視為四世紀的作品，作者可能是一位姓孫的數學家。該書最為人所知的是「物不知數」問題：

　　　今有物不知其數，三三數之剩二，五五數之剩三，七七數之剩二，問物幾何？

這相當於求解如下同餘方程組：

$$\begin{cases} n = 2 \ (\mathrm{mod}\ 3) \\ n = 3 \ (\mathrm{mod}\ 5) \\ n = 2 \ (\mathrm{mod}\ 7) \end{cases}$$

唐代僧人一行
（作者攝於西安）

　　《孫子算經》給的答案是 23，這是符合該同餘方程組的最小正整數。不僅如此，書中還給出了求解方法，其中的餘數 2、3 和 2 可以換成任意數。這是一次同餘組解法（孫子定理）的特殊形式，八世紀的唐代僧人一行曾用此法制定曆法，更一般的方法則有待宋代數學家秦九韶。

　　《張丘建算經》成書於五世紀，作者是北魏人張丘建。書中最後一道題堪稱亮點，通常被稱為「百雞問題」，民間則流傳著縣令問神童的故事。書中原文如下：

　　　　今有雞翁一，值錢五；雞母一，值錢三；雞雛三，值錢一。凡百錢買雞百隻，問雞翁、母、雛各幾何？

　　假設雞翁、雞母和雞雛的數量分別是 x、y、z，此題相當於解下列不定方程組的正整數解：

$$\begin{cases} x + y + z = 100 \\ 5x + 3y + \dfrac{z}{3} = 100 \end{cases}$$

　　張丘建給出了全部三組解答，即（4，18，78），（8，11，81），（12，4，84）。這兩個三元一次方程式可以化為一個二元一次方程式，讓另一個元

緝古算經攷注卷上

唐通直郎太史丞臣王孝通撰并注

朝議大夫兵部左侍郎鍾祥李潢述

南豐劉衡校

第一術

假令天正十一月朔夜半日在斗十度七百分度之

四百八十以章歲為母朔月行定分九千朔日定小

餘一萬日法二萬章歲七百亦名行分也據戊寅元

術改今不取加時㪍日度同天正朔夜半之時月在

何處

清版《緝古算經》

成為參數。今天我們知道，多元一次方程式均有一般解，但類似的問題直到很久以後，才由十三世紀的義大利人斐波那契和十五世紀的阿拉伯人阿爾‧卡西提出。遺憾的是，張丘建沒有乘勝追擊總結這個問題，他也不如孫子幸運，有秦九韶完成其後續研究。

《緝古算經》在十部算經中年代最晚，成書於七世紀，作者王孝通是初唐的數學家，曾為算學博士（可能也是唐代最有成就的算學博士）。《緝古算經》雖然是一系列實用問題集，但對唐人來說難度極高，主要涉及了天文曆法、土木工程、倉房和地窖大小以及勾股問題等，大多數需要使用雙二次方程式或高次方程式來解決。尤其值得一提的是，書中給了二十八個形如 $x^3 + px^2 + qx = c$ 的正係數方程式，並用注來說明各項係數的來歷。《緝古經》的作者王孝通給出了它們的正有理數根，但沒有提供具體解法。在世界數學史上，這是關於三次方程式的數值解及其應用的最古老文獻。

想特別提出的是，現存最古老的印刷書籍為印度佛教典籍《金剛經》的漢語版，是唐代（八六八年）印製的。一九〇〇年，此書被匈牙利裔英國考古學家斯坦因在敦煌購得，一度藏於倫敦大英博物館，現藏於英國國家圖書館。由此可以斷定，《算經十書》的原版早已不復存在。根據明代的義大利傳教士利瑪竇記載，當時中國有「極其大量的圖書在流通」，並以極低的價格出售。

# 宋元六大家

沈括和賈憲

　　雖然唐朝的經濟和文化繁榮，可是九世紀末以後，不少世襲統治者的半自治政府興起於邊地，官僚的中央政府無力約束。黃巢起義後，參與鎮壓的節度使更是勢力大增。到了九〇七年，中國再次呈現分裂狀態，進入五代。短短的半個世紀內，總共更換了五個朝代，即後梁、後唐、後晉、後漢和後周，首都改設開封或洛陽。戰亂的後果造成了經典著作的失傳，比如祖沖之的《綴術》。而在南方，也有過十個小國，其中包括以金陵（今南京）為首都的南唐，南唐的最後一個皇帝李煜因國破被擄而成為一代詞人。

　　然而，正如羅貫中《三國演義》所言，天下「分久必合，合久必分」，九六〇年，軍人出身的趙匡胤在河南被部下擁立為皇，建立了宋朝。不流血政變後，趙匡胤又「杯酒釋兵權」，讓一部分武將退役還鄉。重新統一後的中國發生了有利於文化和科學發展的變化，散文化的詩歌宋詞達到巔峰，商業的繁榮、手工業的興旺以及由此引發的技術進步（中國四大發明中的指南針、火藥和印刷術，都是在宋代完成並獲得了廣泛的應用），都為數學的發展注入了新活力。尤其是活字印刷術的發明，為傳播和保存數學知識提供了極大的方便，劉徽的《海島算經》成為如今現存的、最早付印的數學論著。

　　雖說李約瑟在《中國科學技術史》裡對「孫子定理」一筆帶過，並未提升到「定理」的高度，但他指出，南宋出現了一批中國古代史中最偉大的數學家，也就是十三世紀前後——正好是歐洲中世紀即將結束時——被稱為「宋元數學四大家」的楊輝、秦九韶、李冶和朱世杰。不過，在談論他們之前，我們得先提到兩個北宋人——沈括和賈憲。杭州（今餘杭）出生的沈括在一〇八六

北宋博物學家沈括像　　　　沈括之墓（作者攝於餘杭）

年完成了《夢溪筆談》，幾乎是中國古代科學史上的一朵奇葩。沈括晚年定居江蘇鎮江，之所以將自宅起名為「夢溪」，恐怕與東苕溪流經他家門前有關。

　　沈括是進士出身，曾參與文學家王安石發起的變革，與詩人蘇軾也有交往。他曾經出使遼國，回來後擔任翰林學士，政績卓著。沈括每次旅行途中，無論公務多麼繁忙，都不忘記錄有意義的科學技術，堪稱中國古代最偉大的博物學家。《夢溪筆談》幾乎囊括了所有已知的自然科學和社會科學知識，舉例來說，他發現了夏至日長、冬至日短；在曆法上大膽提出十二節氣，大月三十一日，小月三十日；物理學方面，他做過凹面鏡成像和聲音共振實驗；地理學和地質學領域，他以流水侵蝕作用解釋奇異地貌的成因，從化石推測水陸變遷。

　　接下來，就讓我們談談沈括書裡的數學相關記載。在幾何學方面，出於測量的需要，必須確定圓弧的長度，為此他發明了一種局部以直代曲的方法，後來成為球面三角學的基礎。在代數學方面，為了求出堆疊成金字塔形狀的酒桶數目（每一層酒桶的縱橫均有變化），他給出了求取連續相鄰整數平方和的公式，這是中國數學史上第一個求高階等差級數之和的例子。沈括認為，數學的本質在於簡潔，「大凡物有定形，形有真數」，與畢達哥拉斯的數學思想頗為接近。

相比之下，我們對與沈括同時代的賈憲所知甚少，只知道他寫過一部《黃帝九章算經細草》，可惜已經失傳。幸運的是，這部著作裡的主要內容被兩百年後的南宋數學家楊輝摘錄在他的《詳解九章演算法》裡。《詳解九章演算法》出版於一二六一年，書中記載了賈憲的高次開方法，這個方法以一張「開方作法本源圖」為基礎，其實是一張二項式係數表，亦即 $(x+a)^n (0 \le n \le 6)$ 展開後的各項係數。

$$
\begin{array}{ccccccccccccc}
 & & & & & & 1 & & & & & & \\
 & & & & & 1 & & 1 & & & & & \\
 & & & & 1 & & 2 & & 1 & & & & \\
 & & & 1 & & 3 & & 3 & & 1 & & & \\
 & & 1 & & 4 & & 6 & & 4 & & 1 & & \\
 & 1 & & 5 & & 10 & & 10 & & 5 & & 1 & \\
1 & & 6 & & 15 & & 20 & & 15 & & 6 & & 1 \\
\end{array}
$$

$$1 \quad 7 \quad 21 \quad 35 \quad 35 \quad 21 \quad 7 \quad 1$$

此後，這個三角形就被稱為「賈憲三角」或「楊輝三角」，比法國數學家帕斯卡的發現早了六百多年。不僅如此，賈憲還把這個三角形用於開方根的計算，並取得了意想不到的效果，稱之為「增乘開方法」。

楊輝和秦九韶

東北和蒙古一帶的契丹族在唐朝末年建立了遼國，宋朝建立之初，宋太宗曾經親自率兵攻遼，不久卻漸漸轉為守勢。到了後來，宋朝只能納貢示好，開創了向番邦定期繳納財物的先例，沈括就曾經出使遼國。當時同受遼國欺壓的還有善於騎馬的女真族，生活在黑龍江流域的女真族強盛以後建立了金國，最後出兵滅了遼國。

之後，金兵南下進攻北宋的都城汴京（今開封），俘虜了宋徽宗和宋欽宗

1433 年朝鮮出版的《楊輝演算法》

父子，宋欽宗之弟宋高宗被擁立為皇，於一一二七年遷都杭州，改稱臨安，史稱南宋。

　　雖然北方威脅仍在，南宋人的日子卻過得有滋有味，在經濟、文化上甚至更為繁榮。數學家楊輝和沈括同鄉，也是杭州臨安人，雖然生卒年不詳，但我們知道他生活在十三世紀，在台州、蘇州等地做過地方官，並用業餘時間研究數學。從一二六一年到一二七五年這十五年間，楊輝獨立完成了五部數學著作，包括前文提到的《詳解九章演算法》。他的書寫得深入淺出，走到哪裡都有人向他請教，因此他也被視為一位重要的數學教育家。

　　就在前文提及的賈憲的增乘開方法後面，楊輝接著舉了一個實例，說明如何解四次方程式。這是一種高度機械化的方法，適用於解任意次方程，與現代西方通用的霍納算法基本上是一致的。此外，楊輝還利用「垛積法」匯出了正四棱臺的體積計算公式，由於捷算法的需要，他率先提出了質數的概念，並找出了 200 到 300 之間的全部十六個質數，是中國數學史上的第一人。當然，楊輝對質數的研究遠遠落後歐幾里得，無論是年代還是完整度。

　　不過，楊輝最有趣的數學貢獻應該是「幻方」，古人稱之為縱橫圖。幻方最早源於中國，中國最古老的典籍《易經》裡就有兩幅分別叫「河圖」和「洛書」的數字圖表，相傳是治水的大禹於西元前二二○○年左右在黃河岸邊的一

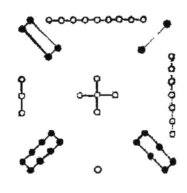

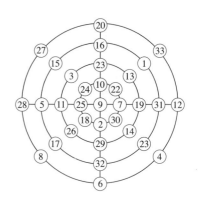

「洛書」的幻方　　　　　　　楊輝的圓形幻方簡圖

隻龍馬和洛水中的一隻神龜背上所見。「河圖」是五行數，縱橫各五個數字排列，中間的共同數是 5。若用阿拉伯數字表示，「洛書」會像這樣

4	9	2
3	5	7
8	1	6

在這張表中，各行、各列或對角線上的三個元素相加均為常數。十三世紀以前，中國數學家並沒有認真對待它，視其為某種數字遊戲，甚至覺得它籠罩著一層神祕色彩。楊輝卻孜孜不倦地探索幻方的性質，他以自己的研究成果證明，這種圖形是有規律的。

　　楊輝利用等差級數的求和公式，巧妙構築出三階和四階幻方。四階以上的幻方他只給了圖形，並未留下做法，但他所畫的五階、六階乃至十階幻方全都準確無誤，可見他已經掌握了其中的規律。楊輝稱十階幻方為百子圖，其各行各列之和均為 505。此外，楊輝還研究了圓形幻方，四個圓或四條直徑上的八個數字之和幾乎全是 138（各有一個例外為 140），幾乎可以斷定是受到「河圖」的啟發。

　　在波斯、阿拉伯和印度，均有人研究幻方，尤其是印度人有許多奇妙的發現。在歐洲，幻方的發現和研究雖然晚了許多，卻有一個相當有名的四階幻方

秦九韶塑像
（作者攝於南京北極閣氣象博物館）

出現在德國版畫家杜勒的名作〈憂鬱〉裡，我們將在後文提及。值得一提的是，任何一個幻方經過旋轉或反射後，仍然是幻方，共有八種等價形式，可歸為同一類。三階幻方只有一類，這不難驗證，而四階和五階幻方分別有 880 類和 275,305,224 類。

　　相比於楊輝對數學研究的持之以恆，秦九韶的學術生涯比較短暫。他於一二○二年出生在普州（今四川安岳），長年處於兵荒馬亂之中，幼時曾隨家人居住在京城臨安。成年後的他考中進士，在湖北、安徽、江蘇、福建等地為官。在南京任職期間，由於母親去世，秦九韶離任返回湖州。正是在湖州守孝的三年裡，他刻苦研究數學，寫下傳世之作《數書九章》，全面超越了《九章算術》。

　　《數書九章》最重要的兩項成果是「正負開方術」和「大衍術」。

　　「正負開方術」或「秦九韶演算法」給出了一般高次代數方程，即

$$a_0 x^n + a_1 x^{n-1} + \cdots + a_{n-1} x + a_n = 0$$

的解的完整演算法，其係數可正可負。一般來說，這類方程求解需要經過 $\frac{n(n+1)}{2}$ 次乘法和 n 次加法，但是秦九韶將其轉化為 n 個一次式的求解，只需 n 次乘法和 n 次加法。即便是在進入電腦時代的今天，秦九韶演算法仍然具有重要意義。

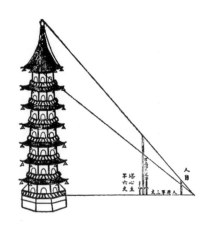

《數書九章》日文版插圖

大衍術明確給出了孫子定理的嚴格表述，用現代數學語言來講就是，設 m_1，m_2，$\cdots$，m_k 是兩兩互質且大於 1 的正整數，則對任意整數 a_1，a_2，$\cdots$，a_k，下列一次同餘式組

$$x \equiv a_i(\mathrm{mod}\ m_i)，1 \leqslant i \leqslant k$$

關於模 $m = m_1\ m_2 \cdots m_k$ 有且僅有一解。秦九韶還給了求解的過程，為此他需要討論下列同餘式

$$ax \equiv 1(\mathrm{mod}\ m)$$

其中 a 和 m 互質。他用了初等數論裡的輾轉相除法（歐幾里得算法），並稱其為「大衍求一術」。這個方法完全正確而且十分嚴密，在密碼學中有重要的應用。

孫子定理堪稱中國古代數學史上最完美和最值得驕傲的成果，它出現在中外每一本初等數論教科書裡，西方人稱之為「中國剩餘定理」。若依我看來，應該稱為「孫子—秦九韶定理」或「秦九韶定理」，在拙作《數之書》裡，我也率先稱之為秦九韶定理。可惜由於古代中國數學家極少探討理論，數學主要用來解決曆法、工程、賦役和軍旅等實際問題，秦九韶沒有給出證明。事實上，他還允許模（m_1，m_2，$\cdots$，m_k）非兩兩互質，並給了可靠的計算程式將其轉化為兩兩互質。

在歐洲，十八世紀的歐拉和十九世紀的高斯分別對一次同餘式組做了細膩的研究，再次獲得與秦九韶定理一致的結論，並對模（m_1，m_2，…，m_k）兩兩互質的情形給予嚴謹的證明。英國傳教士、漢學家偉烈亞力的《中國數學科學箚記》出版後，歐洲學術界總算認識到中國人在這方面的開創性成果，秦九韶的名字和「中國剩餘定理」隨之傳開，在數論以外的其他數學分支裡也有重要應用。德國數學史家康托爾稱秦九韶為「最幸運的天才」，比利時出生的美國科學史家薩頓則讚其為「他那個民族、他那個時代，以及所有時代最偉大的數學家之一」。

李冶和朱世杰

正如楊輝和秦九韶一直生活在南方，宋代另外兩位大數學家李冶和朱世杰則世居北方。李冶出生在金國統治下的大興（今北京郊外），原名李治，後來發現與唐高宗同名，遂減去一點（如此又恰與唐代四大女詩人之一同名）。李冶的父親是一位為人正直的地方官，也是一位博學多才的學者，李冶自小受其父親影響，認為學問比財富更可貴。他年輕時便對文史、數學十分感興趣，後來考中進士，被讚為「經為通儒，文為名家」。不久後，蒙古的窩闊台軍隊入侵，他沒有去陝西上任，改到河南就任知事。

西元一二三二年，蒙古人入侵中原，已經四十歲的李冶換上平民服裝，踏上漫長艱苦的流亡之路。兩年後金朝滅亡，他沒有回南宋，反而留在蒙古人統治下的北方，也就是元朝。一是因為南宋和金國素來為敵，二是因為元世祖忽必烈禮遇金朝有識之士，曾經三度召見李冶，李冶也趁機勸告忽必烈「減刑罰、止征伐」。

這是李冶一生的轉捩點，也讓他展開了長達近半世紀的學術生涯（李冶共活了八十七歲，比丟番圖還多三年）。他返回河北老家，在今石家莊西南郊的封龍山收徒講學、著書立說，著有隨想錄《泛說》等，記錄他對各種事物的見解。

李冶一生著述甚多，最讓他得意的是一二四八年的《測圓海鏡》，此書奠

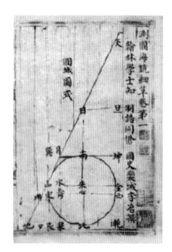

李冶《測圓海鏡》插圖

定了中國古代數學中天元術的基礎。天元術是一種用數學符號列方程式的方法。在《九章算術》裡，是用文字敘述的方式建立二次方程式，還沒有未知數的概念。到了唐代，已有人列出三次方程式，卻是用幾何方法推導而來，需要高度的技巧，不易推廣。此後，方程理論一直受到幾何思維的束縛，比如常數項只能為正，方程次數不能高過三次。直到北宋年間，賈憲等人才找到了高次方程正根問題的基本解法。

然而，隨著數學問題日益複雜，迫切需要一種更普遍、能夠建立任意次方程的方法，天元術便應運而生。李冶意識到，唯有擺脫幾何思維模式，建立一整套不依賴於具體問題的普遍程式，才能實現上述目的。為此，他首先「立天元一為某某」，這相當於「設 X 為某某」，「天元一」表示未知數。他在一次項係數旁置「元」字，從上至下冪次依次遞增。在這裡，未知數有了純代數意義，二次方不必代表面積，三次方不必代表體積，常數項也可正可負。至此，困擾中國數學家一千多年的任意 n 次代數方程式的表達，就變得非常容易了。

不僅如此，李冶還引進記號○來代替空位，這樣一來，傳統的十進位便有了完整的數字體系。由於在南方，比《測圓海鏡》早一年問世的秦九韶《數書九章》也採用了同一記號，因此記號○在中國迅速得以普及。

除了記號○，李冶還發明了負號（在數字上方加畫一斜線）和一套相當簡便的小數記法，這兩種記號的使用分別比歐洲人早了兩個世紀和四個世紀，也

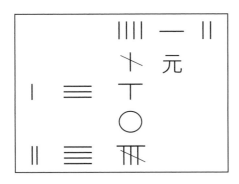

李冶首創在數字上加斜線
以表示負數

使得中國的代數學達到「半符號化」—— 尚缺少等號這類運算子號。既然有如此先進的思維，李冶必然是一個有哲學頭腦的人，他認為數雖奧妙無窮，卻是可以認識的。

　　李冶去世那年，南宋也滅亡了。此前，南北方之間包括數學在內的交流非常少。一二四九出生的朱世杰在「宋元數學四大家」中出生時間最晚，得以幸運地博採南北兩地的數學精華。由於朱世杰一生未入仕途，我們對他的家世一無所知，現有資料來自友人為他《算學啟蒙》（一二九九）和《四元玉鑒》（一三〇三）兩部著作撰寫的序言。與李冶一樣，朱世杰也出生在燕京（今北京）附近，但那時元已滅金，燕京成為重要的政治和文化中心。

　　在長達二十多年的遊學之後，朱世杰終於在揚州安定下來，刊印了他的兩部數學著作。《算學啟蒙》從簡單的四則運算入手，一直講到當時數學的重要成就 —— 開高次方和天元術，總括了已有數學的方方面面，形成一完備體系，是一部很好的數學啟蒙教材。可能是受到南宋日常數學和商用數學的影響，以及楊輝著作的啟發，朱世杰在書的最前面給了許多口訣，包括乘法九九歌、除法九歸歌等，以利更多人閱讀。

　　據史載，明世宗朱厚熜曾經學過《算學啟蒙》，還與大臣討論過，可惜到了明末，這部書卻在中國失傳了。幸虧《算學啟蒙》刊印後不久便流傳到朝鮮和日本，並被多次注釋，對日本的和算尤有影響。直到清朝道光年間（一八三

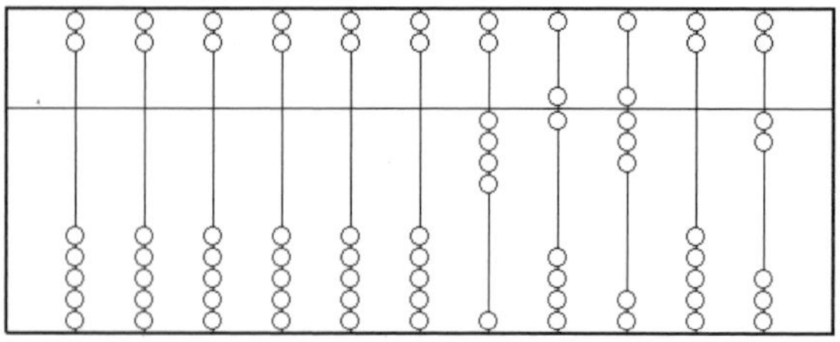

雖然算盤並非中國人的發明，卻在中國得到最廣泛的應用

九），《算學啟蒙》才在它的誕生地揚州，依據某個朝鮮版本重新刻印。

與《算學啟蒙》的通俗性相比，《四元玉鑒》則是朱世杰多年研究成果的結晶，其中最重要的成果是把李冶的天元術從一個未知數推廣至二元、三元乃至四元高次聯立方程組，也就是所謂的「四元術」。

朱世杰的四元術是這樣的：令常數項居中，然後「立天元一於下，地元一於左，人元一於右，物元一於上」。也就是說，他用天、地、人、物代表四個未知數，即今天的 x、y、z、w。舉例來說，方程式 $x + 2y + 3z + 4w + 5xy + 6zw = A$ 可以表示成下圖：

$$
\begin{array}{ccc}
  & 4 & 6 \\
2 & A & 3 \\
5 & 1 &
\end{array}
$$

朱世杰不僅給出了此圖的四則運算法則，還發明了「四元消法」，可以依次消元，最後只留一個未知數，從而求得整個方程式的解。在歐洲，直到十九世紀的西爾維斯特和凱萊等人，才用矩陣的方法對消元法進行了比較全面的研究。除了四元術，朱世杰還對高階等差級數求和（「垛積術」）做了深入探討，在沈括、楊輝的成果上給出了一系列更複雜的三角垛計算公式，並在牛頓之前給出了「插值法」（「招差術」）的計算公式（牛頓於一六七六年給出）。

薩頓稱讚《四元玉鑒》是「中國最重要的數學著作，也是中世紀最傑出的數學著作之一」。薩頓享有「科學史之父」美名，是科學史這門學科眾人公認的奠基人。薩頓精通包括漢語、阿拉伯語在內的十四種語言，是中國語言學家

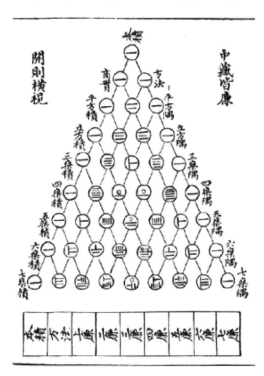

由朝鮮回歸重印的
《算學啟蒙》

趙元任留學哈佛時的導師。「薩頓獎章」則是科學史界的最高榮譽，第一個獲
獎者就是他本人（一九五五），李約瑟（一九六八）、以著作《科學革命的結
構》聞名的美國人孔恩（一九八二）、牛頓的傳記作者韋斯特福爾（一九八
五）也曾獲頒此獎。

結語

　　遺憾的是，《四元玉鑒》之後，元朝再無高深的數學著作出現。到了明朝，雖然農、工、商業持續發展，《幾何原本》等西方典籍也傳入了中國，理學統治、八股取士、大興文字獄卻禁錮了人們的思想，扼殺了自由創造。明朝的數學水準遠低於宋、元，數學家看不懂祖先發明的增乘開方法、天元術、四元術。漢、唐、宋、元的數學著作不僅沒有新刻本，反而失傳大半，直到清朝後期才出了一個李善蘭。李善蘭是中國近代科學的先驅人物和傳播者，無奈當時的中國數學已經遠遠落後西方，僅憑他一人之力根本追趕不上。

　　寫到這裡，我想提一下深受中國文化影響的日本數學。就在明末清初中國數學停滯不前之際，日本江戶（今東京）誕生了數學神童關孝和。出生於一六四二年的關孝和僅比牛頓大幾個月，是公認的日本數學奠基者。他的養父是一位武士，他自己也曾擔任幕府直屬的武士和宰相府的會計檢查官。關孝和不只改進了朱世杰的天元術，建立起行列式的數學理論，比萊布尼茲的理論更早也更廣泛，在微積分學也有重要建樹。只是由於武士的謙遜和各學派之間的保密原則，我們不知道哪些成就屬於他個人。關孝和與他的學生組成的「關流」是和算最大的流派，他本人則被日本人尊稱為「算聖」。

　　綜觀古代中國數學史會發現，中國的數學家們大多是取得一定的功名之後，才開始從事自己喜歡的數學研究。他們沒有希臘的亞歷山大大學和圖書館那樣的群體研究機構和資料中心，只能以文養理或以官養理。這樣一來，自然難以全心投入研究。以數學進步較快的宋朝為例，多數數學家出身低階官吏，他們的注意力主要放在平民百姓和技術人員關心的問題上，因此忽略了理論。

清代最有成就的數學家李善蘭　　日本「算聖」關孝和

即使有著述，也大多是注釋前人的著作。

　　不過，若把古代中國的數學與其他古代民族，如埃及人、巴比倫人、印度人、阿拉伯人，甚至中世紀歐洲各國的數學做比較，還是相當值得驕傲的。希臘數學就其抽象性和系統性而言，以歐幾里得幾何為代表，其水準無疑相當高，但中國人在代數領域的成就不見得遜色，甚至可能略勝一籌。中國數學的最大弱點是缺少嚴格求證的精神，為數學而數學的情形極為罕見（最鮮明的例子是規矩和歐幾里得作圖法的差異），這點與貪圖功名的文人一樣，歸因於功利主義。

　　功利主義當然有它的社會根源，學者們總是首先致力於統治階級要求解決的問題。在古代的中國，數學的重要性主要是透過它與曆法的關係顯現出來，後者因為與信仰有關，成為帝王牢牢掌控的特權之一。趙爽證明勾股定理以後，便用它來求取某些與曆法相關的一元二次方程的根；祖沖之偏愛用約率和密率來表示圓周率，目的是為了準確計算閏年的周期；秦九韶的大衍術主要用於上元積年的推算，後者可以幫助確定回歸年、朔望月等天文常數。

　　在古代中國，一旦農業連續幾年歉收，饑荒導致人口減少，統治者便擔心民眾會造反，尤其是農民揭竿起義。這時把責任歸咎於曆法不夠準確，影響了農事，無疑是一種很好的藉口和開脫理由。每逢這個時候，朝廷便會頒布詔書，下令學者們重新制定曆法。這樣一來的結果必然是，最傑出的數學頭腦總是圍繞著那幾個古老的計算問題，普遍缺乏開闢新天地的勇氣和膽量。不過，也有當代數學家吳文俊從古代中國的演算法思考中汲取靈感，創造出了「吳方

道古新橋
（作者攝）

法」，應用於幾何定理的機器證明。

　　最後想說一則軼事。這個故事發生在杭州，此城有陳建功和蘇步青這兩位留學日本的數學博士，他們在浙江大學建立了「陳蘇學派」。而在古代為數不多的數學家中，沈括和楊輝同樣出生在杭州。與楊輝同時代的數學家秦九韶，字道古，曾隨家人在杭州生活多年。浙江大學西溪校區附近有一座石橋叫道古橋，相傳是秦九韶宣導並親自設計的，就蓋在西溪河上，本名西溪橋，在元代數學家朱世杰的提議下更名為道古橋。

　　秦九韶晚年和去世後，有兩位文人撰文稱秦九韶貪汙違法，嚴重損害秦九韶的名譽，直到清代才有多位有識之士為他挺身辯護。同樣遺憾的是，二十一世紀的一項市政工程使得橋毀河填，僅留道古橋公車站。二〇一二年，在我的建議下，杭州市相關部門將距老橋遺址約百公尺的一座新橋命名為道古橋。比起祖沖之的圓周率和球體積計算公式，秦九韶的兩項成就——大衍術和秦九韶算法更有意義，但是圓周率的結論和故事卻更容易被大眾理解，也更符合大家心目中對於英雄的美好想像。

第四章

印度人和波斯人

人們可以寫一部印度歷史，一直寫到距今四百年前
而不提到一個「海」字。

——H·G·威爾斯

從《魯拜集》的詩篇可以看出，宇宙的歷史是神構
思、演出、觀看的戲劇。

——波赫士

從印度河到恆河

雅利安人的宗教

　　大約四千年前，正當埃及人、巴比倫人和中國人各自以不同的方式發展河谷文明的時候，一個印歐語系的遊牧民族長途跋涉，從中亞細亞越過岡底斯山脈進入北印度並定居了下來，這些人被稱為雅利安人（Aryan），此詞源自梵文，本意是「高貴的」或「土地所有者」。另一部分的雅利安人則繼續往西走，成為伊朗人和部分歐洲人的祖先。據說北歐和日耳曼諸民族是最純粹的雅利安人，以至於有人鼓吹「高貴人種」說，這個謬論在二十世紀三〇、四〇年代曾經被希特勒及其追隨者利用。

　　在雅利安人到來之前，印度已有被稱為達羅毗荼人的原住民。達羅毗荼人的歷史至少可以追溯此前一千多年，據說是從巴基斯坦西部越過印度河延擴而來，至今也仍然有四分之一的印度人講屬於達羅毗荼語系的語言，其中南方的泰盧固語和坦米爾語等四種語言被列為印度官方語言。遺憾的是，早期達羅毗荼人使用的象形文字和中國的殷商甲骨文一樣難以破解，因此對於這個時期的印度文明（也可算作河谷文明）我們所知甚少。

　　雅利安人在印度西北部站穩腳跟以後，繼續向東推進，橫向穿越恆河平原，抵達今日人口逾億的比哈爾邦一帶。他們征服了達羅毗荼人，使得北部地區成為印度的文化核心區，包括吠陀教（印度教前身）、耆那教、佛教，以及很久以後的錫克教，均在此區誕生。雅利安人的影響逐漸擴散到整個印度，他們在抵達以後的第一個千年裡，創造了書寫和口語的梵文，也創造了吠陀教，這是印度最古老且有文字記載的宗教。可以說，古代印度的文化便是根植於吠陀教和梵語。

恆河之濱，阿拉哈巴德
沐浴節

　　吠陀教是一種重視祭禮的多神教，特別崇拜與天空和自然現象有關的男性神靈，與繼而興起的印度教完全不同。吠陀教的祭禮以宰牲獻祭為主要內容，還要榨製和飲用蘇摩酒（Soma）。蘇摩是一種屬性不明的植物，莖中的汁液用羊毛過濾後，和入水與奶，就成了蘇摩酒。信徒珍視蘇摩酒，因為它使人興奮，甚至會產生幻覺。獻祭的目的則是希望神靈能以大量的牲畜、好運、健康長壽和男性子孫等實質利益回報獻祭者，可是，過於繁瑣的儀式和清規戒律卻使吠陀教日漸衰落。

　　吠陀教之名來自於教中唯一的聖典《吠陀》，《吠陀》成書於西元前十五世紀至前五世紀，歷時一千年左右。吠陀（Veda）的本意是「知識」和「光明」，這部聖典的主體部分是用梵文寫的，其中最重要也最古老的是幾個吠陀本集，既有關於諸神的頌詩，也有散文體或韻文體的祭辭。書中把印度社會分成四個等級或種姓，分別是婆羅門（祭司）、帝利（統治者）、吠舍（商人）和首陀羅（非雅利安族奴隸），這種劃分基本上仍然存在於後世的印度教裡。

　　除了本集，《吠陀》還有附加文獻，用以闡釋和說明書中的頌詩與祭辭，包括三部分：《梵書》、《森林書》和《奧義書》。《梵書》主要講解祭儀規則，《森林書》主要闡述祭祀理論和靈性修持的各種不同方法，《奧義書》則揭示如何摧毀個體靈魂的無明，引導靈性修持者獲得最高智慧和完美成就，以及擺脫我們對物質世界、世俗誘惑和肉體小我的執著。以上著作均屬於「天啟」，而根據人們記憶「傳承」的經典則首推《薄伽梵歌》，該書其中一條箴言正是「寧靜即瑜伽」。

《奧義書》

　　《吠陀》最初由祭司口頭傳誦，後來記錄在棕櫚葉或樹皮上。雖然大部分已經失傳，幸運的是，殘留的《吠陀》之中還有論及祭壇設計與測量的部分，也就是《繩法經》，又譯《祭壇建築法規》。這是印度最早的數學文獻，此前只在錢幣和銘文出現過零星數學符號，《繩法經》中有一些數學問題涉及祭壇設計時的幾何圖形和代數計算，包括畢達哥拉斯定理的應用、矩形對角線的性質、相似圖形的性質，以及一些作圖方法等，拉繩測量和基本幾何體的面積計算更是必不可少。

《繩法經》和佛經

　　《繩法經》的成書年代大約為西元前八世紀至二世紀，不晚於印度兩大古典史詩《摩訶婆羅多》和《羅摩衍那》。據說現今保存較好的《繩法經》共有四種，分別以其作者或作者所代表的學派命名。書中包含了修築祭壇的法則，包括祭壇的形狀和尺寸。最常用的三種形狀是正方形、圓形和半圓形，但不管哪種形狀，祭壇的面積必須相等。因此，印度人必須學會（或已經學會）畫出與正方形等面積的圓，或兩倍於正方形面積的圓，以便建造半圓形的祭壇。另一種形狀則是等腰梯形，甚至其他相等面積的幾何圖形，這就提出了新的幾何問題。

　　在設計這類特定形狀的祭壇時，必須懂得一些基本的幾何知識和結論，例

典型的泰國印度教寺廟，
外觀呈等腰梯形

如畢達哥拉斯定理。印度人陳述畢氏定理的方式非常獨特，「矩形對角線生成的（正方形）面積等於矩形兩邊各自生成的（正方形）面積之和」，很顯然與《周髀算經》裡源於日高測量需求的面積計算方法完全不同。這段時期的印度數學只不過是一些不連貫的、用文字表達的求面積和體積的近似法則，而且這些法則統統來自經驗，沒有任何演繹證明。

　　舉例來說，如果要修築兩倍於某正方形面積的圓形或半圓形祭壇，需要用到圓周率，《繩法經》裡記載了以下近似值：

$$\pi = 4\left(1 - \frac{1}{8} + \frac{1}{8 \times 29} - \frac{1}{8 \times 29 \times 6} - \frac{1}{8 \times 29 \times 6 \times 8}\right)^2 \approx 3.0883$$

此外，還有人用到了 $\pi = 3.004$ 和 $\pi = 4(\frac{8}{9})^2 \approx 3.16049$ 的近似值。而在設計面積為 2 的正方形祭壇的邊長時，又需要知道 $\sqrt{2}$ 的值。《繩法經》裡有這樣的公式記載：

$$\sqrt{2} = 1 + \frac{1}{3} + \frac{1}{3 \times 4} - \frac{1}{3 \times 4 \times 34} \approx 1.414215686$$

精確到小數點後五位。值得注意的是，這裡的運算式和上文 π 的表達式全部採用了單位分數，這點與埃及人的計數法完全一致，不知道是「驚人的巧合」，還是一種借鑑。

印度阿旃陀村的側臥佛陀

祭壇上的圖案

　　西元前五九九年，耆那教創始人摩訶毗羅（簡稱大雄）出生在比哈爾邦，與比他小三十六歲的佛教始祖釋迦牟尼的出生地頗為相近。除此之外，兩人還有其他許多共同點，例如，他們都是部落首領的兒子，都在優越的環境中長大，都在三十歲前後放棄財產、家庭和舒適的生活，過起流浪的生活並尋找真理。不同的是，離開妻子時，釋迦牟尼扔下的是襁褓中的兒子，摩訶毗羅拋棄的是年幼的女兒。耆那教和佛教幾乎是同時興起的，都是為了反對吠陀教的繁文縟節和婆羅門至上的種姓制度。

　　耆那在梵語裡的本意是「勝利者」或「征服者」，這種宗教認為沒有創世之神，時間無盡無形，宇宙無邊無際，萬物分為靈魂與非靈魂。耆那教的興趣和原始經典所涉及的範圍非常廣泛，除了闡明教義，在文學、戲劇、藝術、建築學等方面都有重要貢獻，其中也包含數學和天文學的基礎原理和結論。在西元前五世紀到二世紀一些用普拉克利特語❶書寫的讀物中，出現了諸如圓周長 $C = \sqrt{10}\,d$，弧長 $s = \sqrt{a^2 + 6h^2}$ 等近似計算公式的記載。

　　相比之下，佛陀認為一切無常，無論是外在事物或身心都不斷在變化，因此不可能有諸如祭壇面積的規定。佛教接納一切人，不分種姓，不承認人與人之間有任何本質差異。比起耆那教和印度教，佛教更像一種哲學觀念，尤其是在印度。佛教的時間觀念也很特別，多多少少透露出某種數學的味道。舉例來說，可能因為印度一年有三個季節（雨季、夏季、旱季），佛經把白晝與夜晚

---

❶ 普拉克利特語是一種比梵文更古老的語言，意指俗語，梵文即雅語。

❷ 耆那教在印度的影響範圍僅限於西部和北部的少數幾個邦。佛教的影響
　範圍主要則在東南亞等地，在印度已蛻化成一種哲學體系和道德規範。

也各分成三個部分，分別是上日、中日和下日，初夜、中夜和後夜。至於年，
一百年為一世，五百年為一變，一千年為一化，一萬二千年為一周。

　　更有意思的是時間的分割，佛學中大抵以「剎那」為最小時間單位。梵語
裡有「剎那」和「一念」，一念有九十剎那，所謂「少壯一彈指，六十三剎
那」。可是，「剎那」的真量，除佛陀外皆不能盡知，於是就有了以下詩歌：

> 我們看到月亮的圓缺，知道時間運轉不息；
> 我們體察心念的生滅，知道光陰的短暫。

就在約莫西元前六世紀、耆那教和佛教興起之際，靈魂再生、因果報應和透過
冥思苦想來擺脫輪迴的觀念在吠陀教徒之間廣為流傳，進而脫胎成為印度教。

　　從此以後，這個涉及幾乎全部人生的新宗教逐步主宰了整個印度次大陸❷，
甚至成為南亞許多民族（如尼泊爾人和斯里蘭卡人）的信仰、習俗和社會宗教
制度。與此同時，數學也逐漸擺脫了宗教的影響，成為天文學的有力工具。

零和印度數字

　　西元前五世紀中葉，位於比哈爾邦的摩揭陀國征服了整個恆河平原，為日

後孔雀王朝（約西元前三二四～約前一八八年）的繁榮昌盛打下了基礎，後者則在阿育王統治時期（西元前三世紀）達到鼎盛。阿育王被視為印度歷史上最偉大的君主，畢生致力於佛教的宣揚和傳播，是繼佛陀之後讓佛教成為世界性宗教的第一人，猶如基督教的使者保羅。阿育王的祖父是孔雀王朝的創立者，他在驅逐亞歷山大大帝的同一時間征服了印度北部，建立起印度歷史上第一個帝國。

說到亞歷山大的入侵，那是一次奇蹟般的征程，架起了一座連接西方的希臘和東方的印度的橋梁。抵達裡海南岸後，亞歷山大的軍隊繼續向東行進，建造了兩座阿富汗的名城──赫拉特和坎達哈，之後向北進入中亞的撒馬爾罕。亞歷山大沒有占領撒馬爾罕，反而揮師南下，穿過興都庫什山脈的山隘，從喀布爾以東的開伯爾山口進入印度。本來他還想繼續東進，越過沙漠到達恆河地區，可是經過多年征戰，士兵們已筋疲力盡。西元前三二五年，亞歷山大從印度河流域撤走，返回波斯。他在旁遮普設立了總督，留下一支軍隊，後來被阿育王的祖父趕走。

雖以失敗告終，這次遠征卻留下了不可磨滅的痕跡，開啟了希臘與印度的交流。據說到了羅馬時代，亞歷山大商人在南印度仍然擁有許多定居區，甚至還在那裡興建了奧古斯都神廟，影響力可見一斑。定居點通常由兩隊羅馬士兵守衛，羅馬皇帝也曾派遣使臣前往南印度。而在數學和其他科學領域，希臘文明肯定也影響了印度人。一位西元五世紀的印度天文學家這樣寫道：「希臘人雖不純正（凡持不同信仰的人都被視為不純正）但必須受到崇敬，因他們在科學方面訓練有素並超過他人。」

一八八一年夏天，在今天巴基斯坦西北部距離白沙瓦約八十公里、一座叫巴克沙利的村莊裡（該地在挖掘時和古代大部分時間都屬於印度），某位佃戶挖地時發現了書寫在樺樹皮上的「巴克沙利手稿」。上面記載了西元元年前後數個世紀的數學知識（也稱耆那教數學），內容十分豐富，涉及分數、平方數、數列、比例、收支與利潤計算、級數求和、代數方程式等，還引進了減號，狀如今天的加號，不過是寫在減數的右邊。最有意義的是，手稿中出現了完整的十進位數字，其中的零以實心的點號來表示。

亞歷山大大帝，他的遠征
架起了連接東西方的橋梁

　　表示零的點號後來逐漸演變成為圓圈，即現在通用的數字符號「0」。「0」最晚在西元九世紀就已出現，因為八七六年的瓜廖爾石碑上就清晰地刻著「0」。瓜廖爾是印度北方的一座城市，屬於人口最密集的中央邦，該邦與比哈爾邦相鄰，同處恆河流域。據說那塊石碑位於一座花園裡，上面刻著每天計畫供給當地廟宇的花環或花冠數，其中的兩個「0」雖然不大，卻刻得非常清晰。

　　印度人還用正數表示財產，負數表示欠債。用「0」表示零，無疑是印度人的一大發明。「0」既表示「無」的概念，又表示位值制數字計數法中的空位。它是數的一個基本單位，可以與其他數一起計算。相比之下，早期的巴比倫楔形數字和宋、元以前的中國算籌計數法，都只是留出空位而沒有符號。後來的巴比倫人和馬雅人雖然引進了零（馬雅人是用一只貝殼或一隻眼睛），但僅僅用來表示空位，並沒有把它視為一個獨立的數字。

　　值得一提的是，瓜廖爾石碑上所刻的數字比阿拉伯語的數字更接近今天全世界通用的「阿拉伯數字」。西元八世紀以後，印度數字和零便先後傳入阿拉伯世界，再透過阿拉伯傳到歐洲。十三世紀初，斐波那契的《計算之書》裡已有包括零在內的印度數字完整介紹。印度數字和十進位計數法被歐洲人普遍接受並改造以後，在近代科學的進步中扮演了重要角色。從那以後，印度數學史也成為幾位頂尖數學家的歷史。

$$\begin{array}{|cc}3 & 1+ \\ 4 & 2\end{array}$$ This means 3/4minus 1/2

$$\frac{3}{4} - \frac{1}{2}$$

$$\begin{array}{|c}1 \\ 1 \\ 3\end{array}$$ This means 1 plus 1/3

equals 4/3

$$1 + \frac{1}{3} = \frac{4}{3}$$

$$\begin{array}{|c}1 \\ 1 \\ 3+\end{array}$$ This means 1 minus 1/3

equals 2/3

$$1 - \frac{1}{3} = \frac{2}{3}$$

$$\begin{array}{|cc}5 & 2 \\ 1 & 1\end{array}\text{yu}$$ pha 7

This means 5/1 plus 2/1
equals 7

$$\frac{5}{1} + \frac{2}{1} = 7$$

$$\begin{array}{|c}1 \\ 1 \text{ bha 8} \\ 3+\end{array}$$ pha 12

This means 8 divided by
2/3 equals 12

$$8 \div \frac{2}{3} = 12$$

$$\begin{array}{|cccc}\cdot & 1 & 1 & 1 \\ 1 & 1 & 1 & 1 \\ & 3+ & 3+ & 3+\end{array}\text{bha 32}$$ pha 108

Find number 32 divided by
$(2/3)^3$ equals 108

$$32 \div \left(\frac{2}{3}\right)^3 = 108$$

巴克沙利手稿上的算術題目

從北印度到南印度

阿耶波多

　　四七六年，在距離巴特那不遠的恆河南岸，誕生了迄今所知最早的印度數學家阿耶波多。巴特那是現今比哈爾邦的首府，原本叫華氏城，十六世紀阿富汗人入侵並重建後，才改名為巴特那。釋迦牟尼晚年曾行教至此，這裡也是印度史上最強盛的兩個王朝——孔雀王朝和笈多王朝（約西元三二〇～五四〇年）的都城。笈多王朝是中世紀統一印度的第一個王朝，疆域包括今天印度北部、中部和西部的大部分地區，期間誕生了十進位計數法、印度教藝術和偉大的梵文史詩、戲劇《沙恭達羅》及其作者迦梨陀娑（約五世紀），東晉高僧法顯也曾經來此取經。

　　阿耶波多出生時，笈多王朝的首都已經西遷，華氏城開始衰落，但仍舊是學術中心（玄奘約於六三一年抵達此城）。與後來的印度數學家一樣，阿耶波多的數學工作主要是研究天文學和占星術。他在家鄉和華氏城著書立說，代表作有兩部，一是四九九年的《阿耶波多曆數書》，另一部算術書已經失傳。《阿耶波多曆數書》主要是天文表，但也包含了算術、時間的度量、球等數學內容。該書在八〇〇年左右被譯成拉丁文，流傳到歐洲。此書在印度影響甚廣，尤其是南印度，曾被多位數學家評注。

　　阿耶波多給出了連續 n 個正整數的平方和與立方和的運算式，即

$$1^2 + 2^2 + \cdots + n^2 = \frac{n(n+1)(2n+1)}{6}$$

$$1^3 + 2^3 + \cdots + n^3 = \frac{n^2(n+1)^2}{4}$$

浦那的阿耶波多塑像

　　關於圓周率，阿耶波多在印度率先求得 π = 3.1416，但其方法不得而知，或許與中國的 π 值計算方法有關（有人說他是透過計算圓內接正三八四邊形的周長）。在三角學方面，阿耶波多以製作正弦表聞名。古希臘的托勒密也製作過正弦表，但他把圓弧和半徑的長度用不同的度量劃分，非常不方便。阿耶波多做了改進，他預設曲線和直線用同一單位度量，製作了從 0° 到 90° 平均間隔為 3°45' 的正弦表。阿耶波多把半弦稱作 jiva，意思是獵人的弓弦；阿拉伯人翻譯成 dschaib，意思是胸膛、海灣或凹處；拉丁文則是 sinus，「正弦」（sine）一詞即源自於此。

　　在解答算術問題時，阿耶波多經常採用「試位法」和「反演法」。所謂的反演法，就是從已知條件逐步往回推，比如他描述過這樣的問題：「帶著微笑眼睛的美麗少女，請你告訴我，什麼數乘以 3，加上這個乘積的 3/4，然後除以 7，減去此商的 1/3，自乘，減去 52，取平方根，加上 8，除以 10，得 2？」根據反演法，我們從 2 開始往回推，於是，$(2 \times 10 - 8)^2 + 52 = 196$，$\sqrt{196} = 14$，$14 \times (\frac{3}{2}) \times 7 \times (\frac{4}{7})/3 = 28$，28 即為答案。從中我們也可以看出，印度數學家是用詩歌的語言來表達這類算術問題。

　　阿耶波多最有意義的工作是求解一次不定方程式

$$ax + by = c$$

他用的是所謂的「庫塔卡解法」（kuttaka，意思是粉碎或碾細）。例如，設 $a > b > 0$，$c = (a, b)$ 是 a 和 b 的最大公因數，則

$$a = bq_1 + r_1,\ 0 \leqslant r_1 < b,$$
$$b = r_1q_2 + r_2, 0 \leqslant r_2 < r_1,$$
...
$$r_{n-2} = r_{n-1}q_{n-1} + r_n, 0 \leqslant r_n < r_{n-1},$$
$$r_{n-1} = r_nq_n$$

依次反覆運算，可將 $c = (a，b) = r_n$ 表示成 a 和 b 的線性組合，從而求得上述不定方程式的整數解 x 和 y。

事實上，這種方法就是後來秦九韶在大衍術中使用的「輾轉相除法」，其雛形「更相減損術」早在《九章算術》裡就已出現。在西方，這種方法叫做歐幾里得演算法，只不過希臘人的方法同樣不夠完善，即便是最後一個數論大家丟番圖也只考慮了此類方程式的正整數解，阿耶波多和他的後繼者則取消了這個限制。在天文學上，阿耶波多同樣貢獻良多。他用數學方法計算出黃道、白道的升交點和降交點的運動，提出日食和月食的推算方式，以及地球自轉的想法，可惜並未得到後世同胞的認可和回應。為了紀念阿耶波多，印度以他的名字為一九七五年第一枚成功發射的人造衛星命名。

婆羅摩笈多

阿耶波多之後，印度又等了一個多世紀才出現下一位重要的數學家，那便是婆羅摩笈多。有意思的是，在這一百多年間，無論東方或西方都沒有產生新的大數學家。婆羅摩笈多的祖籍很可能是今日巴基斯坦南部的信德省，該省首府就是巴基斯坦第一大城喀拉蚩，但是，婆羅摩笈多是在印度中央邦西南部的城市烏賈因出生的，並在那裡長大。中央邦與比哈爾邦毗鄰，是印度面積最大的邦，這兩個邦也是古代印度政治、文化和科學的中心地帶，如同中國的中原地區。

雖然烏賈因從未成為統一王朝的都城（印度在笈多王朝之後一直處於分裂狀態），卻是印度七大聖城之一。北回歸線經過這座城市的北郊，印度地理學

沉湎於計算的婆羅摩笈多

家確定的第一條子午線也穿過它。烏賈因是繼巴特那之後，古代印度的數學和天文學中心，更是大詩人、戲劇家、印度史上最偉大作家迦梨陀娑的誕生地。由於這兩座城市相距將近一千公里，也意味著印度的科學中心正往西南轉移，據說阿育王繼位以前，他父王就曾派他到烏賈因擔任總督。婆羅摩笈多成年後一直在烏賈因天文臺工作，在望遠鏡出現之前，這裡可謂世界上最古老、最負盛名的天文臺之一。

　　婆羅摩笈多留下了兩部天文學著作，分別是六二八年的《婆羅摩曆算書》與約莫六六五年的《肯達克迪迦》。《肯達克迪迦》在婆羅摩笈多去世後才刊出，其中包括了正弦函數表，而他利用的是「二次插值法」，與阿耶波多不同。《婆羅摩曆算書》包含的數學內容更多，全書共分二十四章，「算術講義」和「不定方程講義」兩章是專論數學的，前者研究三角形、四邊形、二次方程、零和負數的算術性質、運算規則，後者研究一階和二階不定方程。其他各章雖然是關於天文學研究，但也涉及不少數學知識。

　　以零的運算法則為例，婆羅摩笈多寫道：「負數減去零是負數，正數減去零是正數，零減去零什麼也沒有，零乘負數、正數或零都是零……零除以零是空無一物，正數或負數除以零是一個以零為分母的分數。」最後這句話是印度人提出以零為除數問題的最早紀錄，將零做為一個數來運算的概念則被後來的印度數學家所繼承。婆羅摩笈多也提出了負數的概念和記號，並給出運算法則。「一個正數和一個負數之和等於它們的絕對值之差」，「一個正數與一個負數的乘積為負數，兩個正數的乘積為正數，兩個負數的乘積為正數」，這些

都是領先全世界的。

　　婆羅摩笈多最重要的數學成果是解下列不定方程式

$$nx^2 + 1 = y^2$$

其中 n 是非平方數。雖然費馬是第一個提出此類方程式的數學家，卻被十八世紀的瑞士數學家歐拉錯誤記錄為是由十七世紀的英國數學家佩爾提出，所以後人稱它們為佩爾方程。針對佩爾方程，婆羅摩笈多給了一種特殊解法，並將其命名為「瓦格布拉蒂」，這種方法之巧妙，足以讓這項成就在數學史上占有一席之地。

　　此外，婆羅摩笈多還給了有關一元二次方程的一般求根公式，可惜丟了一個根。他也得到邊長分別為 a、b、c、d 的四邊形面積公式，即

$$s = \sqrt{(p-a)(p-b)(p-c)(p-d)}$$

其中 $p = \frac{a+b+c+d}{2}$。可以想像，婆羅摩笈多一定對這個結果非常得意，但事實上，這個結果僅僅適用於圓內接四邊形。最後值得一提的是，利用兩組相鄰三角形的邊長比例關係，他給出了一個關於畢達哥拉斯定理的漂亮證明。

馬哈威拉

　　婆羅摩笈多是一位深具想法的數學家，可惜這方面和他的生平一樣，留下來的資料很少。他說：「正如太陽之以其光芒使眾星失色，學者也以其能提出代數問題而使滿座高朋遜色，若其能給予解答則將使同儕輩更為相形見絀。」在他生活的年代，烏賈因一地想必擁有極佳學術氛圍，史上也有所謂的「烏賈因學派」之說。遺憾的是，在婆羅摩笈多去世後的四個多世紀裡，烏賈因再也沒有出現傑出的數學家，政治動亂和王朝更迭可能是其中一個主因。倒是在南印度相對偏僻的卡納塔克（本意是「高地」）邦誕生了兩位數學天才 —— 馬哈威拉和婆什迦羅。

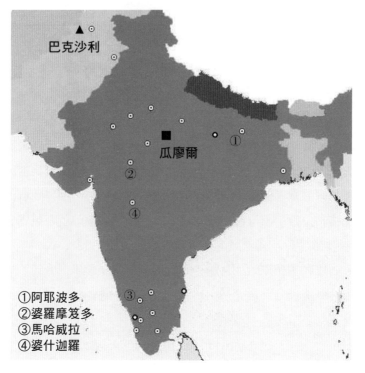

巴克沙利

瓜廖爾

①阿耶波多
②婆羅摩笈多
③馬哈威拉
④婆什迦羅

印度數學家的出生地

　　印度的國土面積不過三百萬平方公里，且南北長度小於東西寬度，可是
「南印度」的概念卻扎根在印度人心中。除了地勢高聳的德干高原及其北緣的
兩座山脈形成天然屏障，再加上訥爾默達河的護衛，使南印度免受北方歷代王
朝或帝國的入侵。事實上，來自北方的多次征討都遭到南方的猛烈抵抗。雅利
安人並沒有帶來他們的飲食習慣，亞歷山大的軍隊未曾涉足，穆斯林和蒙古人
的入侵只是點到為止，甚至連法蘭西和不列顛的影響也微乎其微。

　　我們對於阿育王時代以前的南印度瞭解甚少，但有一點很明確，即使分裂
成相互對抗的陣營，南印度也與雅利安人統治的北方同樣擁有豐富和先進的文
化，無論是宗教、哲學、價值觀、藝術形式或物質生活。南方幾個較大的獨立
政權國家或王朝為了取得支配權而相互競爭，但沒有人能夠將整個南方統一起
來。每個王朝也都與東南亞保持著發達的海上貿易關係，政治和文化生活則圍

繞著以寺廟建築為主的首都開展。

　　南方諸多王朝裡，有一個叫羅濕陀羅拘陀王朝，大約在西元七五五至九七五年統治著德干高原及其附近的一塊土地。這個王朝最初可能是由達羅毗荼人創造的，一度建立起龐大的帝國，以至於某位穆斯林旅人在他的書裡把該王朝的統治者稱為世界四大帝王之一（另外三個是哈里發、拜占庭皇帝和中國皇帝）。在千里達島出生的印裔英國作家奈波爾也提過，距離邦加羅爾三百二十公里外的地方有一處維加雅那加王國的都城遺址，是十四世紀時世界上最偉大的城市之一。

　　就在羅濕陀羅拘陀王朝的鼎盛期，馬哈威拉出生於邁索爾的一個耆那教徒家庭。邁索爾是印度西南海岸卡納塔克邦的第二大城，位於兩座名城邦加羅爾和科澤科德之間。邦加羅爾做為卡納塔克邦首府，如今已是印度「矽谷」和印度國立數學研究所的所在地；科澤科德既是中國航海家鄭和去世的地方，也是葡萄牙人達‧伽馬繞過好望角抵達印度的港口。我們對馬哈威拉的生平所知不多，只知道他成年後，在羅濕陀羅拘陀王朝的宮廷裡生活過很長一段時間，可說是一位宮廷數學家。

　　大約在八五○年，馬哈威拉撰寫了《計算精華》一書，該書曾在南印度被廣泛使用。一九一二年，這部書被譯成英文在馬德拉斯（今清奈）出版。此書是印度第一部初具現代形式的教科書，現今數學教材中的部分論題和結構在這本書裡都可以見到。更稀罕的是，《計算精華》是一部純粹的數學書，幾乎沒有涉及任何天文學問題，這也是馬哈威拉與前人不同的地方。全書共分九章，其中最有價值的研究成果包括：零的運算、二次方程式、利率計算、整數性質和排列組合等。

　　馬哈威拉指出，一數乘以零得零，減去零也不會使此數減少。他還指出，除以一個分數等於乘以此數的倒數，甚至提到一數除以零為無窮量。不過，他也錯誤地斷言負數的平方根不存在。有趣的是，與中國數學家楊輝潛心於幻方一樣，馬哈威拉也著迷於一種叫「花環數」的遊戲。將兩整數相乘，若其乘積的數字呈現中心對稱狀，馬哈威拉就稱之為「花環數」。他對於這種特殊整數的構成規律做了研究，例如：

$$14287143 \times 7 = 100010001$$
$$12345679 \times 9 = 111111111$$
$$27994681 \times 441 = 12345654321$$

有趣的是，中國人沿用詩詞裡的詞彙，稱花環數為「回文數」，英文則叫雪赫拉莎德數（Palindromic number），即以《一千零一夜》裡那位很會講故事的蘇丹王妃命名。方冪數裡也有許多花環數，例如，$11^2 = 121$，$7^3 = 343$，$11^4 = 14641$，但迄今未見 5 次方的花環數。

耆那教的典籍中含有一些簡單的排列組合問題，馬哈威拉在總結前人成果的基礎上，率先給出了今天我們熟知的二項式定理的計算公式，即若 $1 \le r \le n$，

$$\binom{n}{r} = \frac{n(n-1)\cdots(n-r+1)}{r(r-1)\cdots 1}$$

此時距離賈憲生活的時代尚有兩個世紀。此外，馬哈威拉還改進了一次不定方程式的庫塔卡解法，對古老的埃及分數做了深入研究，證明 1 可表示成任意多個單分數之和、任何分數均可表示成偶數個指定分子的分數之和，諸如此類。他也詳細研究了某些高次方程式的求解方法，平面幾何的作圖問題，以及橢圓周長和弓形面積的近似計算公式，後者與《九章算術》裡的結果不謀而合。

婆什迦羅

接下來，我們終於要談到印度古代和中世紀最偉大的數學家兼天文學家婆什迦羅了。印度有兩個叫婆什迦羅的數學家，一個生活在七世紀，我們要說的這位生活在十二世紀。一一一四年，婆什迦羅出生在印度南方德干高原西側的比德爾，與馬哈威拉的故鄉邁索爾同樣屬於卡納塔克邦。婆什迦羅的父親是正統的婆羅門貴族，寫過一本很流行的占星術著作。婆什迦羅成年後在烏賈因天文臺工作，成為婆羅摩笈多的繼承者，後來還成為天文臺臺長。

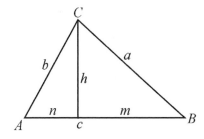

婆什迦羅利用此圖證明了
畢氏定理

　　十二世紀時的印度數學已經積累了相當多成果，婆什迦羅透過吸收這些成果並進一步研究，取得了超越前人的成就。他的文學造詣也很高，其著作瀰漫著詩一般的氣息。婆什迦羅的重要數學著作有兩部 —— 《莉拉沃蒂》和《演算法本源》。《演算法本源》主要探討代數，涉及正負數法則、線性方程組、低階整係數方程求解等，還給出了兩個與畢氏定理相關的漂亮證明，其中一個與趙爽的方法相同，另一個直到十七世紀才被英國數學家沃利斯重新發現。如上圖所示，利用相似三角形的性質，

$$\frac{c}{a} = \frac{a}{m} , \frac{c}{b} = \frac{b}{n}$$

由此可得 $cm = a^2$，$cn = b^2$，兩式相加，即得

$$a^2 + b^2 = c(m+n) = c^2$$

　　婆什迦羅還在書中談到了簡單而粗糙的無窮大概念，他寫道：

　　一個數除以零便成為一個分母是符號 0 的分數，例如 3 除以 0 得 3/0。這個分母是符號 0 的分數，被稱為無窮大量。在這個以符號 0 為分母的量中，可以加入或取出任意量而不會發生任何變化，就像在世界毀滅或創造世界的時候，那個無窮的、永恆的上帝沒有發生任何變化一樣，雖然有大量的各種生物被吞沒或被產生出來。

印度數學天才拉馬努金

　　《莉拉沃蒂》的內容更廣泛一些，全書從一個印度教信徒的祈禱開始。說到這部書，相傳莉拉沃蒂是婆什迦羅掌上明珠的閨名，婆什迦羅占卜得知，她婚後將有災禍降臨。按照婆什迦羅的計算，如果莉拉沃蒂的婚禮能在某一時辰舉行，便可以避免災禍。但到了婚禮那天，正當新娘等待著「時刻杯」的水面下落，一顆珍珠不知為何從她的頭飾上掉落，堵住了杯孔，水也不再流出，以至於無法確認「吉祥的時辰」。婚後，莉拉沃蒂不幸失去了丈夫，為了安慰她，婆什迦羅教她算術，並以她的名字為自己的著作命名。❸

　　婆什迦羅對數學的主要貢獻有：採用縮寫文字和符號來表示未知數和運算；熟練地掌握了三角函數的和差化積等公式；比較全面地討論了負數，將其命名為「負債」或「損失」，並利用在數字上方加小點的方式來表示。婆什迦羅寫道：「正數、負數的平方常為正數，正數的平方根有兩個，一正一負；負數無平方根，因為它不是一個平方數。」希臘人雖然早就發現了不可通約量，卻不承認無理數是數字。婆什迦羅和其他印度數學家則廣泛使用無理數，並在運算時將其和有理數同等對待。

　　身為婆羅摩笈多數學事業的承繼者，婆什迦羅對於前輩的每項成果都做了深入的瞭解和研究，並改進了其中某些結果，尤其是佩爾方程 $nx^2 + 1 = y^2$ 的求解方法。而做為一個天文學家，婆什迦羅同樣碩果累累，他涉足的領域包括球面三角學、宇宙結構、天文儀器等，而且其中處處可見數學家的觀點和視角。舉例來說，他用微分學求「瞬時速度」的方法來研究行星的運動法則。據

印度數學家拉曼羌德拉
（作者攝於邦加羅爾）

說後人在巴特那發現了一塊石碑，記載了一二〇七年八月九日當地權貴捐給某教育機構的款項，指明用於研究婆什迦羅的著作，但此時距他去世（約一一八五）已有二十多年了。

　　值得一提的是，在印度這塊土地上，除了誕生《浮華世界》作者薩克萊、《一九八四》作者歐威爾和諾貝爾文學獎得主吉卜林這些英國作家，也誕生過兩位英國數學家。十九世紀初和二十世紀初，在南印度坦米爾納德邦的馬杜賴和清奈，數理邏輯學家德摩根和拓撲學家懷特海德分別出生。德摩根斷言亞里斯多德傳下的邏輯受到了不必要的限制，並成為現代數理邏輯學的奠基者。懷特海德對拓撲學中同倫論的發展做出了重大貢獻，並最先給出微分流形的精確定義。有意思的是，同樣是在坦米爾納德邦，十九世紀後期還誕生了一位享譽世界的印度數學天才——拉馬努金。

　　出生於一八八七年的拉馬努金是依靠自學成才的天才型數學家，他在數論尤其是整數分拆方面做出了突出的貢獻，在橢圓函數、超幾何函數和發散級數領域也達到出色的成果。他與一八六一年出生的諾貝爾文學獎得主泰戈爾是最讓印度人驕傲的兩位同胞。在拉馬努金的精神感召下，二十世紀後半葉的印度數學和自然科學進展頗大。在數論領域，出現了以拉曼羌德拉為首的印度學派，一直延伸到北美洲的加拿大。在物理學方面，印度人也有卓越貢獻，僅馬德拉斯大學就出過兩位諾貝爾獎得主——拉曼和錢德拉塞卡，後者在拉馬努金去世時還是個不滿十歲的男孩。

神賜的土地

阿拉伯帝國

　　阿拉伯帝國的興盛被視為人類歷史上最精彩的插曲之一，這當然與先知穆罕默德的傳奇經歷有關。五七〇年，穆罕默德出生在阿拉伯半島西南部的麥加。與耆那教始祖摩訶毗羅和佛教始祖釋迦牟尼不同，穆罕默德的祖父雖是部落首領，但他從小就是孤兒，無權繼承遺產。麥加當時是一個遠離商業、藝術和文化中心的落後地區，穆罕默德在極其艱苦的條件下長大成人。二十五歲那年，他娶了一位富商的遺孀，經濟狀況有所改善。直到四十歲前後，他的人生才有了奇妙的變化。

　　穆罕默德領悟到，有一個而且是唯一一個全能的神主宰著世界，並確信真主阿拉選擇了他做為使者，負責在人間傳教。這就是伊斯蘭教的來歷，它在阿拉伯語裡的意思是「順從」，信徒稱為「穆斯林」，也就是「已順從者」的意思。根據伊斯蘭教的教義，世界末日死者會復活，每個人將依照自己的行為受審。

　　穆斯林有解除他人痛苦、救濟窮者的義務，而聚斂財富或否認窮人的權利將導致社會腐敗，會在後世受到嚴懲。伊斯蘭教還強調，一切信徒皆為兄弟，他們共同生活在緊密的集體中，阿拉比頸部的血管離你更近。

　　西元六二二年，穆罕默德帶領大約七十名信徒被迫出走，他們來到麥加以北二百公里的麥迪那。這是伊斯蘭教的一個轉捩點，信徒人數迅速增加。居住在阿拉伯半島上的貝都因人是講阿拉伯語的遊牧民族，以勇猛善戰著稱，但他們四分五裂，向來打不過半島北部可耕作土地上的其他部落。穆罕默德透過伊斯蘭教與聯姻等世俗手段把他們團結了起來，展開史無前例的大規模征戰（聖

清真寺的幾何輪廓

❹ 伊斯蘭教的四項基本原則稱為「烏蘇爾」
　（usul），以《古蘭經》為首，其餘三項分
　別是聖訓、集體一致意見和個人判斷。

戰），他本人曾經親率穆斯林大軍逼近敘利亞邊界。

　　穆罕默德於六三二年去世，在他去世後的十年裡，穆斯林大軍在他的兩任哈里發繼承人（均是他的岳父）率領下，擊敗了波斯薩珊王朝的大軍，占領了美索不達米亞、敘利亞和巴勒斯坦，並從拜占庭手中奪取了埃及（這給予亞歷山大大帝最後一擊）。大約在六五〇年，依據穆罕默德得到的真主啟示而輯錄的《古蘭經》問世。這部書被穆斯林視為上天的啟示，用真主阿拉的語言寫成，並成為伊斯蘭教的四項基本原則❹之首。

　　在那以後，阿拉伯人的征戰並未結束。七一一年他們掃平北非，直指大西洋，接著他們向北穿越直布羅陀海峽，占領西班牙。那時的中國正處於大唐太平盛世，李白還是個小孩，杜甫尚在母親腹中。若單論數學方面，印度的婆羅摩笈多已經過世了半個世紀，無論東方或西方都沒有大數學家在世，信奉基督教的歐洲岌岌可危，被穆斯林大軍攻克似乎只是早晚之事。不料，七三二年，抵達法國中部的阿拉伯人在圖爾戰役中吃了敗仗。

　　儘管如此，阿拉伯人已經把他們的疆域拓展到東起印度，西至大西洋，北達裡海和中亞的廣闊地區，極可能是迄今為止人類歷史上最大的帝國。穆斯林軍隊每到一處就不遺餘力地傳播伊斯蘭教。七五五年，由於哈里發的權力之爭，阿拉伯帝國分裂成東西兩個獨立王國，西邊的定都於西班牙哥多華，東邊的定都於敘利亞大馬士革。後者在由阿拔斯家族掌握權力之後，重心逐漸東移到伊拉克的巴格達，並在那裡創建了「一座舉世無雙的城市」，阿拔斯王朝也成為伊斯蘭歷史上最有名和統治時間最長的朝代。

《古蘭經》封面

巴格達的智慧宮

　　巴格達位於底格里斯河畔距離幼發拉底河的最近處，四周是一片平坦的沖積平原。巴格達一詞在波斯語裡的意思是「神賜的禮物」，自從七六二年被阿拔斯王朝的第二任哈里發曼蘇爾選定為首都之後，這座城市開始興旺發達，一座座宮殿和建築在圓形城牆內拔地而起。到了八世紀後期和九世紀上半葉，巴格達在馬赫迪、哈倫·拉希德和馬蒙的領導下，經濟繁榮和學術研究雙雙達到頂點，成為繼中國長安城後世界上最富庶的城市。

　　在世界歷史中，九世紀是由兩位皇帝拉開帷幕的，他們在國際事務中占有優越的地位。第一位是法蘭克國王查理曼，他的爺爺曾經在圖爾戰役中成功阻止穆斯林軍隊入侵，他本人則在八○○年的耶誕節被教皇加冕為「羅馬人的皇帝」。第二位就是哈倫·拉希德，而且他的勢力無疑比查理曼更大些。出於各自的目的，這兩位同時代的東西方領袖建立了私人友誼和同盟關係，經常互贈貴重禮品。查理曼希望拉希德和他一起對抗敵人——拜占庭帝國，拉希德也希望利用查理曼對抗死對頭——西班牙的奧米亞王朝。

　　無論歷史還是傳說都證實，巴格達最輝煌的時代就是哈倫·拉希德在位的時期。建都不到半個世紀，巴格達就從一個荒蕪之地發展成擁有驚人財富的國際大都會，只有拜占庭帝國的君士坦丁堡可以與之抗衡。拉希德是一位典型的穆斯林君主，他表現出來的慷慨大方像磁鐵一樣把詩人、樂師、歌手、舞女、

希臘著作的阿拉伯語譯本

獵犬和鬥雞的馴養者，以及所有具備一技之長的人都吸引到了巴格達來。以至於在《一千零一夜》裡，拉希德被描繪成一位揮金如土、窮奢極侈的君主。

與此同時，大約在七七一年，即巴格達建都第九年，某位印度旅行家帶來了兩篇科學論文。一篇是天文學論文，曼蘇爾命人把這篇論文譯成阿拉伯文，結果那個人就成了伊斯蘭世界第一位天文學家。阿拉伯人還在沙漠裡生活時就對星辰的位置很感興趣，卻沒有做過任何科學研究，信奉伊斯蘭教後，他們研究天文學的動力增加了，因為無論身處何地，每天都得朝麥加方向祈禱朝拜五次，此乃伊斯蘭五功之一的拜功，另外四功分別是念功、課功（納財供賑濟貧民）、齋功和朝功（麥加朝聖）。

另一篇是婆羅摩笈多的數學論文，正如美國歷史學家希提所說，歐洲人所謂的阿拉伯數字，以及阿拉伯人所謂的印度數字，都是從這篇文章傳入穆斯林世界開始。不過，印度人的文化輸出十分有限。在阿拉伯人的生活中，希臘文化最終成為所有外國影響中最重要的。事實上，阿拉伯人征服敘利亞和埃及以後所接觸到的希臘文化遺產，成了他們眼中最寶貴的財富。之後，他們四處搜尋希臘人的著作，包括歐幾里得的《幾何原本》、托勒密的《地理學指南》和柏拉圖等人的著作，並陸陸續續翻譯成阿拉伯語。

必須指出的是，那時中國的造紙術剛剛傳入阿拉伯世界不久，巴格達城內卻已建起一座造紙廠。自從東漢的蔡倫於二世紀初發明了造紙，很長一段時間內，中國人對造紙工藝嚴格保密。可是在七五一年，唐朝的一支軍隊在今天哈

智慧宮。1237 年插畫

薩克中部的江布林被阿拉伯人打敗了，一批造紙工人被俘虜到撒馬爾罕，在牢房中被迫洩露了造紙工藝。四個世紀以後，造紙術就像印度—阿拉伯數字一樣，經中東和北非繞過地中海傳入了歐洲。

　　拉希德的兒子馬蒙繼任哈里發後，希臘的影響力臻於頂峰。馬蒙本人對理性十分痴迷，據說他曾夢見亞里斯多德向他保證，理性和伊斯蘭教教義之間沒有真正的分歧。八三〇年，馬蒙下令在巴格達建造「智慧宮」（Baytal-Hikmah），也就是一個集圖書館、科學中心和翻譯中心於一體的聯合機構。無論從哪方面來看，智慧宮都是西元前三世紀亞歷山大圖書館以後最重要的學術機構。很快地，智慧宮成為世界級學術中心，研究內容包括哲學、醫學、動物學、植物學、天文學、數學、機械、建築、伊斯蘭教教義和阿拉伯文文法等。

花拉子密的《代數學》

　　在阿拔斯王朝早年、在這個漫長又有成效的翻譯時代下半期，巴格達迎來了一段對於科學來說具有獨創性的歲月，其中最重要、最有影響力的人物便是數學家兼天文學家花拉子密。

　　花拉子密出生時，印度數學家婆羅摩笈多已去世一個多世紀，馬哈威拉則尚未出世。流傳下來的花拉子密生平資料很少，一般認為，他出生在注入鹹海的阿姆河下游的花剌子模地區，即今天烏茲別克境內的希瓦古城附近。另一個說法是，他生於巴格達近郊，祖先是花剌子模人。比較能夠肯定的一點是，花

撒馬爾罕的花拉子密塑像

拉子密是拜火教徒的後裔。

　　拜火教又名瑣羅亞斯德教或祆教、帕西教，距今已有二千五百多年歷史，以對火的尊崇，反對戒齋、禁欲、單身，以及主張善惡二元論著稱。其創始人瑣羅亞斯德來自今天伊朗北部，比耆那教創始人摩訶毗羅年長約三十歲，由他創立的宗教幾度成為波斯帝國的國教。而從花拉子密是拜火教徒這一點，我們可以大膽推測，他很可能是波斯後裔，即便不是（或許是中亞人），他的精神世界也傾向於富有悠久文化傳統的波斯民族。

　　雖然花拉子密不是純粹的阿拉伯人，但無疑精通阿拉伯文。他早年在家鄉接受教育，後來前往中亞古城梅爾夫繼續深造，並去阿富汗、印度等地遊學過。沒多久，他成為遠近聞名的科學家，時任東部地區統治者的馬蒙在梅爾夫召見過他。八一三年，馬蒙成為阿拔斯王朝的哈里發，旋即聘請花拉子密到首都巴格達工作，後來馬蒙創建智慧宮，花拉子密成為智慧宮的主要負責人。馬蒙去世後，花拉子密仍然留在巴格達工作，直至他離世為止。那時的阿拉伯帝國處於政治穩定、經濟發展、文化科學繁榮的階段。

　　在數學方面，花拉子密留下兩部傳世之作——《代數學》和《印度的計算術》。《代數學》的阿拉伯文原名是「還原與對消計算概要」，其中還原一詞 al-jabr 也有移項之意。這部書在十二世紀被譯成拉丁文，對歐洲產生了巨大影響。al-jabr 也被譯成 algebra，正是今天西方語言中的「代數學」一詞，包括英文。於是，花拉子密的書也被題為「代數學」。可以說，正如埃及人發明了幾何學，阿拉伯人命名了代數學。

علي تسعة وثلثين ليتم السطح الاعظم الذي هوسطح ره فبلغ
ذلك كله اربعة وستين فاخذنا جذرها وهو ثمانية وهو احد
اضلاع السطح الاعظم فاذا نقصنا منه مثل ما زدنا عليه وهو
خمسة بقي ثلثة وهو ضلع سطح آب الذي هو المال وهو جذره
والمال تسعة وهذه صورته

花拉子密的《代數學》手稿

　　《代數學》大約完成於八二〇年，書中討論的數學問題並不比丟番圖或婆羅摩笈多的問題複雜，但它探討了一般性解法，因而遠比希臘人和印度人的著作更接近近代的初級代數，這是難能可貴的。

　　書中用代數方式處理了線性方程組，並率先給出了二次方程式的一般代數解法，還引進了移項、合併同類項等代數運算方法。這一切，都為代數學這門「解方程式的科學」開拓了道路，難怪花拉子密的書在歐洲有長達數百年都被當成標準課本，這等待遇對一位東方數學家來說十分罕見。

　　婆羅摩笈多只給出了一元二次方程式一個根的解法，花拉子密則求出了兩個根。可以說，他是世界上最早認識到二次方程式有兩個根的數學家。遺憾的是，儘管他意識到負根的存在，卻捨棄了負根和零根。他指出（用現在的語言），如果判別式是負的，則方程無（實）根。在給出各種典型方程式的解以後，花拉子密還用幾何方法予以證明，很明顯受到了歐幾里得的影響。因此我們可以說，花拉子密與後來其他阿拉伯數學家一樣，深受希臘和印度兩大文明薰陶，而這當然與他們所處的地理位置有關。

　　《印度的計算術》也是數學史上非常有價值的一本書，該書系統性介紹了印度數字和十進位計數法，儘管先前那位印度旅行家已將其引入巴格達，但並未引起廣泛注意，花拉子密卻讓它們在阿拉伯世界流行起來。《印度的計算術》在十二世紀傳入歐洲並廣為傳播，其拉丁文手稿現存於劍橋大學圖書館。印度數字也逐漸取代了希臘字母計數系統和羅馬數字，成為世界通用的數字，以至於人們習慣稱印度數字為阿拉伯數字。值得一提的是，該書的原名是「花

拉子密的印度計算法」（*Algoritmi de numero indorum*），其中 Algoritmi 是花拉子密的拉丁語名字，現代數學術語「演算法」（Algorithm）即源自於此。

在幾何學領域，尤其是在面積測量方面，花拉子密也有貢獻。他把三角形和四邊形做了分類，分別給予相應的面積測量公式。他還給了圓面積的近似計算公式：

$$S = (1 - \frac{1}{7} - \frac{1}{2} \times \frac{1}{7})d^2$$

d 為圓的半徑，圓周率等於 $3\frac{1}{7} \approx 3.14$。阿拉伯人和印度人一樣，沿用了埃及人使用單位分數的習慣。花拉子密甚至給出了弓形面積的計算公式，並把弓形分為大於和小於半圓的兩種情況。

天文學方面，花拉子密同樣做出重要貢獻。他彙編了三角表和天文表，以便測定星辰的位置和日月食，並撰寫了多部專門講述星盤、正弦平方儀、日晷和曆法的著作。花拉子密在這方面有一位出色的繼承人，也就是九世紀中葉在敘利亞出生的巴塔尼。巴塔尼發現了太陽的遠地點（離地球最遠的點）是變動的，因而有可能發生日環食。巴塔尼用三角學取代幾何方法，引進了正弦函數，糾正了一些托勒密的錯誤，包括太陽和某些行星軌道的計算方法。巴塔尼的《曆數書》在十二世紀被譯成拉丁文出版，使其成為中世紀歐洲人最熟知的阿拉伯天文學家。

數學與天文學之外，花拉子密也有許多貢獻，他用阿拉伯文寫出了最早的歷史著作，大力推動了歷史學這門學科的發展。因為軍事和商業貿易（阿拉伯人是精明的商人）的需要，製作世界地圖在當時非常重要，而這需要使用複雜的數學和天文學知識。花拉子密的《地球的地貌》是中世紀阿拉伯世界的第一部地理學專著，書中描述了當時世界上已知的重要居民位置、山川湖海和島嶼，並附有四幅地圖。

波斯的智者

伊斯法罕的奧瑪珈音

　　中世紀的阿拉伯雖然在數學和科學領域深受希臘和印度影響，但在文化方面，波斯的影響無疑更大，以這點來說，完全不亞於處於希臘文明影響下的馬其頓，後者產生了像亞里斯多德那樣的全才。除了果斷和英勇善戰，阿拉伯人的優點還有出色的組織和管理才能，以及包容大度的心態，但理性和智慧卻不及波斯人。事實上，在波斯文化影響之下，阿拉伯人只保全了兩樣事物，一是國教伊斯蘭教，二是國語阿拉伯語，除此之外，在首都巴格達，波斯頭銜、波斯酒、波斯太太、波斯情婦、波斯歌曲……逐漸成為時尚。

　　相傳，哈里發曼蘇爾是第一個戴上波斯式高帽子的人，他的臣民自然仿效。在曼蘇爾的政府中，首次出現了波斯官職 —— 大臣，而且是由一個擁有波斯血統的人擔任。哈里發讓妻子和這位大臣的妻子相互哺育對方的女兒，並讓大臣的兒子教導自己的兒子哈倫・拉希德。好景不長，當拉希德從麥加朝聖回來，卻發現自己的年輕老師已讓妹妹偷偷生下了孩子，而這個妹妹正是因為備受拉希德寵愛所以才不被允許嫁人的。結果，年輕老師人頭落地，屍體被剖成兩半，掛在巴格達的兩座橋上示眾。

　　更不幸的是，馬蒙死後，阿拔斯王朝便走向下坡。巴格達周圍出現許多小王朝，政局持續動盪，帝國被一點一點地瓜分掉，剩下的權力也逐漸被軍人掌控。一支禁衛軍起義了，接著爆發了黑奴起義，宗教派別層出不窮，中央政權的根基迅速瓦解。此時，波斯人和突厥人又把短劍對準了帝國的心臟。

　　儘管如此，十世紀的巴格達郊外仍然誕生了波斯數學家凱拉吉，他在二項式定理（晚於印度人但略早於賈憲）、代數學、線性方程組解法與數學歸納法

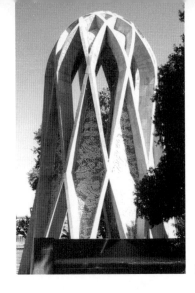
內沙布爾的奧瑪珈音紀念碑

方面均有建樹。一〇六七年，巴格達創建了伊斯蘭世界第一所大學尼采米亞大學，卻未能吸引到像是奧瑪珈音那樣聰穎的青年才俊。

　　大約在一〇四八年，伊斯蘭世界最有智慧的人物奧瑪珈音在今天伊朗東北部霍拉桑省的古城內沙布爾呱呱墜地。「珈音」指的是製造或銷售帳篷，說明了他父親或祖輩的職業，可能出於這個原因，奧瑪珈音得以跟隨父親在各地遊歷。奧瑪珈音先在家鄉，後在阿富汗北部小鎮巴爾赫接受教育，最後來到中亞最古老的城市撒馬爾罕，在當地一位有政治背景的學者庇護下從事數學研究。

　　在歐幾里得的《幾何原本》裡，有用幾何方法解形如 $x^2 + ax = b^2$ 的二次方程式的例子，其中的一個解是 $\sqrt{(\frac{a}{2}) + b^2} - \frac{a}{2}$。它可以用畢達哥拉斯定理來求取：作一個兩直角邊分別為 $\frac{a}{2}$ 和 b 的直角三角形，在斜邊上去掉長度為 $\frac{a}{2}$ 的線段之後，剩下部分的長度即為所求之解。三次方程式的求解方法顯然更為複雜，奧瑪珈音考慮了十四種類型的方程式，透過兩條圓錐曲線的交點來確定它們的根。

　　以方程 $x^3 + ax = b$ 為例，它可以改寫成 $x^3 + c^2x = c^2h$。在奧瑪珈音看來，這個方程式恰好是拋物線 $x^2 = cy$ 和半圓周 $y^2 = x(h-x)$ 交點 C 的橫坐標 x（見下頁圖），因為只要從後兩式中消去 y，就可得到前面的方程式。於是，奧瑪珈音有了用圓錐曲線解三次方程式等的數學發現，並完成了《代數問題的論證》一書。此外，他在證明歐幾里得平行公設（第五公設）方面也做出非常有益的嘗試。

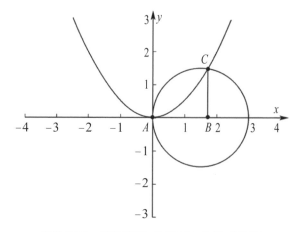

借助此圖，奧瑪珈音求得三次方程式的解

　　同樣是十一世紀，土耳其突厥人建立的塞爾柱王朝崛起，領土從伊朗和外
高加索一直延伸到地中海，同樣高舉著伊斯蘭教的旗幟。後來，奧瑪珈音在塞
爾柱蘇丹馬利克沙的邀請下前往首都伊斯法罕，主持新建天文臺的工作並進行
曆法改革。事實上，這是奧瑪珈音的立足之本和生活的保障，數學發現則是他
的副業。他提出在平年三百六十五天的基礎上，每三十三年增加八個閏日。這
樣一來，與實際的回歸年僅相差 19.37 秒，即每四千四百六十年的誤差只有一
天。這比現在全世界通行的西曆還要準確，可惜因為蘇丹的更迭而未能實施。

　　奧瑪珈音在伊斯法罕度過了他一生的大部分時光，最終於一一三一年去
世。伊斯蘭教義、塞爾柱宮廷和波斯血統這三者在他身上交錯呈現，時局的動
盪和怪異的個性導致他的生活並不稱心如意。他終生獨居，不時把頭腦裡那些
不合時宜的想法，悄悄地用家鄉霍拉桑省流行的四行詩形式，以波斯語記錄下
來。奧瑪珈音恐怕不會想到，八百年後一位叫菲茨傑拉德的英國人把他的詩集
《魯拜集》（意為四行詩）翻譯成英文，使他成為揚名世界的詩人，他的數學
發現則成了「古董」。舉例來說，奧瑪珈音在一首四行詩中嘆息曆法改革的夭
折（《魯拜集》第五十七首）：

　　　　啊，人們說我的推算高明

　　　　糾正了時間，把年分算準

奧瑪珈音的四行詩和插圖

可誰知道那只是從舊曆中消去
未卜的明天和已逝的昨日

　　做為雅利安人的一支，伊朗人很可能是西元前二千年到前一千年前往歐洲的印歐語系中亞遊牧民族之一，他們在西遷途中留了下來，「伊朗」一詞的原意便是「雅利安人之鄉」。換言之，伊朗人與先前進入印度的那些雅利安人同宗，不同的是，後者與被稱作達羅毗荼人的原住民通婚，因此膚色變得黝黑。至於波斯（Persia）一名，則是因為伊朗中南部地區的法爾斯（Fars）古稱為波爾斯（Persis），法爾斯的中心城市就是擁有「玫瑰花和詩人的城市」之譽的設拉子。

　　法爾斯是波斯的發祥地，波斯帝國的締造者居魯士大帝就是在這裡出生的。西元前六世紀，居魯士從一個家鄉的小首領起家，打敗了巴比倫等帝國，建立起範圍橫跨印度到地中海的龐大帝國。居魯士死後，他的一個兒子和大臣的兒子大流士一世繼續擴張，把埃及也納入了帝國版圖，以至於在那裡遊學的畢達哥拉斯被抓到巴比倫。而位於伊朗北部，幫助破解巴比倫楔形文字之謎的貝希斯敦石崖上，刻的正是大流士一世如何登上王位的銘文。據說柏拉圖學院被迫關閉以後，許多希臘學者跑到波斯來，播下了文明的種子。

伊朗發行的納西爾丁紀念郵票

大不里士的納西爾丁

　　奧瑪珈音過世約七十年（期間義大利的斐波那契和中國的李冶相繼出世）以後，一二○一年，波斯霍拉桑省的圖斯城誕生了另一位了不起的智者納西爾丁。圖斯是當時阿拉伯的文化中心，拉希德在此去世。納西爾丁的父親是一位法理學家，負責兒子的啟蒙教育，同城的舅舅則教他邏輯學和哲學，他還學了代數和幾何。後來，納西爾丁前往奧瑪珈音的家鄉內沙布爾深造，跟隨波斯哲學家兼科學家伊本・西拿的門徒學習醫學和數學，並逐漸成名。值得一提的是，伊本・西拿的拉丁文是阿維森納（Avicenna），他在東方被尊為「卓越的智者」，在西方則被譽為「最傑出的醫生」。

　　此時，蒙古大軍正大舉西進，阿拉伯帝國搖搖欲墜。為了求得一個安寧的學術環境，納西爾丁受邀到幾處要塞居住，寫出了一批數學、哲學方面的論著。一二五六年，成吉思汗的孫子、蒙哥大汗的胞弟旭烈兀征服了波斯北部，占領了納西爾丁所在的要塞。沒想到，旭烈兀相當敬重納西爾丁，邀請他入朝擔任科學顧問。兩年後，納西爾丁隨旭烈兀遠征巴格達，那是一場殘酷血腥的戰爭，宣告了阿拔斯王朝的滅亡。

　　長兄蒙哥去世後，四哥忽必烈繼位，成為元世祖，旭烈兀被封為伊利汗國國王，從此便留在波斯，定都大不里士。大不里士位於伊朗西北部，鄰近今天

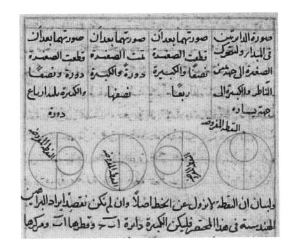

納西爾丁的數學手稿

的亞塞拜然。之前在旭烈兀的批准和資助下，納西爾丁在大不里士城南建造了一座天文臺，他廣招賢士，著書立說，還製作了許多先進的觀察儀器，使得這座天文臺成為當時重要的學術中心。一二七四年，七十三歲的納西爾丁出訪巴格達，不幸患病逝世，被安葬在郊外。旭烈兀比納西爾丁去世得早，生前早已把整個波斯納入版圖，巴格達也包括在內。到了旭烈兀的孫子統治時，伊利汗國的領土「東起阿姆河，西至地中海，北自高加索，南抵印度洋」。

納西爾丁一生勤於著述，留下論著和書信無數，大多以阿拉伯文書寫，少數哲學、邏輯學以波斯文書寫，據說他也懂希臘語，個別論著中甚至出現了土耳其語。著述內容則涉及了當時伊斯蘭世界的所有學科，其中尤以數學、天文學、邏輯學、哲學、倫理學和神學方面的影響較大，不僅在伊斯蘭世界被奉為經典，也對歐洲科學的覺醒產生了影響。據說納西爾丁製作的天文觀察儀器還被帶到了中國，並被同行借鑑。

納西爾丁在數學方面的著作一共有三部。《算板與沙盤計算方法集成》主要講算術，他繼承了奧瑪珈音的成果，將數的研究擴展到無理數等領域。書中採用了印度數字，談到了帕斯卡三角形（賈憲三角形），還討論了求一個數的四次或四次以上方根的方法，成為現存記載這種方法的最早論著。有意思的是，納西爾丁得出了「兩個奇數的平方和不可能是一個平方數」此一重要的數論結論，這個結論的證明通常依賴於數論中的同餘數理論。

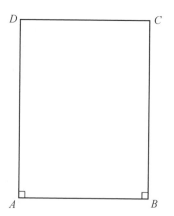

用以證明平行公設的四邊形

更值得注意的是《令人滿意的論著》，這部書討論的是幾何學，特別是歐幾里得的平行公設。納西爾丁曾經兩次修訂和注釋《幾何原本》，針對平行公設做了較深入的探討。納西爾丁試圖利用其他公理和公設證明平行公設，為此他沿用奧瑪珈音的方法：假設有一個四邊形 ABCD，DA 和 CB 等長且均垂直 AB，則 ∠ C 和 ∠ D 相等。他證明，如果 ∠ C 和 ∠ D 是銳角，就能推導出一個三角形的內角和小於 180º，這正是羅巴切夫斯基幾何的基本命題。

納西爾丁最重要的數學著作是《橫截線原理書》，這是數學史上流傳至今最早的三角學專著。在此以前，三角學知識只出現在天文學論著裡，是附屬於天文學的一種計算方法，納西爾丁的工作使得三角學成為純粹數學的獨立分支之一。正是在這部《橫截線原理書》裡，首次出現了著名的正弦定理：

設 A、B、C 分別為三角形的三個角，a、b、c 是它們所對應的邊的長度，則

$$\frac{a}{\sin A} = \frac{b}{\sin B} = \frac{c}{\sin C}$$

在天文學方面，納西爾丁的貢獻同樣卓著，這裡就不再贅述。據說他的兩個兒子也在大不里士城南那座當時世界上最先進的天文臺工作，還有一個中國人，但他的姓名和來歷已無法查證。據《元史》記載，元初曾有阿拉伯人在中國「造西域儀象」七件，有些儀器與納西爾丁製作的頗為相像。同樣地，十八

撒馬爾罕的古城門

世紀印度人在德里等地建造的幾座天文臺在外表和結構上也模仿了納西爾丁的天文臺。

撒馬爾罕的阿爾·卡西

　　穆斯林用武力奪取的領土可能在一段時間後失去，但被征服的人們卻大多從此皈依伊斯蘭教，這是伊斯蘭教的魅力。伊朗或波斯便是典型的例子。自從六四〇年因為與拜占庭帝國的戰爭付出高昂代價，就此被阿拉伯人趁機征服以後，這片土地幾易其主，可是至今它的國徽和國旗仍然帶有濃厚的伊斯蘭味道。伊朗的由彎月、寶劍和書籍組成，彎月和寶劍分別是伊斯蘭教和力量的象徵，高高在上的書籍則是《古蘭經》。波斯的是藍、白、紅三色，在藍和白、白和紅之間均用波斯語寫滿了「真主偉大」字樣。

　　現在，我們要談談古代阿拉伯世界，也是整個東方最後一位重要的數學家兼天文學家——阿爾·卡西，人們常以他的卒年一四二九年做為那個時代的終結。然而，卡西生於何年卻沒有任何記載，他的活動最早見諸文獻是在一四〇六年六月二日，當時他在家鄉卡尚觀測到一次月食。卡尚位於伊朗羅斯山脈東麓，舊首都伊斯法罕和首都德黑蘭的鐵路線中間。儘管卡西可能出身平凡家庭，但他與他的波斯前輩奧瑪珈音和納西爾丁一樣，很早就得到了權貴人士的賞識。

　　十四世紀末，成吉思汗的後裔、中亞細亞的帖木兒建立了帖木兒王國，定

烏茲別克發行的王子
烏魯伯格紀念郵票

都撒馬爾罕。帖木兒本是信仰伊斯蘭教的突厥化蒙古人，主要以其野蠻地征服
從印度、俄羅斯到地中海的遼闊土地以及帖木兒王朝的文化成就被載入史冊。
帖木兒打著重建蒙古帝國的旗號，所向披靡，直到埃及蘇丹和拜占庭皇帝向他
屈服納貢以後，才返回撒馬爾罕。雖然目不識丁，愛好下棋的帖木兒卻樂意與
學者交往，並能與第一流的學者討論歷史、伊斯蘭教義和應用科學等各種問
題。

　　一四〇五年，正當帖木兒準備再度率軍遠征中國之際（此時元朝早已滅
亡），卻因病去世了。他的孫子烏魯伯格不僅不尚武，反倒痴迷於天文學，並
透過觀測發現了天文學家托勒密的多處計算錯誤，他還寫詩、研究歷史和《古
蘭經》，並且是科學與藝術的積極宣導者和保護者。烏魯伯格年輕時就在撒馬
爾罕創辦了一所教授科學和神學的學校，不久後又建造了一座天文臺，使撒馬
爾罕成為東方最重要的學術中心。

　　卡西的學術生涯與烏魯伯格息息相關。卡西曾是一名醫生，卻渴望從事數
學與天文學的研究。在長期的貧困與徬徨之後，他終於在撒馬爾罕找到了一個
穩定又體面的職位，那就是在烏魯伯格的宮殿裡協助策劃與從事科學研究。卡
西積極參與天文臺的修建和儀器的安裝，成為烏魯伯格的得力助手，並在天文
臺蓋好後擔任負責人。在《天的階梯》等天文學著作裡，卡西論述了星辰的距
離和大小，介紹了渾儀等天文儀器，有些是他的獨創。當然，曆法改革同樣不

卡西的圓周率

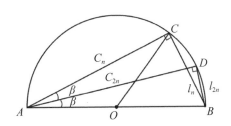

卡西利用此圖計算圓周率

可缺少。

　　在一封寫給父親的信裡，卡西極力稱讚烏魯伯格淵博的知識、組織能力和數學才華；他還提到當時討論科學的自由空氣，聲稱這是科學進步的必要條件。烏魯伯格對待科學家非常寬厚，特別能諒解卡西對宮廷禮儀的疏忽，以及缺少良好的生活習慣。在一部以他自己的名字命名的曆法書序言中，烏魯伯格提到了卡西之死，「卡西是一位傑出的科學家，是世界上最出色的學者之一。他通曉古代科學，並推動其發展，他能解決最困難的問題。」

　　卡西在數學上取得了兩項領先成就，一是圓周率的計算，二是給出 sin 1° 的精確值。在古代，對於圓周率 π 的研究和計算，某程度反映了該地或該時代的數學水準，道理一如今天對於最大質數的求取代表了某個大公司甚或某國電腦研發的先進程度。一四二四年，在中國數學家祖沖之把 π 的值精確到小數點後七位的九百六十二年之後，卡西終於打破了這項世界紀錄，他算出

$$\pi = 3.14159265358979325$$

精確到小數點後十七位。卡西算到了正 3×2^{28} 邊形的周長。接下來要等到一五九六年，荷蘭數學家科伊倫才透過圓內接和外切正 60×2^{33} 邊形，算出 π 的小數點後二十位的精確值。

　　最後介紹一下卡西計算圓周率的方法。如上圖所示，設 $AB = 2r$ 是圓的直

徑，l_n（l_{2n}）是內接於圓的正 n（$2n$）邊形的一邊之長，則另外兩條直角邊 c_n 和 c_{2n} 有如下遞推關係：

$$c_{2n}=d\cos\beta= d\sqrt{\frac{1+\cos 2\beta}{2}} = \sqrt{r(2r+c_n)}$$

而由畢達哥拉斯定理可知：

$$l_n = \sqrt{(2r)^2 - c_n^{\,2}}$$

　　類似地，可求得圓外切正多邊形的邊長。取兩者的算術平均值做為圓周長，即可求得圓周率。與劉徽的割圓術相比，卡西利用了餘弦函數的半形公式，這樣只需計算一次根號就可倍增正多邊形的邊數。

 # 結語

　　大約在一一八五年，婆什迦羅死於烏賈因，之後印度的科學活動逐漸走向衰落，數學進展也停止了。一二〇六年，德里蘇丹國建立，印度開始接受穆斯林的統治。一個世紀之後，印度南方的一部分地區獨立，接著是曠日持久的爭奪統治權鬥爭。相比之下，波斯的數學興起得晚，衰敗得也晚。但在烏魯伯格於一四四九年被處死後（據說他的兒子是幕後策劃人），尚武且內耗不斷的薩非王朝接踵而至，波斯乃至整個阿拉伯數學的輝煌時代隨之宣告結束。與此同時，歐洲的文藝復興之火在義大利半島燃起。

　　與埃及一樣，早期印度擁有數學教養的人幾乎全是僧侶，不然就是種姓地位較高的人，這與希臘的情況完全不同，希臘的數學大門對所有人敞開。除了馬哈威拉，印度數學家多以天文學為職業，但對於希臘人來說，數學是獨立存在的，是為了數學本身而進行研究，亦即「為數學而數學」。印度人用詩的語言來表達數學，他們的著作含糊又神祕（雖然發明了零），而且多半是經驗的，很少給出推導和證明；希臘人則表達得既清楚又富有邏輯性，並能給予嚴格的證明。

　　相比之下，波斯人在幾何學方面的才能稍強些（但仍無法與希臘人相比），尤以奧瑪珈音的三次方程式的幾何求解法為代表。和印度人一樣，阿拉伯數學家一般把自己視為天文學家，他們在三角學方面做出了較大貢獻，前面論及的四位數學家均在天文學方面立下重要建樹。事實上，今天仍然沿用的許多星座名稱，如金牛座的「畢宿五」、天琴座的「織女一」、獵戶座的「參宿七」、英仙座的「大陵五」、大熊座的「北斗六」，其拉丁文譯名都是阿拉伯文的音譯。至於代數方面，阿拉伯人的貢獻也很大，在斐波那契的《計算之

印度數學學會紀念郵票

書》裡，有許多問題出自花拉子密的《代數學》。

阿拉伯人之所以重視天文學，是因為他們需要知道一日五次祈禱的準確時間，使廣大帝國內的臣民在祈禱時能夠辨明麥加的方向。為此，他們不僅花費鉅資修建天文臺，更招聘有數學才能的人到天文臺工作。這些人的主要工作是充實天文數字表，同時改進儀器、修建觀測臺，這又帶動了另一門科學——光學的發展。可以說，阿拉伯人對數學的需要主要體現在天文學、占星術和光學方面，除此之外，他們也是出色的商人，需要計算如何分配、繼承產業、合夥分紅等，因此他們的工作偏重於代數，尤其是計算。

在數學史上，不僅印度數學經由阿拉伯人的創造之手傳遞到西方，古希臘的大部分著作也是如此，那是數學史上有名的翻譯時代。正是在前文提到的巴格達智慧宮裡，包括歐幾里得《幾何原本》在內的數學著作被翻譯成阿拉伯文，（在希臘原文被悉數焚毀後）完好保存了好幾個世紀，才被後來的歐洲學者翻譯成拉丁文。後一項工作主要是在阿拉伯帝國的西端——西班牙故都托雷多——完成的。遺憾的是，與中世紀的中國文明和印度文明一樣，阿拉伯人的數學也講究實效，加上前面提到的其他因素，注定了他們難以達到理論巔峰和實現可持續性發展。

最後，讓我們比較一下東方智慧和希臘智慧的差異。二十世紀的法國哲學家雅克‧馬里頓認為，印度人把智慧視為解放、拯救或神聖的智慧，他們的形而上學從未取得實踐科學中純粹思辨的形式。這與希臘智慧恰好相反，希臘人的智慧是人的智慧、理性的智慧，即人間的、塵世的智慧，它始於可感觸的實在、事物的變化和運動，以及存在的多樣性。不可思議的是，在神聖智慧的引導下，古代印度人對數學的要求反而簡單實用；而在塵世智慧的助推下，希臘乃至於整個西方卻追求邏輯演繹和完美，視數學為一種獨立存在。

第五章

從文藝復興到微積分的誕生

我希望畫家應當通曉全部自由藝術，但我首先希望
他們精通幾何學。

——萊昂‧阿伯提

他幾乎以神一般的思維，最先說明了行星的運動和
圖像，彗星的軌跡和大海的潮汐。

——牛頓墓誌銘

歐洲的文藝復興

中世紀的歐洲

正當東方的文明古國如中國、印度和阿拉伯為數學做出新貢獻時，歐洲卻處於漫長的「黑暗時代」—— 套用義大利詩人佩脫拉克❶之詞。這段歷史始於五世紀羅馬文明的瓦解，何時結束卻說法不一，可以說十四世紀、十五世紀甚或十六世紀，那正是歐洲文藝復興時期。這段長達一千年的黑暗時代被後來的義大利人文主義者稱為「中世紀」，以便凸顯他們的成果和理想，同時把所處的時代與之區別開來，從而與古希臘和古羅馬遙相呼應。

可是在中世紀以前，希臘和羅馬之外的歐洲民族並沒有多少作為，至少沒有在人類文明史上留下特別值得稱道的成就。而在此之後，希臘也沒有復興的跡象。因此，撇去黑死病的流行不談，中世紀也好，黑暗時代也罷，對義大利人而言，更像是人文主義的學術用詞。事實上，即使在義大利半島，那時數學家的境況也不算太糟。羅馬教宗思維二世非常喜歡數學，他能夠登基也與這個嗜好有關，可謂數學史一大傳奇。

這位教宗本名葛培特（Gerbert of Aurillac），出生在法國中部，年輕時曾旅居西班牙三年，在一座修道院學習「四藝」，那裡由於受阿拉伯人統治，因此數學水準較高。後來他去了羅馬，因數學才能獲得教宗的賞識，並被引薦給皇帝，又深得皇帝賞識，遂成為王子的老師。後續幾任皇帝也非常器重他，直到任命他為新教宗。據說他還做過算盤、地球儀和時鐘，而他寫的一部幾何學著作解決了當時的一個難題：已知直角三角形的斜邊和面積，求出它的兩條直角邊。

大約就在葛培特的時代，希臘的數學和科學經典著作開始傳入西歐，那是

羅馬教宗葛培特

科學史上有名的翻譯時代。希臘人的學術著作在被阿拉伯人保存了數個世紀以後，又完好無損地還給了歐洲。如果說從希臘語譯成阿拉伯語主要是在巴格達的智慧宮，從阿拉伯語譯成拉丁語的途徑就顯得較為豐富了，比如西班牙古城托雷多（穆斯林打敗基督徒後，該城湧入大量歐洲學者）、西西里島（曾經是阿拉伯人的殖民地），還有君士坦丁堡和巴格達的外交官。當年希臘的學術中心亞歷山大港等地在經過多年戰爭洗劫後，這些著作早已蕩然無存。

這些被翻譯成拉丁文的著作中，除了歐幾里得的《幾何原本》、托勒密的《地理學指南》、阿基米德的《圓的度量》和阿波羅尼奧斯的《圓錐曲線論》等希臘經典名著，還有阿拉伯人的學術結晶，如花拉子密的《代數學》。這些譯作主要是在十二世紀完成的，那時經濟力量的重心從地中海東部緩慢地移往西部。這種變化首先源自農業的發展，種植豆類使得人類在歷史上首次不用擔心食物，人口因此迅速增長，這也是導致舊的封建社會解體的因素之一。

到了十三世紀，不同種類的社會組織在義大利層出不窮，包括各種行會、協會、市民議事機構和教會等，它們都迫切希望獲得某種程度的自治，重要法律的代議制度因而發展，終於產生了政治議會。議會成員有權做出決定，對於選舉他們的全體公民具有約束力。在藝術領域，哥德式建築和雕塑的經典模式已經形成，文化方面則產生了經院哲學的方法論，傑出代表為多瑪斯‧阿奎那，上一章結尾提到的法國哲學家雅克‧馬里頓便是他的門徒。阿奎那這位西西里島出生的基督教哲學家從亞里斯多德的理論中獲得了許多啟示，保守的教徒們第一次正視科學的理性主義。

古羅馬時期的西班牙首都
托雷多（作者攝）

斐波那契的兔子

在相對開放的政治和人文氛圍裡，數學領域也不甘落後，出現了中世紀歐洲最傑出的數學家斐波那契，一一七五年出生的他比婆什迦羅出生晚但比李冶早。斐波那契出生在比薩，年輕時跟隨身為政府官員的父親前往阿爾及利亞，在那裡接觸到阿拉伯人的數學，並學會了用印度數字做計算，後來又去了埃及、敘利亞、拜占庭和西西里島等地，學得東方人和阿拉伯人的計算方法。斐波那契回到比薩後不久就完成並出版了著名的《計算之書》。此書又名《算盤書》，這裡的算盤是指用於計算的沙盤，並非中國的算盤。

《計算之書》第一部分介紹了數的基本演算法，採用的是六十進位，斐波那契引進了分數中間的那條橫杠，這個記號一直沿用至今。《計算之書》的第二部分是商業應用題，其中包括了中國的「百錢買百雞問題」（96頁），看來這個由張丘建提出的問題早就傳入了阿拉伯世界。《計算之書》的第三部分是雜題和怪題，其中以「兔子問題」最引人注目。兔子問題是這樣的：由一對小兔開始，每對兔子每月能生下一對小兔，每對小兔過兩個月就會長成能繁殖的大兔，一年後將有多少對兔子？

依據「兔子問題」，後人得到了所謂的斐波那契數列：

$$1，1，2，3，5，8，13，21，34，……$$

這個數列的遞迴公式是數學家最早發現的遞迴公式之一，長這樣：

依阿基米德螺線排列的
斐波那契數

$$F_1 = F_2 = 1 \, , \ F_n = \ F_{n-1} + F_{n-2} \ (\, n \geqslant 3 \,)$$

有意思的是，這個整數數列的通項竟然是一個含有無理數 $\sqrt{5}$ 的式子，即

$$F_n = \ \frac{1}{\sqrt{5}} \left[\left(\frac{1+\sqrt{5}}{2} \right)^n - \left(\frac{1-\sqrt{5}}{2} \right)^n \right]$$

斐波那契數列有許多重要的性質和應用。例如，當 $n \to \infty$ 時，

$$\frac{F_{n+1}}{F_n} \to \frac{\sqrt{5}+1}{2} \approx 1.618$$

這便與早年畢達哥拉斯從線段比例中提取出來的黃金分割率產生了連繫。除了在許多數學分支中都看得到，斐波那契數列還可以幫助解決諸如蜜蜂的繁殖、雛菊的花瓣數和藝術美感等方面的問題。

　　大約在一二二〇年，斐波那契受到巡訪比薩的神聖羅馬帝國皇帝腓特烈二世的召見，皇帝的隨從向他提出了一系列數學難題，他逐一解答。其中有一道題是求解三次方程式 $x^3 + 2x^2 + 10x = 20$，斐波那契用逼近法給出了六十進位的答案，居然精確到小數點後九位。從那以後，他與酷愛數學的腓特烈二世和其隨從保持著長期書信往來（另一說法是他被腓特烈二世聘請入宮，成為歐洲歷史上第一位宮廷數學家）。腓特烈二世可謂精力充沛，畢竟他同時也是西西里和德意志的國王。

宮廷數學家斐波那契

　　斐波那契接下來出版的一部重要著作《平方數書》就是獻給腓特烈二世的，書中提出一個深刻的斷言，即 $x^2 + y^2$ 和 $x^2 - y^2$ 不全是平方數。或許這是第一本專論某類問題的數論專著，它奠定了斐波那契做為數論學家的地位，使他成為三、四世紀之交的丟番圖和十七世紀的費馬之間，最有影響力的數論學家。綜觀斐波那契的成就，他既在歐洲數學的復興中成為帶頭先鋒，又在東西方數學的交流中架起了橋梁。十六世紀義大利最頂尖的數學家卡爾達諾如此評價這位前輩：「我們可以假定，所有我們掌握的希臘以外的數學知識，都是因為斐波那契的出現。」

　　從留存的畫像來看，斐波那契的神韻頗為神似晚他三個世紀出生的同胞畫家拉斐爾。斐波那契常以旅行者自居，人們稱他是「比薩的李奧納多」，把《蒙娜麗莎》的作者達文西稱為「達文西的李奧納多」。

　　一九六三年，一群熱衷研究兔子問題的數學家成立了國際性的斐波那契協會，並著手在美國出版《斐波那契季刊》，專門刊登研究和斐波那契數列有關的數學論文，並在世界各地輪流舉辦兩年一度的國際斐波那契數及其應用大會。這在世界數學史上同樣是個奇蹟。

阿伯提的透視學

　　隨著封建社會結構的瓦解，義大利城邦力量的增強，西班牙、法國和英國國家君主制的相繼出現，世俗教育的興起，新航路的開闢，探險家兼航海家哥

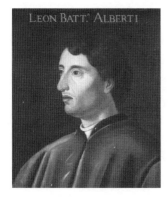

人文主義者阿伯提

倫布發現新大陸，哥白尼「日心說」的提出（哥倫布抵達新大陸時，哥白尼正在克拉科夫大學❷讀書），活字印刷術的發明和應用等，一個具有全新精神面貌的新時代誕生了。這個時代回顧古典學術、智慧和價值觀，從中汲取靈感，被稱為「文藝復興時期」。

在文藝復興時期，義大利人表現出來的人文主義理想是：人是宇宙的中心，其發展能力無限。那時有些人產生了一種信念，即人們應該努力去獲得一切知識，並盡量發展自己的能力。於是，人們在各種知識，以及身體鍛鍊、社會活動和文學藝術等方面，探求技能的發展。這樣的人被稱為「文藝復興人」（Renaissance man）或「全才」（Universal man），最優秀的例證是集雕刻家、建築師、畫家、文學家、數學家、哲學家於一身的萊昂·阿伯提，他還擅長馬術和武術。

阿伯提是佛羅倫斯一位銀行家的私生子，一四〇四年出生在熱那亞，年少時就隨父親學習數學，很早便用拉丁文創作喜劇，後來又獲得法學博士學位，一度擔任羅馬教廷祕書。阿伯提利用他掌握的幾何知識，在歷史上首次找到在平面木板或牆壁上繪製出立體場景的規則，這對於提升義大利的繪畫與浮雕水準具有立竿見影的效果，促成了準確、豐滿、幾何形、合乎透視畫法的繪畫風格。「一個人只要想做，他就能做成一切事情。」阿伯提說到做到，「我希望畫家應當通曉全部自由藝術，但我首先希望他們精通幾何學。」

在阿伯提之前，佛羅倫斯誕生了一位偉大的建築師布魯內萊斯基，如今這座藝術之都最吸引遊客的聖母百花大教堂便是他的傑作。也有人說布魯內萊斯

布魯內萊斯基作品：
聖母百花大教堂

基自幼酷愛數學，為了運用幾何才學習繪畫，但這樣當然成不了大家，因此後來才成為建築師和工程師。但是，布魯內萊斯基是最早研究透視法的人，阿伯提正是因為與布魯內萊斯基這些前輩來往密切，所以對透視法特別感興趣。阿伯提創立的透視法基本原理如下：

> 在我們的眼睛和景物之間安插一塊直立的玻璃屏板，設想光線從一隻眼睛出發射到景物的每一個點上，那麼這些光線穿過玻璃時所有點的集合就會產生一個截景。這個截景給眼睛的印象應該和景物一樣，所以作畫逼真的癥結點就是在玻璃（畫布）上畫出一個真正的截景。

阿伯提注意到，如果在眼睛和截景之間安插兩塊玻璃，則截景將有所不同；如果眼睛從兩個位置看同一個景物，玻璃屏板上的截景也將有所不同。不過，無論在何種情況下，阿伯提提出的「任意兩個截景之間有什麼樣的數學關係？」這個問題，都是投影幾何學的出發點。

除此以外，阿伯提還發現，在作畫的某個實際圖景裡，畫面上的平行線除非與玻璃屏板或畫面平行，否則必然相交於某一點，也就是所謂的「消失點」。消失點的出現是繪畫史上的一大轉捩關鍵。在此之前，很少有畫家能畫得那麼精確；在此之後，許多畫家都遵循這一原則。當然，消失點本身不必出現在畫面上。消失點的來歷或存在原因如下：實景上的任何兩條平行線與觀測點各自組成兩個相交的平面，其交線與玻璃屏板的交點就是消失點。正因為透

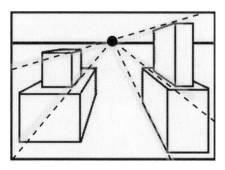

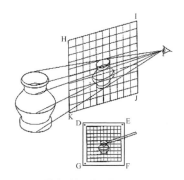

阿伯提的消失點　　　　　　　　　　阿伯提的透視圖

視法和消失點這兩大成就，阿伯提成為文藝復興時期最重要的藝術理論家。

　　在阿伯提所有工作中，他始終服膺當時佛羅倫斯流行的「有公民意識的人文主義」社會觀。例如，他寫出第一本義大利文文法書，認為佛羅倫斯當地語言和拉丁語同樣「正規」，因而可以用作文學語言。他還寫了一本密碼學的先驅作品，其中有已知的第一張頻率表和第一套多字母編碼方法。在他寫的一篇對話錄〈論家庭〉中，則視有所成就和為公眾服務為美德，充分體現了講究公益精神的人文主義。根據文藝復興時期的畫家瓦薩里描述，阿伯提死時「寧靜而滿足」。

達文西和杜勒

　　阿伯提年近五十歲時，佛羅倫斯郊外一座叫文西的村莊裡誕生了文藝復興時期最光輝燦爛的人物 —— 李奧納多・達文西。達文西的母親是一位村裡的姑娘，後來嫁給一名工匠。達文西的父親則是佛羅倫斯的公證人和地主，由於幾任妻子遲遲未能生育，本是私生子的達文西就被當作嫡子在家中撫養，並接受了如閱讀、寫作和算術等初級教育。據說達文西是以學徒的身分開始學習繪畫的，他三十歲以後一度專心於高等幾何和算法，名作〈最後的晚餐〉和〈蒙娜麗莎〉分別創作於中年和晚年。

　　達文西的藝術成就無人不知，這裡就不再贅述，他的大名甚至讓某本懸疑小說成為世界級暢銷書。達文西認為，一幅畫必須是原形的精確再現，並堅決

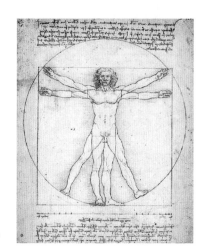

達文西的素描〈維特魯威人〉

認為數學的透視法可以做到這一點，稱呼數學是「繪畫的舵輪和準繩」。大概正是因為如此，二十世紀的法國先鋒派畫家杜象才會標新立異地創作出長鬍子的〈蒙娜麗莎〉。在幾何學方面，達文西的主要成就是給出了四面體的重心的位置，即在底面三角形的重心到對頂點的連線四分之一的位置上。然而，在求等腰梯形的重心問題上，他卻犯了錯誤，給出的兩個方法中只有一個是正確的。

在藝術和數學領域之外，達文西同樣成績斐然。他觀察天體，在筆記本上偷偷寫下「太陽是不動的」這句話。雖然不盡準確，但可以說他比哥白尼更早發現了「太陽中心說」，這與《聖經》所講「神造日月，使之繞地而行」的結論相悖。鳥的飛翔給了他啟示，在探討空氣阻力以後，他設計出第一臺飛行器，今天有的動力學家認為，假若當時有輕燃料，他可能已經飛上天了。他還親自解剖了三十多具屍體，試圖弄清人體結構和生命的奧祕。儘管所有這些都半途而廢，這些實踐卻使他對繪畫對象的觀察更加精細。

同樣是十五世紀，歐洲北方的德國巴伐利亞紐倫堡也出現了一位多才多藝的藝術家、文藝復興時期大人物，他就是一四七一年出生的阿爾布雷希特·杜勒。杜勒的人文主義思想使其藝術具有知識和理性的特徵，他一生大約有二十年時間在荷蘭、瑞士、義大利等地旅行或旅居，同時與比他稍年輕的同胞、宗教改革家馬丁·路德周圍的人密切聯絡。杜勒的創作領域十分寬廣，包括油

杜勒的版畫〈憂鬱〉

畫、版畫、木刻、插圖等，顯而易見，他深諳阿伯提發明的透視法。

杜勒被視為文藝復興時期所有藝術家中最懂數學的人，他的著作《量度四書》（又譯《使用圓規、直尺的量度指南》）主要是關於幾何學，也順便提到了透視法。書中談及空間曲線和其在平面上的投影，還介紹了外擺線，即一個圓滾動時圓周上某一點的運動軌跡。杜勒甚至考慮了曲線或人影在兩個或三個相互垂直的平面上的正交投影。這個想法極其前衛，直到十八世紀才由法國數學家蒙日發展成一個數學分支，叫「畫法幾何」，蒙日也因此留名數學史。

杜勒一五一四年創作的版畫〈憂鬱〉中，畫面前方有一個左手扶額做沉思狀的坐姿男子，背景裡有一個四階幻方，這個幻方的各行、各列、對角線，以及角落和中央的五個二階方陣，四數之和均為 34，與南宋數學家楊輝著作中引用的例子，僅行列次序不同。

$$
\begin{array}{cccc}
16 & 3 & 2 & 13 \\
5 & 10 & 11 & 8 \\
9 & 6 & 7 & 12 \\
4 & 15 & 14 & 1
\end{array}
$$

幻方的出現無疑加重了畫面的憂鬱氣氛，更有意思的是，幻方最後一行的中間兩個數，恰恰好組成了畫作的完成年分，一五一四年。

一般來說，在繪畫語言中，色彩比較擅長表現情感，線條比較擅長表現理

杜勒自畫像

智。德意志民族常被認為較富理性思維，因此有德國畫家擅長使用線條的說法。無論正確與否，至少杜勒確實如此。他以精密的線描直接表現出其觀察的精微和構思的複雜。他豐富的思維與熱烈的理想結合在一起，產生了一種獨特的效果。除了繪畫和數學，杜勒也致力著述藝術理論和科學著作，包括繪畫技巧、人體比例和建築工程，並親自為這些書繪製插圖。

微積分的創立

近代數學的興起

　　雖說文藝復興時期的藝術家們對數學有著獨到見解，數學的復興乃至近代數學的興起仍要等到十六世紀。新數學的推進首先從代數學開始，例如，三角學從天文學分離出來，透視法產生投影幾何，對數的發明改進了計算，但最主要的成就應是三次和四次代數方程式求解的突破和代數的符號化。花拉子密的《代數學》被譯成拉丁文後在歐洲廣為流傳並被當作教科書，可是人們仍然認為三次或四次方程式就像希臘的三大幾何問題一樣難解。在世紀交替之際，義大利誕生了兩位能夠解答這類問題的人物：塔爾塔利亞和卡爾達諾。

　　塔爾塔利亞本名豐坦納，一四九九年出生在米蘭附近的一個郵差家庭。他幼年喪父，又被法國兵砍傷臉部，留下了口吃的後遺症，因而得此諢名（塔爾塔利亞意為「口吃者」）。成年以後，塔爾塔利亞在威尼斯謀得一份數學教職，宣稱能解出沒有一次項或二次項的所有三次方程式，即 $x^3 + mx^2 = n$ 和 $x^3 + mx = n$（$m, n > 0$）。一位波隆納大學的教授對此表示懷疑，派學生前來向塔爾塔利亞公開挑戰，結果塔爾塔利亞獲勝，因為對手只會解缺少二次項的那一類方程式。

　　一五三九年，在米蘭行醫的數學愛好者卡爾達諾以仰慕者的身分，邀請塔爾塔利亞到他家中做客三天。塔爾塔利亞酒足飯飽之餘，在卡爾達諾發誓保密下，以暗語般的二十五行詩歌道出了三次方程式的解法。沒想到，幾年以後卡爾達諾出版《大術》一書，將這種方法公之於眾，引發了軒然大波，兩位頂尖數學家之間發生一場激戰。按照《大術》書裡所寫，塔爾塔利亞的解法是這樣的，考慮恆等式

卡爾達諾醫生

$$(a-b)^3 + 3ab(a-b) = a^3 - b^3$$

選取適當的 a、b 使之滿足

$$3ab = m, \ a^3 - b^3 = n$$

那麼 $a-b$ 就是方程 $x^3 + mx = n$ 的解答。後一組方程式的解 a 和 b 也不難求出，如下

$$\left[\pm \frac{n}{2} + \sqrt{\left(\frac{n}{2}\right)^2 + \left(\frac{m}{3}\right)^3} \right]^{\frac{1}{3}}$$

這就是人們所說的卡爾達諾公式。不過，卡爾達諾在書中說明此一解法是由塔爾塔利亞發明的。除此以外，卡爾達諾還考慮了 $m < 0$ 的情形，並給出了同樣完整的解答。而對於缺少一次項的那類三次方程式，可以透過變換，轉化成上述情形。

　　殊為難得的是，《大術》還介紹了四次方程式的一般解法，不過同樣不是卡爾達諾給的，而是他的學生兼僕人費拉里的功勞。一五二二年出生的費拉里出身貧寒，十五歲到卡爾達諾醫生家為僕，卡爾達諾看他聰明好學，便教他數學。費拉里找到了將四次方程式轉換為三次方程式的方法，因而成為第一個破解四次方程的數學家。他還代替卡爾達諾接受塔爾塔利亞的公開挑戰，這回比賽的地點在米蘭，獲勝的一方也不再是塔爾塔利亞。費拉里出名後，很快就富

律師兼政客韋達

有起來並成為波隆納大學的數學教授，可惜四十三歲那年死於白砒霜中毒，據稱是他貪財的寡居姐姐所為。由於五次和五次以上代數方程式之不可解性直到十九世紀才由挪威數學家阿貝爾給出證明，因此很長一段時間內，這幾位義大利人的成果和故事一直被同行們津津樂道。

　　從以上敘述可以看出，雖然塔爾塔利亞和費拉里解決具體問題的能力或許較強，但卡爾達諾扮演的角色更重要，他是那種歐幾里得式的人物。這樣的人物在十六世紀的法國也有一位，那就是韋達。韋達是公認第一個引進系統性代數符號的人，並對方程論做出了貢獻。現今中學數學課程裡的「韋達定理」，即一元二次方程式 $ax^2 + bx + cx = 0$ 的兩個根 x_1、x_2 與係數之間的關係：

$$x_1 + x_2 = -\frac{b}{a} \ , \ x_1 x_2 = \frac{c}{a}$$

　　韋達的職業是律師和政客，他曾利用自己的數學才華，破譯了與法軍交戰的西班牙國王密令。在政途黯淡期間，韋達潛心研究數學，從丟番圖的著作中獲得了使用字母的想法。韋達後來被譽為現代代數符號之父，雖然他本人啟用的符號大多已被取而代之，比如他曾用輔音字母表示已知數，用母音字母表示未知數，並用〜表示減號。在今日廣泛使用的數學符號體系中，有十五世紀引入的加號（＋）、減號（－）和乘冪標記法，十六世紀引入的等號（＝）、大於號（＞）、小於號（＜）、根號（$\sqrt{\ }$），十七世紀引入的乘號（×）、除號（÷）、已知數（a、b、c）、未知數（x、y、z）和指數標記法等。

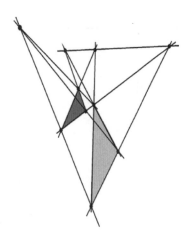

笛沙格定理

解析幾何的誕生

　　進入十七世紀，各式各樣的數學理論和分支如雨後春筍般茁壯成長，我們不可能一一分析，甚至不得不錯過一些重要的數學家。下一個我們要談論的是法國數學家笛沙格，正是他回答了阿伯提提出的透視法相關數學問題，並建立起投影幾何學的主要概念，他本人也成為這個數學分支的奠基者。笛沙格本是軍人出身，後來靠做工程師和建築師謀生，並在梅森神父組織的巴黎數學沙龍裡，贏得了年輕數學家笛卡兒、帕斯卡等人的尊敬。

　　笛沙格對幾何學的一大貢獻是，他提出了「無窮遠點」的概念，從而使兩條直線平行和相交完全統一（平行即相交於無窮遠點，這對第七章講述的非歐幾何學非常重要），進而得出同一平面上的兩條直線必相交的結論，這是投影幾何學賴以建立的基本觀點。此外，笛沙格只關心幾何圖形的相互關係，並不涉及度量，這也是一種幾何學的新想法。所謂笛沙格定理則是說，假如平面或空間中的兩個三角形的對應頂點的連線共點，那麼它們的（三組）對應邊（延長線）的交點共線。

　　如果從畫家的角度出發，笛沙格定理可以這樣敘述：假如兩個三角形可以透過一個外部的點透視地看到（恰好處於錐體的兩個不同截面），則當它們沒有兩條對應邊平行時，對應邊的交點共線。事實上，十七世紀的幾何學研究主要沿著兩條路做出突破：一條是笛沙格走的路，可謂幾何方法的一種綜合，而

依據笛沙格曲線設計的時裝秀

且是在更一般的情況下進行；另一條路更加輝煌，就是利用代數的方法來研究幾何，也就是笛卡兒所建立的解析幾何。

　　從本質上講，近代數學就是關於變數的數學，這也是它與古代數學的區別所在，古代數學是關於常數（定數）的數學。文藝復興以來資本主義生產力的發展，對科學技術提出了全新的要求，機械的普遍使用引發了針對機械運動的研究；由貿易帶動的航海業要求更精確和便捷地測定船舶的位置，這需要研究天體運動的規律；武器的改進則推動了彈道問題的研究。所有這些問題都表明，對於運動和變化的研究，已經成為自然科學研究和數學研究的重心。

　　變數數學的第一個里程碑是解析幾何的發明。做為幾何學的分支之一，解析幾何的基本概念是在平面中引進座標的概念，因此又被稱為座標幾何。所謂的座標，是透過坐標系賦予的，假設 A、B 是平面上任意兩條相交直線，其交點 O 稱為原點，A 和 B 稱為坐標軸，在 A 軸和 B 軸方向確立單位座標以後，坐標系就建立了起來。每一對有序實數（x，y）都對應著座標平面上的某一點，反之亦然。

　　用解析幾何的方法，我們可以將任何一個形如

$$f(x，y) = 0$$

的代數方程式，透過方程式之解，與平面上的某條曲線對應起來。這樣一來，一方面，幾何問題可以轉化為代數問題，再透過研究代數問題發現新的幾何結

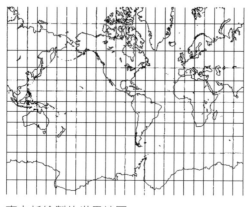

麥卡托繪製的世界地圖

近代哲學之父笛卡兒

果。另一方面，代數問題也有了幾何意義的解釋。

　　雖說十四世紀的法國數學家奧里斯姆借用「經度」和「緯度」這兩個地理學術用語來描繪他的圖形，十六世紀比利時出生的荷蘭地理學家麥卡托更是利用相互直交的經緯線，繪製出有史以來第一本地圖集——說到 Atlas（地圖集），這個英文詞彙就是由麥卡托率先使用的。麥卡托精通那個時代的數學和物理並應用自如，也是一位出色的雕刻師和書法家。可是，奧里斯姆和麥卡托都不具備數和形相互對應的概念。解析幾何的真正發明，應該歸功於另外兩位法國數學家——笛卡兒和費馬。

　　必須指出的是，無論笛卡兒還是費馬，他們最初建立的都是斜坐標系，並把直角坐標系（即 A 和 B 相互垂直，A 是水平的，B 是豎立的）當作一種特殊情況，他們也都提到了三維坐標系的可能性。從那以後，人們習慣稱呼直角坐標系為笛卡兒坐標系，但並非意味著笛卡兒的工作比費馬更早或更高明。他們研究座標幾何的方法不同，笛卡兒背離了希臘的傳統，發現了代數方法的威力。費馬則認為自己的工作只是重新表述了阿波羅尼奧斯的發現，但他在強調軌跡的方程和用方程表示曲線的想法上無疑更為明顯，直接給出了直線、圓、橢圓、拋物線、雙曲線等方程的現代形式。

　　雖然笛卡兒和費馬發明解析幾何的方式和目的不盡相同，他們卻被捲入了優先權之爭。一六三七年，笛卡兒以其哲學著作《方法論》附錄的形式發表了

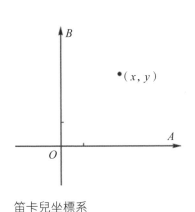

笛卡兒坐標系

《方法論》扉頁，注明
《幾何》是附錄三

《幾何》，其中包括了解析幾何的全部思想。費馬雖然早在一六二九年就已經發現了座標幾何的基本原理，卻一直到一六六五年去世都沒有發表（他的其他許多數學發現也一樣）。幸好他們都是法國人，這個矛盾才不至於鬧得太大。但費馬生前得到了帕斯卡的支持，笛沙格則站在笛卡兒那一邊。

　　笛卡兒和費馬建立的坐標系並不是唯一的坐標系。一六七一年，即費馬的坐標幾何原理發表兩年之後，英國的牛頓也建立了自己的坐標系──極坐標系。用現代的數學語言來解釋，極坐標系就是給定一個平面，設 O 是平面上的一點，A 是從 O 點出發的一條半直線，則平面上任何一點 B 都可以透過點 O 到 B 的距離 r，以及 OB 與 OA 的夾角 θ 來確定，有序數組 (r, θ) 就是 B 點的極坐標。上中學時我們已經知道，有些幾何圖形用極坐標比用笛卡兒坐標表現更加簡單，比如阿基米德螺線、懸鏈線、心臟線、三葉或四葉玫瑰線等。

微積分學的先驅

　　解析幾何不僅把代數方法應用於幾何，也把變數引入了數學，為微積分的創立開闢了道路，但真正發揮關鍵作用的還是函數概念的建立。一六四二年，即笛卡兒發表解析幾何原理的五年後，牛頓出生在英格蘭林肯郡的一個小村莊，但同樣也是這一年，伽利略去世了。身為遺腹子的牛頓並非神童，但他

愛讀課外書，從中學就開始記筆記（這很重要，高斯也有這個習慣）。有意思的是，牛頓將這些筆記本稱為「廢書」（waste book），後來還被他帶到劍橋大學記錄力學和數學筆記，包括微積分和萬有引力在內的研究心得，都在「廢書」裡。

　　大約二十二歲時，牛頓開始在廢書中記錄有關微積分的研究。牛頓一直使用「流量」（fluent）一詞來表示變數之間的關係，比他稍晚的德國數學家萊布尼茲則率先使用「函數」（function）來表示任何一個隨著曲線上的點的變動而變動的量，至於該曲線本身，萊布尼茲認定是由一個方程式給出的。值得一提的是，用記號 $f(x)$ 來表示函數，是瑞士數學家歐拉在一七三四年引進的，那時函數已是微積分學的中心概念。

　　其實，微積分的萌芽可以一路追溯回古代，特別是積分學。前文已經談到，面積、體積的計算自古以來一直是數學家們感興趣的問題，在古代希臘、中國和印度的著述中，不乏用無限小的過程計算特殊形狀的面積、體積和曲線長度的例子。其中包括阿基米德和祖沖之父子，他們成功求出了球的體積；芝諾的悖論則表明，一個普通的常量也可以被無限劃分。在微分學方面，阿基米德和阿波羅尼奧斯分別討論過螺線和圓錐曲線的切線，但這些都只是個別的或靜態的。微積分的創立，主要是為了解決十七世紀面臨的科學問題。

　　十七世紀上半葉，歐洲接連取得了天文學和力學領域的重大進展。首先是荷蘭的一位眼鏡製造商發明了望遠鏡，得知這一消息的義大利人伽利略迅速打造出高倍望遠鏡，並用望遠鏡發現太陽系許多不為人知的祕密，從而證實了十五世紀波蘭天文學家哥白尼的「日心說」是正確的。但此成就為伽利略帶來一系列災難，教會的審訊和迫害導致他雙目失明，最後鬱鬱寡歡而亡。與此同時，比伽利略小七歲的德國天文學家克卜勒在獲取丹麥前輩及同行布拉赫的觀察資料後，用更精確的數學推導過程證明了「日心說」。

　　哥白尼也好，布拉赫也好，都認為行星的運動軌道是圓的（伽利略也未曾否認這一點），克卜勒的第一行星運動定律卻認定「行星的運動軌道是橢圓的，太陽位於該橢圓軌道的一個焦點上」。他的另外兩大運動定律也充分顯示出其數學才華（應在伽利略之上）：「由太陽到行星的矢徑在相等的時間內掃

物理學家伽利略

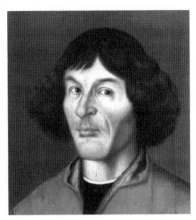

天文學家哥白尼

過的面積相等。」「行星繞太陽公轉周期的平方,與其橢圓軌道的半長軸的立方成正比。」幸好伽利略早在人生上半場,即十六世紀後期就發明了自由落體定律($s = \frac{1}{2}gt^2$)和慣性定律,又是科學實驗方法的開啟者,他的成就才沒有落在克卜勒後面。

　　無論是克卜勒的出生地司徒加特附近,還是他後來居住的布拉格,都不是歐洲文明的中心,這雖然導致他的成果未能引起足夠的重視,但也讓他免於遭受像伽利略那樣的宗教迫害。然而,這並不等於說克卜勒的生活是幸福的,事實上,他是一個體弱多病的早產兒,一場不幸婚姻的後代,他自己也經歷了兩次糟糕的婚姻,幸虧還有數學和天文學的安慰。由於深受畢達哥拉斯和柏拉圖影響,克卜勒相信天空符合「數學和諧」的觀念,執意找到行星運動的規律。據說有一次他上街買東西,對商人們粗糙地估計酒桶的體積十分不滿,因此努力找到了旋轉體的體積計算方法,從而把阿基米德發明的球體積公式做了一般性的推廣。

　　而克卜勒用的方法,正是積分學中的「微元法」。用現代數學語言來說,就是用無數無限小的元素之和去求取曲邊形的面積和旋轉體的體積。相比之下,伽利略的門徒、義大利人卡瓦列里對數學的研究更專一,他一生的主要成就就是發展了所謂的比薩斜塔和傳說中的自由落體實驗「不可分量」理論,即線、面、立體分別是由無限多個點、線和平面組成。不過,卡瓦列里僅能求

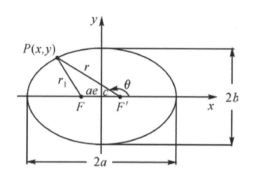

克卜勒認定行星的運行軌道是橢圓的

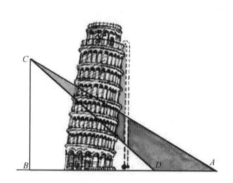

比薩斜塔和傳說中的自由落體實驗

出冪函數 x^n 的定積分，這裡的 n 必須是正整數。英國數學家沃利斯則考慮把 n 換成分數 p/q，但他僅得到了 $p = 1$ 時的結果。從年齡上看，沃利斯已經是離牛頓最近的前輩。

　　沿著微分學的路線追溯，我們同樣可以列舉三位前輩的成果，分別是笛卡兒、費馬和巴羅──牛頓的老師。笛卡兒和巴羅嘗試求一般曲線的切線，分別採用了被後人稱作「圓法」的代數方法和「微分三角形」的幾何方法，費馬則是在求函數的極值時採用了微分學的方法，唯一的差別是符號不同。事實上，費馬已經意識到用這種方法可以求出切線，但因為不便在寫給梅森神父的信裡透露，所以他僅僅意味深長地說：「我將在另外的場合論述。」可以說，費馬是上述諸位中最接近成功的那位，現在，該輪到牛頓和萊布尼茲建功立業了。

牛頓和萊布尼茲

　　前文已提及十七世紀所面臨的新的科學問題，它們與微積分的關係非常密切。例如，曲線的切線既可以確定運動物體在某一點的運動方向，也可以求出光線進入透鏡時與法線的夾角；函數的極值既可以計算炮彈最大射程的發射角，也可以求得行星離開太陽的最近和最遠距離。此外，還有這個問題：已知物體移動的距離可表示為時間的函數，求該物體在任何時刻的速度和加速度。

布拉格的布拉赫和克卜勒塑像

可以說，正是這個並不複雜的動力學問題以及其逆問題，促使牛頓創立了微積分。

　　牛頓建立微積分的方法被稱為「流數法」，他在劍橋大學上學時便開始研究，並在返回家鄉林肯郡躲避鼠疫的那兩年裡取得了突破。據牛頓本人說，他是在一六六五年十一月發明了「正流數法」（微分學），次年五月發明了「反流數法」（積分學）。也就是說，牛頓與之前所有探求微積分學的同行們不同，他把微分和積分做為矛盾的對立面一起考慮並加以解決（他的競爭者萊布尼茲也是如此）。有意思的是，從「廢書」中我們得知，牛頓在劍橋時雖然受教於巴羅，在牛津執教的沃利斯和笛卡兒對他的影響卻更大，倒是遠在巴黎的萊布尼茲吸取了巴羅的精華成果。

　　一六六九年，回到劍橋的牛頓在朋友之間散發題為《運用無窮多項方程的分析學》的小冊子（此前，他曾從運動學的角度做過類似探討），像當時其他學者一樣，他也是用拉丁文寫的。牛頓假定，有一條曲線 y，它下方的面積是：

$$z = ax^n$$

其中 n 可以是整數或分數。給定 x 的無限小增量叫 o，由 x 軸、y 軸、曲線和 $x+o$ 處的縱坐標圍成的面積，他用 $z + oy$ 表示，其中 oy 是面積的增量。那麼，

牛頓的蘋果樹
（作者攝於劍橋）

三一學院禮拜堂內的
牛頓塑像
（作者攝於劍橋）

$$z + oy = a\,(x + o)^n$$

利用他自己發明的二項式展開定理，上式等號右邊是一個無窮級數。將這個
方程式與前面的方程式相減，用 o 除以方程式的兩邊，略去仍然含有 o 的項，
得到

$$y = nax^{n-1}$$

用現代的數學語言解釋就是，面積在任意 x 點的變化率是曲線在 x 處的 y 值；
反之，如果曲線是 $y = nax^{n-1}$，那麼它下方的面積就是 $z = ax^n$，這正是微分學和
積分學的雛形。兩年後，牛頓在《流數法與無窮級數》這本書裡給出了更廣泛
且明確的說明。他把變數叫作「流」（fluent），把變數的變化率叫作「流數」
（fluxion），「流數法」一說由此而來。

　　與此同時，牛頓也將他的正、反流數法應用於切線、曲率、拐點、曲線長
度、引力和引力中心等問題的計算。可是，牛頓也像費馬一樣不願意發表，
《運用無窮多項方程式的分析學》小冊子是在友人反覆催促下於一七一一年發
表的，《流數法與無窮級數》則是他死後九年、一七三六年才正式出版。即使
是較早問世的《自然哲學的數學原理》（一六八七）也披上了幾何學的外衣，

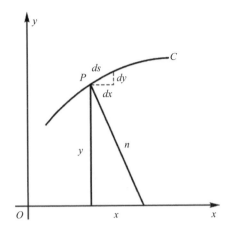

萊布尼茲的微分學原理

沒有被學術界及時認可。但是，這並不妨礙《自然哲學的數學原理》成為近代最偉大的科學著作，因為僅僅是萬有引力定律的建立和克卜勒三大行星定律的嚴格數學推導，就足以讓這本書流芳百世。

　　相比之下，萊布尼茲的微積分理論雖然發現得比牛頓晚，卻發表在先（一六八四年和一六八六年），因此才會引發那一場曠日持久的優先權之爭。與牛頓流數法的運動學背景不同，萊布尼茲是從幾何學的角度出發。確切地說，他最初是從帕斯卡一篇談論圓的論文中獲得了靈感（一六七三）。如上圖所示，在曲線 c 上任意一點 P 做一個特徵小三角形（斜邊與切線平行），再利用相似三角形的邊長比例關係推導可得：

$$\frac{ds}{n} = \frac{dx}{y}$$

這裡的 n 表示曲線 c 在 P 點的法線，由此求和可得：

$$\int y ds = \int n dx$$

　　不過，由於當時萊布尼茲是用語言而非公式來描述，因此較為模糊。四年以後，萊布尼茲才在一篇手稿中明確陳述了微積分基本定理。

牛頓的競爭對手萊布尼茲

早在一六六六年，萊布尼茲就在《論組合的藝術》一文中考察過下列平方數數列：

$$0，1，4，9，16，25，36，\cdots$$

其一階差和二階差分別是 $1，3，5，7，9，11，\cdots$ 和 $2，2，2，2，2，\cdots$。他注意到一階差的和對應於原數列，求和與求差成互逆關係，由此聯想到微分與積分的關係。利用笛卡兒坐標系，萊布尼茲把曲線上無窮多個點的縱坐標表示成 y 的數列，相應的橫坐標的點就是 x 的數列。如果以 x 做為確定縱坐標的次序，再考慮任意兩個相繼的 y 值之差的數列，萊布尼茲驚喜地發現，「求切線不過是求差，求積不過是求和」。

接下來的進展並不順利，萊布尼茲從離散的差值逐漸過渡到任意函數的增值，一六七五年，他引進了十分重要的積分符號 ∫，次年他得到了冪函數的微分和積分公式。至於萊布尼茲的微積分基本定理，用現代數學語言描繪是這樣的：為了求出在縱坐標為 y 的曲線下方的面積，只需求出一條縱坐標為 z 的曲線，使其切線的斜率為 $\frac{dz}{dx} = y$。如果是在區間 $[a, b]$ 上，由 $[0, b]$ 上的面積減去 $[0, a]$ 上的面積，就可得到：

$$\int_a^b y\,ds = z(b) - z(a)$$

❸ 美因茨選帝侯是有權選舉羅馬皇帝的諸侯，
　美因茨因為古騰堡在那裡發明活字印刷術而
　聞名遐邇。

出於眾所周知的原因，這個公式也被稱作牛頓－萊布尼茲公式。

　　有意思的是，萊布尼茲最初對於數學的熱情來自某種政治野心。那時候，德意志就像兩千多年前的春秋戰國時代那樣，處於諸侯割據狀態。有一年夏天，萊布尼茲在旅途中遇到了美因茨選帝侯❸的前任首相。睿智開明的前首相儘管已經卸任，仍有著巨大的影響力，他對這位學識淵博、談吐幽默的年輕人印象深刻，就把萊布尼茲推薦給選帝侯。

　　其時，法國已成為歐洲的主要力量，太陽王路易十四的勢力如日中天，隨時可能進犯北方鄰國。有鑑於此，身為選帝侯法律顧問助手的萊布尼茲不失時機地獻上一條錦囊妙計，建議利用征服埃及的誘人計畫，分散路易十四對北方的注意力。隨後，二十六歲的萊布尼茲被派往巴黎，在那裡度過了四個年頭。雖說那時笛卡兒、帕斯卡和費馬均已過世，萊布尼茲卻幸運遇到了從荷蘭來的數學家惠更斯，也就是鐘擺理論和光的波動理論的創立者。

　　萊布尼茲很快就意識到自己在科技落後的德國受教育的局限性，因此虛心學習，對數學的興趣尤甚，並得到了惠更斯的細心指導。由於萊布尼茲的勤奮和天賦，也因為那個時代的數學基礎十分有限，當他離開巴黎時，已經完成了主要的數學發現（原先的使命則被擱置腦後）。萊布尼茲先發明了二進位，接著改進了只能運行加減的帕斯卡計算器，製造出第一臺可進行乘除和開方運算的機械計算機。當然，他最重要的貢獻無疑是在無窮小的計算方面，即微積分的發明。

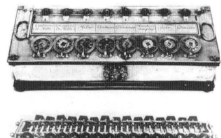

帕斯卡的計算器

萊布尼茲的計算機

　　這是科學史上劃時代的貢獻，正是由於這一發明，數學開始在自然科學和
社會生活中扮演極其重要的角色，也為後來喜歡數學的人提供了成千上萬的工
作機會，就如同二十世紀電腦的發明一樣。

　　除此之外，萊布尼茲還創立了形式優美的行列式理論，並把有著對稱之美
的二項式定理推廣到任意變數上。最讓我們愉快的可能是他二十七歲那年（一
六七三）在倫敦旅行期間發現的圓周率的無窮級數運算式，即

$$\frac{\pi}{4} = 1 - \frac{1}{3} + \frac{1}{5} - \frac{1}{7} + \cdots$$

　　有了這個公式，自古以來關於精確計算圓周率的人為競爭便永遠結束了。

　　萊布尼茲從倫敦返回巴黎後不久，他的贊助人去世，他多次申請法國科學
院和外交官的職位未果，只好當家庭教師謀生。一六七六年十月，三十歲的萊
布尼茲接受了布倫瑞克公爵的邀請，北上漢諾威擔任公爵府的法律顧問兼圖書
館館長，並在那裡度過餘生。萊布尼茲繼續潛心研究數學、哲學和科學，成就
斐然，並因此成為歐洲諸多皇室的座上賓。

　　最後，我想談談數學傳承，但我指的並非師徒意義上的傳承，而是更接
近藝術家之間的心靈感應或啟迪。如同歐拉細心研究費馬的數學遺產，萊布
尼茲也特別關注帕斯卡的研究。他創立微積分的最初靈感來自帕斯卡三角形，

萊布尼茲骨塚
（作者攝於漢諾威）

他那臺可以進行乘除和開方運算的機械計算機也是對帕斯卡計算器的改進；帕斯卡三角形是針對兩個變數的二項式係數，萊布尼茲則將其推廣到任意多個變數上。在哲學和人文領域，萊布尼茲同樣追隨著帕斯卡的腳印，兩人都終生未婚。

結語

　　十二世紀以來，歐洲人透過阿拉伯人，從中國人那裡學會了如何製造麻紙和綿紙以取代羊皮紙和紙草紙。大約在一四五〇年，古騰堡發明活字印刷術，數學、天文學方面的著作開始大量印刷出版。一四八二年，拉丁文版的《幾何原本》首次在威尼斯付印。除此之外，歐洲人還從中國引進了指南針和火藥，前者使得遠洋航行成為可能，後者則改變了戰爭的方式和防禦工事的結構、設計，使得拋體（拋射物）運動的研究變得十分重要。

　　在大量希臘著作傳入的同時，古希臘人的生活風尚也在歐洲傳播開來，尤其是在義大利，比如像是對大自然的探討、對理性的崇尚和依賴、物質世界的享受、力求身心的完美、表達的欲望和自由等。其中，藝術家們最先表示出對自然界的興趣，也最早認真運用希臘人的學說，亦即數學是自然界真實的本質。他們透過實踐來學習數學，尤其是幾何學，因此產生了像阿伯提、達文西這樣的文藝復興式人物。阿伯提對數學的興趣和研究甚至直接推動了數學分支投影幾何學的誕生。

　　由於演繹推理的廣泛應用，自然科學變得更加數學化，使用愈來愈多的數學術語、方法和結論。與此同時，隨著各門科學與數學的進一步融合，它們自身的發展進程也愈來愈快。從伽利略到笛卡兒都認為，世界是由運動的物質組成的，科學的目的是為了揭示這些運動的數學規律，牛頓的三大運動定律和萬有引力定律便是這方面的最佳範例。

　　做為歐幾里得幾何學之後數學領域中最重要的創造，微積分的出現有著深刻的社會背景。首先，微積分是為了處理和解決十七世紀幾個主要的科學問題，包括物理學、天文學、光學和軍事科學；其次，微積分也源於數學自身發

帕斯卡肖像　　　　　　　　　　　　　　　　帕斯卡的《思想錄》

展的需要，例如求解曲線的切線問題。與此同時，隨著解析幾何的出現，變數進入數學領域，使得運動和變化的定量表述成為可能，從而為微積分的創立奠定了基礎。

　　偉大的數學是由偉大的數學家創立的，十七世紀也因此成為「天才的世紀」（懷海德語）。可以說，在人類文明發展史上，十七世紀發揮著非常關鍵的影響力，究其原因，一方面，數學的拓展和深入發揮了主要作用，尤其是微積分和解析幾何的誕生。另一方面，繼古希臘之後，數學與哲學又一次相遇，產生了多位文理貫通的大思想家，如笛卡兒、帕斯卡、萊布尼茲，書寫出燦爛輝煌的歷史篇章。

　　這裡我想再談談法國人笛卡兒和帕斯卡的成長經歷。他們（還有費馬）都出生在外省，幼年喪母，從小體弱多病，幸好他們的父親都為他們提供了良好的教育，但他們對數學的興趣卻完全是自發的。從未受過相關訓練的帕斯卡在十二歲那年推導出幾何學中的一條公理，即三角形的三個內角和等於兩個直角，自那以後，身為業餘數學家的父親才開始教他歐幾里得幾何。笛卡兒則是在荷蘭當兵期間看到軍營黑板上的數學問題徵解，因而燃起對數學的興趣。

　　在完成主要的數學和科學發現之後，笛卡兒和帕斯卡都不願享受這些發現帶來的榮譽，反而不約而同把對數學和科學的興趣轉向精神世界。笛卡兒寫出了《方法論》、《論世界》、《沉思錄》和《哲學原理》，帕斯卡則留下《致外省人書》和《思想錄》。

　　不同的是，由於伽利略的受審和被定罪，笛卡兒更加沉湎於形而上學的抽象，這對哲學有利但對科學不利；帕斯卡則因為篤信宗教和愛情的缺憾，字裡

行間蘊含了更多的虔誠和情愫，為法國乃至世界文學史增添了迷人的篇章。

　　笛卡兒是把哲學思想從傳統哲學的束縛中解放出來的第一人，後輩尊其為「近代哲學之父」。身為徹底的二元論者，笛卡兒明確地把心靈和肉體區分開來，其中心靈的作用如同其著名的哲學命題所表達的——「我思故我在」，這是哲學史上最有力的命題之一，在此以前，包括畢達哥拉斯在內的古希臘先賢都認為，世界是由單一物質組成。相比之下，帕斯卡對人類的局限性有著充分的理解，他很早就意識到人類的脆弱和過失。對他來說，無窮小或無窮大都讓他覺得驚詫和敬畏，他的數學發現也是在有限的空間裡得到的。

　　我也想談一談帕斯卡三角形和數學歸納法。雖然印度人、波斯人和中國人早就發現了這個整數三角形的許多有趣性質，帕斯卡卻是第一個用數學歸納法給出嚴格證明的人，例如，n 行第 k 個元素與第 $k+1$ 個元素之和，等於 $n+1$ 行第 $k+1$ 個元素，這可能也是數學歸納法首次做出的明確清晰闡述。它後來常被用來證明與數的無限集合有關的命題，特別是正整數，這是用有限達到無限的有效手段。數學歸納法的雛形可以追溯到歐幾里得對質數無窮性的證明，其名稱則是由十九世紀的英國數學家兼哲學家德摩根所賜。

　　笛卡兒和帕斯卡都是橫跨科學和人文兩大領域的巨人，在他們的感召和影響之下，數學成為法國人心目中傳統文化的一部分，並且是最優秀的部分。事實上，十七世紀以來的法國數學長盛不衰，大師層出不窮。以浪漫和優雅著稱的法國人以此為榮，但未把數學當作敲門磚。自從一九三六年費爾茲獎設立以來，已有十一位法國人獲此殊榮，僅次於美國的十三位。

　　正因為受到法國數學和人文氛圍的薰陶，滯留巴黎的萊布尼茲成了羅素讚嘆的「千古絕倫的大智者」，他不僅發明了微積分，也創立了具有廣泛影響的「單子論」。萊布尼茲聲稱，宇宙是由無數個在不同程度上與靈魂相像的單子組成，這種單子是終極的、單純的、不能擴展的精神實體，是萬物的基礎。這意味著人類與其他動物的區別只是程度上的不同，生物與非生物的區別亦然。萊布尼茲指出，引發我們行為的因素通常是潛意識，言下之意，我們比自己想像的更接近動物。但他認為，所有事物都是相互連繫的，「任何單一實體都與其他實體相連繫」。

第六章

分析時代與法國大革命

凡是我們頭腦能夠理解的，彼此都是相互關連的。

——歐拉

自然科學的發展，取決於其方法和內容與數學相結合的程度，數學成了打開知識大門的金鑰匙，成了「科學的皇后」。

——康德

 **分析時代**

業餘數學家之王

　　從文藝復興時期的藝術家身上不難看出，做為空間藝術的代表，繪畫與幾何學有著不可分割的連繫，正如古希臘數學家畢達哥拉斯及其弟子們意識到，代數或算術與音樂——時間藝術的代表——有著密切的連繫。一個有趣的現象是，直到十七世紀後期，歐洲才誕生了第一批偉大的音樂家，如義大利的韋瓦第、德國的巴哈和英國的韓德爾，他們的出現時間比繪畫或雕塑大師們要晚得多。同樣地，在微積分誕生之前，唯有幾何學在數學中占據了重要地位，而其核心自然是歐幾里得幾何。

　　以往，歐洲的數學家們大多自稱為幾何學家，無論是歐幾里得的名言「在幾何學中沒有王者之路」，還是豎立在雅典柏拉圖學院門口的牌子「不懂幾何學者請勿入內」，似乎統統昭示了這一點。甚至連帕斯卡在《思想錄》中也有類似的自謙之詞，「凡是幾何學家，只要有良好的洞見力，就會是敏感的；而敏感的人若能把自己的洞見力運用在幾何學的原則上，也會成為幾何學家。」

　　隨著笛卡兒坐標系的建立，用代數方法研究幾何學的橋梁得以構建，做為附庸物的代數學也有了改觀。可是，當時的代數學研究重心依然圍繞著解方程問題，代數學與幾何學一樣，真正革命性的變革要等到十九世紀才會來臨。如果要說率先有所突破的領域，那就是數論——一個專注於自然數或整數的性質及其相互關係，時常遊走於代數宅前院後的最古老數學分支。而這主要是因為一個隱姓埋名的數學業餘愛好者的興趣和努力，法國南方城市土魯斯的文職官員——費馬。

　　身為一個遠離首都巴黎的外省人，費馬的司法事務工作占據了他白天的時

費馬

間，但夜晚和假日幾乎全被他用來研究數學。部分原因是那時的法國反對法官們參加社交活動，理由是朋友和熟人某天可能會被法庭傳喚，與當地居民過從甚密將導致偏袒。正因為遠離了土魯斯的上流社會交際圈，費馬才得以專心埋首於他的嗜好，他幾乎把每一個夜晚都奉獻給了數學，完成了許多極其重要的發現。費馬對數論問題尤其感興趣，提出了許多命題或猜想，讓後來的數學家們忙碌了好幾個世紀。

　　費馬證明的完整結論並不多，其中著名的有：每一個奇質數都可用且僅可用一種方式表示成兩個平方數之差；每一個形如 $4n + 1$ 的奇質數，做為整數邊長的直角三角形的斜邊，僅有一次機會，其平方有兩次機會，其立方有三次機會等。例如：

$$5^2 = 3^2 + 4^2$$
$$25^2 = 15^2 + 20^2 = 7^2 + 24^2$$
$$125^2 = 75^2 + 100^2 = 35^2 + 120^2 = 44^2 + 117^2$$

　　更多時候，費馬只是以通信或出題的方式，給出定理的結論，沒有給證明。例如，整數邊長的直角三角形的面積不會是某一個整數的平方數；每一個自然數可表示成四個（或少於四個）平方數之和。值得一提的是，這個結論若推而廣之，就是著名的「華林問題」。華林問題的相關研究為中國數學家華羅庚帶來了最初的國際聲譽，華羅庚對數學的貢獻涉及解析數論、代數學、多複變函數論、數值分析等領域。

　　上述兩個費馬提出的命題後來都由法國數學家拉格朗日給出了證明，瑞士

數學家歐拉則在費馬問題上花費了許多精力（這也是我們把這一節安排在此的原因，歐拉和拉格朗日主要生活在十八世紀）。事實上，在歐拉漫長的數學生涯中，他幾乎對費馬思考的每一個數學問題都做了深入細膩的研究。例如，費馬曾經猜測，對每一個非負整數 n，

$$F_n = 2^{2^n} + 1$$

均為質數（「費馬數」）。費馬驗證了 $0 \le n \le 4$，歐拉卻發現 F_5 不是質數，不僅如此，他還找到 F_5 的一個質因數 641。事實上，從那以後，人們再也沒有發現新的費馬數。

又如，一七四〇年費馬寫給友人的信中，提出了一個整除命題：如果 p 是一個質數，a 是任一與 p 互質的整數，則 $a^{p-1} - 1$ 可被 p 整除。將近一百年以後，歐拉不僅給出了這個命題的證明，還把它推廣到任意正整數的情形，由此引進了後來被稱作歐拉函數的 $\varphi(n)$，即不超過 n 且與 n 互質的正整數個數。例如，$\varphi(1) = \varphi(2) = 1$，$\varphi(3) = \varphi(4) = \varphi(6) = 2$，$\varphi(5) = 4$，……歐拉證明了若 a 和 n 互質（沒有相同的公因數），那麼 $a^{\varphi(n)} - 1$ 可被 n 整除。

上述結果及其推廣分別被稱為「費馬小定理」和「歐拉定理」。有意思的是，現代社會的資訊安全問題使得公開金鑰加密演算法（RSA，一九七七）成為密碼學強而有力的工具，在這之中，歐拉定理發揮了重要作用。不過，對於下列被稱為「費馬最後定理」的猜想（一六三七），歐拉卻無能為力。費馬最後定理是這樣說的：當 $n \ge 3$ 時，方程式

$$x^n + y^n = z^n$$

無正整數解。當 $n = 2$ 時，它就是畢達哥拉斯定理的數學運算式，有無窮多組正整數解，能用一個清晰的公式來表達。$n = 4$ 的證明是費馬自己做出來的，歐拉只給出了 $n = 3$（比 $n = 4$ 難）的證明，而且並不完整。

此後三百多年間，這個問題吸引了無數聰穎的頭腦，卻一直要等到二十世紀末，費馬最後定理才由客居美國的英國數學家懷爾斯給出了最後的證明，這則消息連同費馬的肖像一起登上了《紐約時報》頭版頭條。事實上，懷爾斯證

費馬最後定理的證明者懷爾斯

明的是以兩位日本數學家名字命名的「谷山－志村猜想」的一部分，該猜想揭示了橢圓曲線與模形式之間的關係，前者是具有深刻算術性質的幾何對象，後者是來源於分析領域的高度週期性的函數。在通向證明費馬定理的路途中，還有許多數學家做出了重要貢獻。

　　特別值得一提的是，德國數學家庫默爾建立了理想數理論，由此奠定了代數數論這門新學科的基礎，這或許比費馬最後定理更重要。庫默爾的岳父是作曲家孟德爾頌的堂兄、數學家狄利克雷的妻舅。有意思的是，費馬是在古希臘數學家丟番圖的《算術》拉丁文版本空白處寫下他的評注（猜想）的。在這條評注的後面，這位喜歡惡作劇的遁世者還草草寫下一個附加的注中之注，「對此命題我有一個非常美妙的證明，可惜此處的空白太小，寫不下。」

　　數論之外，費馬也做出了許多重要貢獻。比如光學中的費馬原理，即在兩點之間傳播的光線，所取路徑耗費時間為最短，無論這路徑是直的還是因為折射而變彎。由此可得出的推論是，光在真空中以直線傳播。在數學方面，費馬獨立於笛卡兒發現了解析幾何的基本原理，求曲線的極大值和極小值方法使他被譽為微分學的創始人。而他與帕斯卡的通信又創立了概率論。兩位數學家最初討論的其實是賭博問題：兩個技巧相當的賭徒 A 和 B，A 若取得二點（局）或二點以上即獲勝，B 要取得三點或三點以上才獲勝，問雙方的勝率各為多少？

　　費馬是這樣考慮的，他用 a 表示 A 取勝，用 b 表示 B 取勝，因為最多四局就能分出勝負，故所有可能的情形如下：

$$aaaa\ aaab\ abba\ bbab$$

$$baaa\ baba\ abab\ baba$$

$$abaa\ bbaa\ aabb\ abbb$$

$$aaba\ baab\ bbba\ bbbb$$

不難看出，A 獲勝的概率是 $\frac{11}{16}$，B 獲勝的概率為 $\frac{5}{16}$。

　　這裡需要提及比概率論稍晚出現的統計學。統計學主要是透過收集數據，利用概率論建立數學模型，進行量化分析、總結，進而做出推斷和預測，為相關決策部門提供參考和依據。從物理到社會科學、人文科學，再到工商業和政府決策，都需要統計學，其最主要的應用是在保險業、流行病學、人口普查和民意測驗。如今，統計學已從數學中獨立出來，成為繼電腦之後數學派生出來的又一門學科。

　　我們曾經在第一章談到，統計學的鼻祖是亞里斯多德，但那時統計學尚未成為真正的學科。

　　概率論源於賭徒問題，統計學則源自針對死亡率的分析。一六六六年的倫敦大火既燒毀了聖保羅大教堂等建築，也消滅了萬惡的鼠疫。服裝店老闆葛蘭特失了業，在此前後他熱衷於研究一百三十年以來倫敦的死亡紀錄，他透過六歲和七十六歲的生存率，預測出隨後每一年活到其他年紀的人數比例及其預期壽命。一六九三年，英國天文學家哈雷也對德國布雷斯勞（現為波蘭弗次瓦夫）一地的死亡率進行了統計研究。

　　最後，讓我們回到費馬最後定理。此定理曾被比喻成「一隻會下金蛋的雞」，當懷爾斯宣布攻克它時，數學界歡呼之餘還夾雜了不少人的嘆息，擔心日後再也沒有能推動數論發展的問題。然而，沒過幾年，便有「abc 猜想」顯露出重要性，這是一個與整數的兩大運算（加法和乘法）相關的不等式。設 n 為自然數，它的根是其所有不同質因數的乘積，記為 $rad(n)$。例如，$rad(12) = 6$。一九八五年，法國數學家奧斯特萊和英國數學家馬瑟提出了 abc 猜想，其弱形式為：對滿足 $a + b = c$，$(a, b) = 1$ 的任意正整數 a、b、c，恆有

$$c \leq \{ rad\,(abc) \}^2$$

　　abc 猜想或其弱形式問題的解決，可以推動數論中一批重要問題的解決，一些著名的定理和猜想也可以輕鬆得到證明，後者囊括了費馬最後定理等四項費爾茲獎成果。以費馬最後定理為例：反設對某個 $n \geq 3$，存在正整數 x、y、z，使得 $x^n + y^n = z^n$，取 $a = x^n$，$b = y^n$，$c = z^n$，由 *abc* 弱形式可知，$z^n < [rad(xyz)^n]^2 < (xyz)^2 < z^6$。因此，$n = 3$、4 或 5 這三種情形，可透過初等的方法予以排除。

微積分學的發展

　　對於走在科學領域前列的西歐諸國來說，十七世紀到十八世紀的過渡相對平穩。倒是歐洲北部出現一些變化，一七〇〇年，彼得大帝採用儒略，以一月一日為歲首，同時展開了以軍事為中心的各項改革。夏天，與土耳其締結三十年休戰協定後只過了一星期，俄國便連同波蘭和丹麥，對瑞典發動了著名的「北方大戰」。不過，愛好數學、繪畫和建築的瑞典國王查理十二世率兵直抵哥本哈根，迫使丹麥退出戰爭。在德國，柏林科學院成立，萊布尼茲出任首任院長。

　　由於處於太平盛世，微積分建立後不久就得到了進一步發展，獲得了十分廣泛的應用，產生了許多新的數學分支，從而形成了「分析」這個在觀念和方法上都極具鮮明特色的新領域。在數學史上，十八世紀被稱為「分析的時代」，也是朝向現代數學過渡的重要時期。

　　有意思的是，正如分析綜合了幾何和代數，在藝術領域，也有空間藝術和時間藝術之外的所謂綜合藝術，比如最具代表性的戲劇和電影。戲劇既有繪畫或雕塑那樣的空間展示，又有音樂或詩歌那樣的時間延續。文藝復興之後，歐洲的戲劇呈現飛速發展。

　　對法國來說，十七世紀是戲劇的黃金時代，偉大的戲劇家高乃依、莫里哀和拉辛都生活在這個世紀。正如義大利文藝復興時期的戲劇影響了英國伊麗莎

魏瑪的東正教堂，旁邊的公爵墓園地下室裡
並排安放著歌德和席勒的靈柩（作者攝）

白時代的戲劇，而莎士比亞正是其中最傑出的代表，他的許多作品如《威尼斯商人》、《羅密歐與茱麗葉》和《暴風雨》中的故事均發生在義大利半島，法國的戲劇無疑受到西班牙戲劇的薰陶，其發軔之作、高乃依的《熙德》主人公熙德就是一位西班牙民族英雄。到了十八世紀，德國戲劇異軍突起，出現了萊辛、歌德和席勒等戲劇大師。

回到微積分的發展，在牛頓和萊布尼茲的原始工作中，已經蘊含了某些新學科的萌芽，為十八世紀的數學家們留下了許多可以做的事。但在實現這些發展之前，必須完善和擴展微積分本身，首先便是充分認識初等函數。以對數函數為例，它起源於幾何級數和算術級數的項與項之間的關係，現在卻成了有理函數 $\frac{1}{1+x}$ 的積分函數；與此同時，對數函數又是性質相對簡單的指數函數的反函數。

在牛頓之後，英國的數學家主要是在函數的冪級數展開式研究方面取得了一些成績，其中泰勒得出了今天稱為「泰勒公式」的重要結果：

$$f(x+h) = f(x) + hf'(x) + \frac{h^2}{2!}f^{(2)}(x) + \cdots$$

這個公式使得任意函數展開成冪級數成為可能，因此是微積分進一步發展的有力武器，後來的法國數學家拉格朗日甚至稱其為微分學基本原理。

歐拉　　　　　　　　歐拉之墓（作者攝於聖彼得堡）

　　可是，泰勒對於這條公式的證明並不嚴謹，他沒有考慮到級數的收斂性或發散性。不過如果考慮到泰勒也是一位很有才能的畫家，在《直線透視》（一七一五）等著作中論述了透視的基本原理，最早解釋了「消失點」的數學原理，這點似乎可以被原諒。眾所周知，泰勒級數中 $x = 0$ 的特殊情形也叫「麥克勞林級數」。有意思的是，麥克勞林不僅比泰勒年輕十三歲，他得出這個公式也比泰勒晚，卻能以他的名字命名，實在是幸運。

　　究其原因，一方面是由於泰勒生前並不出名，一方面是因為麥克勞林的早慧，他是牛頓「流數法」的忠實擁護者，二十一歲就成為英國皇家學會會員。然而，在泰勒和麥克勞林去世後，英國數學卻陷入了長期的低迷狀態。微積分的發明權之爭滋長了英國數學家的民族狹隘意識和保守心態，導致他們長期無法掙脫牛頓學說中弱點的束縛。與此形成對照的是，歐洲大陸的同行們在萊布尼茲數學思想的滋養下，取得了豐碩的成果。

　　僅以歐洲中部的瑞士為例。十八世紀時，這個地處內陸的高山小國出現了幾位重要的數學家。約翰・白努利首先將函數概念公式化，同時引進了變數代換、部分分式展開等積分技巧。而他在巴塞爾大學的學生歐拉堪稱十八世紀最偉大的數學家，對於微積分的各個部分都做了精細的研究。

　　歐拉把函式定義為由一個變數與一些常數透過某種形式形成的解析表達式，由此概括了多項式、冪級數、指數、對數、三角函數，乃至多元函數。歐

含有五個最常用符號的歐拉公式

拉還把函數的代數運算分成兩類，即包含四則運算的有理運算和包含開方根的無理運算。

對於 $x > 0$，歐拉把對數函數定義為下列極限

$$\ln x = \lim_{n \to \infty} \frac{x^{\frac{1}{n}} - 1}{\frac{1}{n}}$$

同時給出的還有指數函數的極限，設 x 為任意實數，則

$$e^x = \lim_{n \to \infty} \left(1 + \frac{x}{n}\right)^n$$

這裡 e 是歐拉姓氏的第一個字母。此外，歐拉還區分了顯函數與隱函數，單值函數與多值函數，定義了連續函數（與今天的解析函數等同）、超越函數和代數函數，考慮了函數的冪級數展開式，斷定任何函數都可以展開（很顯然不完全正確）。歐拉是一位多產的數學家（生活上也是兒女成群），並涉足物理學、天文學、建築學和航海學等諸多領域。歐拉有句名言：「凡是我們頭腦能夠理解的，彼此都是相互關連的。」

微積分學的影響

在微積分學自身不斷發展、嚴格、完善和朝向多元演變，以及函數概念深

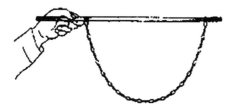

白努利的懸鏈線

化的同時，它也迅速地被廣泛應用到其他領域，形成了一些新的數學分支。這其中的一個顯著現象是，數學與力學的關係比以往任何時候都來得密切，那時的西方數學家大多也是力學家，一如古代東方有許多數學家身兼天文學家。這些新興的數學分支有常微分方程、偏微分方程、變分法、微分幾何和代數方程論等。除此之外，微積分的影響還超出了數學的範疇，進入自然科學領域，甚至滲透到人文和社會科學領域。

　　常微分方程是伴隨著微積分的成長而發展起來的，十七世紀末至今，擺線運動規律、彈性理論以及天體力學等領域的實際問題引申出一系列內含微分函數的方程式，並以挑戰者的姿態出現在數學家面前。最有名的是懸鏈線問題，即求一條長度固定的柔軟繩子在兩端固定時，自然下垂的曲線方程式。這個問題由約翰・白努利的哥哥雅各布提出、萊布尼茲命名。約翰・白努利建立的懸鏈線方程式為

$$y = c \cosh \frac{x}{c}$$

其中 c 取決於單位繩長的重量，cosh 是雙曲餘弦函數。常微分方程則經歷了從一階方程到高階常係數方程，再到高階變係數方程的過程，最後由歐拉和拉格朗日兩位大數學家加以完善，歐拉還率先明確區分了方程的「特解」和「通解」。

　　偏微分方程出現得較晚，一七四七年才由法國數學家、啟蒙運動的先驅人

偏微分方程的先驅達朗貝爾

物——達朗貝爾首先研究。他發表了一篇弦振動形成的曲線問題相關研究論文，其中包含了偏微分方程的概念。達朗貝爾是個棄嬰，被一位玻璃匠收養，幾乎完全靠自學成才。後來，歐拉在初始值為正弦級數的條件下，給出了包含正弦和餘弦級數的特解，他（受樂器引發的音樂美學問題啟發）和拉格朗日還研究了由鼓膜振動和聲音傳播產生的波動方程。另一位對偏微分方程做出重要貢獻的是法國數學家拉普拉斯，他建立了所謂的拉普拉斯方程，即

$$\frac{\partial^2 V}{\partial x^2} + \frac{\partial^2 V}{\partial y^2} + \frac{\partial^2 V}{\partial z^2} = 0$$

其中 V 是位勢函數，因此拉普拉斯方程又叫位勢方程。位勢理論解決了熱門的力學問題——兩個物體之間的引力，如果物體質量相對於距離可以忽略不計，V 的偏導數就是兩個質點的引力分量，可由牛頓的萬有引力公式給出。

　　相比之下，變分法的誕生更富戲劇性，雖然這個譯名聽起來不像一個分支學科，它的原意是「變數的微積分」。變分法的應用範圍極廣，從肥皂泡到相對論，從測地線到極小曲面，再到等周問題（極大面積）。然而，變分法最初其實源自一個簡單的問題：最速降線。它是指求出既不在同一平面也不在同一垂線上的兩點之間的曲線，使一個質點僅在重力作用之下，最快速地從一點滑到另一點。這個問題經約翰·白努利公開徵解以後，吸引了全歐洲的大數學家，包括牛頓、萊布尼茲和約翰的哥哥雅各布都參與其中，最後歸結為求一類特殊函數的極值問題。值得一提的是，牛頓以匿名形式投稿，但被約翰識破，

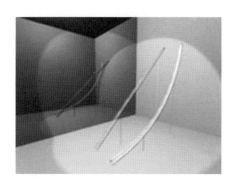

兩點間的最速降線並非直線

「從爪子判斷,這是一頭獅子」。

在眾多數學家的共同努力下,透過以上諸數學分支的建立,加上微積分學這個主體,形成了被稱為「分析」的數學領域。分析與代數、幾何並列,成為近代數學的三大學科,其熱門程度甚至後來居上。事實上,在今天大學數學系的基礎課程中,數學分析的分量比高等代數或解析幾何更重。與此同時,微積分也被應用於幾何和代數研究,最先取得成功的便是微分幾何。不過在十八世紀時,僅限於研究一個點附近區域的幾何性質,即局部的微分幾何(若討論曲面的有限部分或全部,則屬於整體微分幾何),我們將在下文詳細討論。

微積分的誕生,以及它與其他自然科學發生的連繫,激發了勤於思考者的熱情,他們非常相信數學方法在物理學和一些規範科學中應用的合理性和確定性,並努力嘗試把這種信任擴大到整個知識領域。笛卡兒認為一切問題都可以歸結為數學問題,數學問題可以歸結為代數問題,代數問題又可以歸結為解方程問題。可以說,笛卡兒把數學推理方法看成唯一可靠的方法,並試圖在這個毋庸置疑的基礎上重建知識體系。

即使與笛卡兒宏大的目標相比,萊布尼茲的野心也完全不顯得小,因為他嘗試創造一種包羅萬象的微積分和普遍的技術性語言,能讓人類的一切問題迎刃而解。在萊布尼茲的計畫中,數學不僅是中心,而且是起點。他甚至提出,要把人的思維分成若干個基本的、有區別的、互不重疊的部分,就像 24 這樣的合數可以分成質數因數 2 和 3 的乘積。雖然萊布尼茲的計畫難以實現,但在十九世紀後半期和二十世紀發展起來的邏輯學,便是基於他提出的「通用語

土地測量員出身的
喬治・華盛頓

言」符號系統，萊布尼茲也因此被稱為「數理邏輯之父」。

　　相比之下，微積分的建立在宗教方面的影響更為直接和明顯，後者在人們的精神和世俗生活中扮演了重要的角色。牛頓雖然賦予上帝創造世界之功，但限制了上帝在日常生活中的作用。萊布尼茲進一步貶低了上帝的影響力，他雖然也承認上帝的創世之功，卻認為上帝是按照既定的數學秩序進行的。與此同時，由於理性的地位提高，人們對上帝的信仰不再那麼虔誠 ── 儘管這並非數學家和科學家們的本意。柏拉圖相信上帝是一位幾何學家，牛頓也認為上帝是一位優秀的數學家和物理學家。

　　到了十八世紀，隨著微積分學的發展，情況又有了變化。法國啟蒙運動的先驅和精神領袖伏爾泰是牛頓數學和物理學的忠實信徒，也是新興的自然神論主要宣導者。自然神論主張理性和自然等同，在當時受過教育的人之間頗為流行。在美國，它的推崇者有湯瑪斯・傑佛遜和班傑明・富蘭克林，前者在鼓勵傳播高等數學方面做了不少事。事實上，包括喬治・華盛頓在內的前七任美國總統沒有一個人表示自己信仰基督教。對於自然神論的信徒來說，自然就是上帝，牛頓的《自然哲學的數學原理》就是「聖經」。有了哲學和神學的保駕護航，微積分在經濟學、法學、文學、美學等方面同樣影響深遠。

白努利家族

　　前文已經提到，在微積分學的發展和應用方面，白努利家族和他們的瑞士

《獨立宣言》的起草者
湯瑪斯・傑佛遜

同胞歐拉貢獻卓著。現在，我們就來介紹這個世界上最著名的數學世家，他們似乎注定是為微積分來到這個世界的。白努利家族原先居住在比利時的安特衛普，他們信仰新教之一的胡格諾派，這個教派與喀爾文派和清教徒一樣，曾經遭受天主教會和王權的迫害。一五八三年，白努利家族不得不逃離家鄉，他們先在德國的法蘭克福避難，接著遷居瑞士，最後在巴塞爾安頓下來，並與當地某望族聯姻，成為實力雄厚的藥材商人。

　　一個多世紀以後，白努利家族出現了第一位數學家──雅各布・白努利，他透過自學掌握了萊布尼茲的微積分，後來一直擔任巴塞爾大學的數學教授。雅各布最初學習的其實是神學，後來不顧父親反對，潛心研究數學，並拒絕了教會的任命。一六九○年，他首先使用「積分」（integral）這個詞。次年他研究了懸鏈線問題，並將其應用於橋梁設計。雅各布其他的重要研究成果包括：排列組合理論、概率論中的大數定律、導出指數級數的白努利數，以及變分法原理。

　　變分法的起源有二：根據希臘傳說，迦太基的建國者狄多女王有次得到一張水牛皮，她命人把牛皮切成一條一條的再連接起來，圈出一塊最大面積的半圓形土地，這可能就是變分法的起源。另一版本則是：地中海賽普勒斯島的狄多女王，在丈夫被她弟弟殺死以後，逃亡到了非洲海岸，向當地酋長購買了一塊土地，在那裡建立迦太基城。土地購買協議是這樣簽訂的：一個人在一天內犁出的溝能圈起多大的面積，這個城就可以建多大。額外一提的是，姐弟兩人各自的愛情故事曲折動人，被羅馬詩人維吉爾和奧維德先後寫入了詩歌裡。

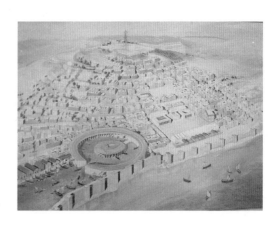

迦太基古城圖
（作者攝於突尼斯）

　　白努利數 B_n 在數論中有著不可替代的作用，它的定義可由下列遞歸公式給出：

$$B_0 = 1,\ B_1 = -\frac{1}{2},\ B_n = \sum_{k=0}^{n} \binom{n}{k} B_k\ (n \geqslant 2)$$

其中 $\binom{n}{k}$ 為二項式係數。顯而易見，白努利數永遠是有理數，它的性質奇妙無比。不難證明，當 $n \geq 3$ 時，奇數項白努利數 $B_n = 0$，而當 p 是奇質數時，B_{p-3} 的性質直接決定了費馬最後定理在指數為 p 時成立與否。從白努利數還可以給出白努利多項式，它在數論和函數論中發揮著重要作用。雅各布死後，他的墓碑上刻著一條等角螺線和「縱使變化，依然故我」的銘文。

　　與雅各布比起來，小他十多歲的弟弟約翰·白努利的數學貢獻毫不遜色（前文已提及）。約翰起初學的是醫學，並在巴塞爾以一篇肌肉收縮的論文獲得博士學位。後來他同樣不顧父親反對，跟隨兄長學習數學，然後到荷蘭的格羅寧根大學當數學教授，直到雅各布去世才返回家鄉。約翰最為人熟知的數學發現是，他給出了求一個分子和分母均趨於零的分式極限的方法（通常為學習微積分學的學生所喜愛）：

　　　　若當 $x \to a$ 時，函數 $f(x)$ 和 $F(x)$ 都趨於零，在點 a 的某鄰域內（點 a 本身可以除外），$f'(x)$ 和 $F'(x)$ 都存在，且 $F'(x) \neq 0$，

白努利家族的第二代：
丹尼爾‧白努利

$$\lim_{x \to a} \frac{f'(x)}{F'(x)} \ 存在（有限或無窮），則 \ \lim_{x \to a} \frac{f(x)}{F(x)} = \lim_{x \to a} \frac{f'(x)}{F'(x)}。$$

　　由於約翰的這個方法被他的法國學生羅必達收編在一本書裡，以至於被誤稱為羅必達法則。此外，約翰還用微積分計算出最速降線、等時降線等曲線的長度和面積。

　　約翰雖然在學術上與雅各布互為競爭對手，但他們都是萊布尼茲的好友。約翰脾氣不好、嫉妒心強，卻是一位出色的教師，不僅有羅必達這樣的學生，還把三個兒子都培養成數學家。約翰的大兒子尼古拉和二兒子丹尼爾（分別做過法學教授和醫生）雙雙被聘請到聖彼得堡科學院，也正是他們兩兄弟把好友歐拉引薦到俄國，讓歐拉在那裡度過了他一生中最美好的時光。約翰的小兒子小約翰在做了幾年修辭學教授後，繼任了父親的數學教授職位。這樣的傳承還沒有結束，因為小約翰的兩個兒子，小小約翰和小雅各布，也在從事了一段其他職業之後，雙雙投入數學的懷抱。

　　白努利家族的第二和第三代並非個個都像第一代那樣出色，但這之中，丹尼爾是一個例外，他是偉大的歐拉的競爭對手。與歐拉幾乎一樣，丹尼爾贏得了十次法蘭西科學院的獎金（有時和歐拉一同分享）。從聖彼得堡返回巴塞爾以後，他先後擔任解剖學、植物學和物理學教授，也在包括微積分學、微分方程、概率論在內的諸多數學領域做出了許多貢獻。為了紀念白努利家族對於數學的貢獻，荷蘭於二十世紀九〇年代創辦了《白努利》雜誌，它是繼《斐波那

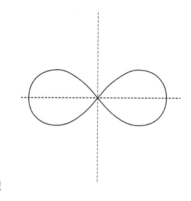

白努利雙紐線

契季刊》之後，又一份以數學家（族）的名字命名的期刊。

最後，我們得談一談氣體或液體動力學的白努利定理，它直接啟發了現代飛機的設計師。這個定理說的是，運動流體（氣體或液體）的總機械能保持恆定，總機械能包括了與流體壓力有關的能量、落差的重力勢能，以及流體運動動能的總能量。按照白努利定理，如果流體水平流動，重力勢能就沒有變化，流體壓力則會隨著流速增加而降低。白努利定理是許多工程問題的理論基礎，飛機的機翼設計就是利用流經機翼上部彎曲面的氣流速度比下部快，使得機翼下部的壓力比上部大，從而產生上升力。這個白努利定理出自丹尼爾。

法國大革命

拿破崙・波拿巴

　　一七六九年，三十一歲的拉格朗日正在柏林科學院擔任數學物理學部主任，二十歲的拉普拉斯受聘成為巴黎軍事學院數學教授，他們未來的學生和朋友拿破崙・波拿巴在地中海的科西嘉島省會阿雅克肖呱呱墜地。僅僅一年前，這座島嶼還隸屬於義大利半島的熱那亞。倘若這項島嶼交易推遲若干年，成年後的拿破崙極有可能致力於義大利的領土擴張，或是加入抵抗法蘭西的地下組織，就像他的父親那樣。事實上，拿破崙家族曾是托斯卡納的貴族，而托斯卡納的首府正是文藝復興的發源地 —— 佛羅倫斯。

　　科西嘉抵抗組織成立後不久，領導人便逃亡在外。為了兒子的教育和前程，律師出身的老波拿巴只得臣服於新主子，出任阿雅克肖地區的陪審員。這樣一來，九歲的拿破崙才有機會進入軍事學校的預科班，後來經過多次轉學，最終從巴黎軍事學院畢業。正是在巴黎軍事學院裡，頗有數學才華的拿破崙結識了數學家拉普拉斯。一七八五年，老波拿巴病逝，學校指定拉普拉斯單獨對十六歲的拿破崙進行考試。

　　拿破崙從軍校畢業後成為炮兵少尉，同時閱讀大量軍事著作。不久，他回科西嘉島待了兩年，看來他對家鄉充滿了感情。事實上，他後來曾經多次返鄉，如果有恰當的支持，仍有可能幫助其取得獨立。可是，隨著法國大革命逐漸進入高潮，拿破崙被巴黎深深吸引。身為伏爾泰和盧梭的忠實讀者，拿破崙相信法國必須進行一場政治變革。不過，一七八九年七月十四日（後來成為法國國慶日），當巴黎的群眾攻占了象徵國王暴政的巴士底監獄時，拿破崙卻身處外省。

業餘的幾何學家拿破崙

　　法國大革命不僅推翻了法國的舊政權，也改變了歐洲的政治氣候。關於這場革命的起因，歷史學家的解釋雖不盡相同，但公認的理由有五條：當時法國人口為全歐洲最多，已經無法充分供養；日益擴大的富有資產階級被排除在政治權力之外，這一點在法國比其他國家更凸出；農民深刻瞭解自己的境遇，愈來愈不能忍受剝削他們的封建制度；出現了若干位主張政治和社會變革的哲學家，其著作較為流行；由於參加美國獨立戰爭，國庫虧空。

　　毫無疑問，拿破崙進軍巴黎需要命運女神的眷顧。一七九三年一月，法國國王路易十六被送上了斷頭臺，罪名是判國罪。此前，法國革命者已向歐洲多個國家的反革命政權勢力宣戰，法國國內的情況也十分危急。次年冬天，在法國南部港口城市土倫，拿破崙率領炮兵擊敗了前來保駕的英國軍隊，此戰不但讓他一舉成名，還被晉升為准將。又過了一年，正當保王黨實行白色恐怖，試圖在巴黎奪權時，拿破崙粉碎了他們的陰謀。至此，二十六歲的科西嘉人拿破崙已經成為法國大革命的救星和英雄。

　　同樣是在一七九五年，古老的巴黎大學和法蘭西科學院被國民公會關閉，由新成立的巴黎綜合理工學院和法蘭西學院（法蘭西科學院成為其三個分院之一）取而代之，還有此前一年成立的巴黎師範學院（一八〇八年重建時更名為巴黎高等師範學院）。雖然這幾所學校原先的宗旨分別是培養工程師和教師，卻都十分看重數學，這可能與當初負責建校的孔多塞侯爵是數學家有關。孔多塞把法國最有名的數學家都邀請了過來：拉格朗日、拉普拉斯、勒讓德、蒙日，其中蒙日還擔任了巴黎綜合理工學院的首任校長。

數學家中的革命家孔多塞侯爵

　　可是，拿破崙還要再等若干年才會當上第一執政官。在此期間，他率兵南征北戰，在義大利、馬爾他和埃及都留下了足跡，指揮的戰鬥勝多負少。當他班師回國時，可以說是獨攬軍政大權，就像當年從埃及返回羅馬的凱撒將軍。十八世紀最後一個耶誕節，法國頒布了一部新憲法，按照這部憲法，身為第一執政官的拿破崙擁有無限權力，可以任命部長、將軍、文職人員、地方長官和參議員。自那以後，他的數學家朋友紛紛被封以高官。

　　雖說拿破崙是借助法國大革命才登上權力寶座，但他野心勃勃，並不相信人民的主權、意志或議會的辯論，反倒傾心於推理和才智之士，比如數學家和法學家。然而，戰爭仍然持續，領土擴張才剛剛開始，對第一執政官來說，要想鞏固政權、完成帝國的偉業，軍隊需要得到最精心的養護。於是，巴黎綜合理工學院被軍事化，致力於培養炮兵軍官和工程師，教師們則被鼓勵研究力學問題，研製炮彈或其他殺傷力強的武器，拿破崙也與他們來往密切。

　　早年的數學功底，加上與數學家的交往，使拿破崙有能力和勇氣向專家提出底下這個幾何問題：只用圓規，不用直尺，如何把一個圓周四等分？這個難題最終由因戰爭而受困巴黎的義大利數學家馬斯凱羅尼解決了，他還寫了一本《圓規幾何》的書獻給拿破崙，其中包含更廣泛的作圖理論：只要給定的和所求的均為點，僅僅透過圓規就可以完成作圖。這樣一來，歐幾里得作圖法中所需的「沒有刻度的直尺」也變得多餘。有意思的是，後人發現，一本一六七二年出版的丹麥文舊書裡，一個署名為「摩爾」的不可考作者已經知道並證明了馬斯凱羅尼作圖理論。

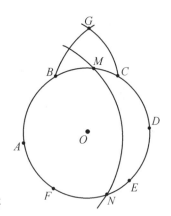

拿破崙問題的解答

　　圓周四等分的具體作圖方法如下：取已知圓 O 上任一點 A，以 A 為一個分點把此圓六等分，分點依次為 A、B、C、D、E、F（如上圖）。分別以 A、D 為圓心，AC 或 BD 的長為半徑作兩個圓，相交於 G 點。再以 A 為圓心、OG 的長為半徑作圓，交圓 O 於 M、N 點，則 A、M、D、N 可四等分圓 O 的圓周。這是因為按照畢達哥拉斯定理，$AG^2 = AC^2 = (2r)^2 - r^2 = 3r^2$，$AM^2 = OG^2 = AG^2 - r^2 = 2r^2$，$AM = \sqrt{2}r$，因此 $AO \perp MO$。

高聳的金字塔

　　現在我們要談談拉格朗日了，他和歐拉被公認是十八世紀兩位最偉大的數學家。至於他們倆誰更偉大這個問題曾引起過一番爭論，在某程度上也反映了支持者的數學興趣。拉格朗日出生在義大利西北部名城杜林，也就是飛雅特汽車和尤文圖斯足球隊的發源地。由於與法國近在咫尺，杜林在十六世紀一度被法國占有，而在拉格朗日生活的時代，杜林是薩丁尼亞王國的首都，此地位直到十九世紀才有所改變。

　　拉格朗日身上混雜著法國和義大利血統，以法國血統居多。他的祖父是法國騎兵隊隊長，為薩丁尼亞島（如今隸屬義大利）的國王服務以後，在杜林定居下來，並與當地的一個著名家族聯姻。拉格朗日的父親也一度擔任薩丁尼亞

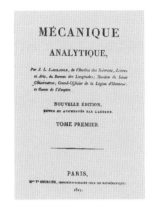

擁有法義血統的拉格朗日　　　　　拉格朗日《分析力學》
　　　　　　　　　　　　　　　　首卷（1811）

王國的陸軍部司庫，卻沒有好好管理自己的家產。做為十一個孩子中唯一的倖存者，拉格朗日繼承的遺產寥寥無幾，不過他後來把這件事看作發生在自己身上最幸運的事，「要是我繼承了一大筆財產的話，我或許就不會與數學共命運了。」

　　拉格朗日上學以後，最初的興趣是古典文學，歐幾里得和阿基米德的幾何著作並沒有讓他產生太多熱情。後來他讀到牛頓的朋友、哈雷彗星的發現者哈雷寫的一篇讚譽微積分的文章，立刻就被這門新學科迷住了。在極短的時間內，他透過自學掌握了那個時代的全部分析知識。據說拉格朗日年僅十九歲（另一說是十六歲）就被任命為杜林皇家炮兵學院的數學教授，在數學領域展開了他最輝煌的人生經歷。二十五歲時，拉格朗日已經晉升世界最偉大的數學家之列。

　　與其他數學家不同，拉格朗日從一開始就是一位分析學家，這也側面證明了在那個時代，分析是最熱門的數學分支。這種偏愛體現在他十九歲時就構想好的《分析力學》一書中，但這部著作直到他五十二歲時才在巴黎出版，那時的他基本上已對數學失去了興趣。在《分析力學》的前言裡，拉格朗日這樣寫道：「在這本書中你找不到一幅圖。」但他又接著說，力學可以看作是四維空間幾何學──三個笛卡兒直角坐標系加上一個時間座標，這樣就足以確定一個運動點的空間和時間位置。

在今天我們熟知的數學符號中，函數 $f(x)$ 的導數符號 $f'(x)$、$f^{(2)}(x)$、$f^{(3)}(x)$ 就是由拉格朗日引進的。他還建立了以他的名字命名的拉格朗日中值定理，這個定理是這樣敘述的：如果函數 $f(x)$ 在閉區間 $[a，b]$ 內連續，在開區間 $(a，b)$ 內可導，則必然存在 $a < \zeta < b$，使得

$$f'(\zeta) = \frac{f(b)-f(a)}{b-a}$$

此外，他用連分數給出了求方程實根近似值的方法，並致力於用冪數來表示任意函數。

被十九世紀愛爾蘭數學家哈密頓讚譽為「科學之詩」的《分析力學》中，拉格朗日建立起關於動力系統的一般方程，包括拉格朗日方程，同時也納入他在微分方程、偏微分方程和變分法方面的著名成果。這部著作對於一般力學的重要性，就像牛頓的萬有引力定律之於天體力學。這並不是說拉格朗日不關心天體問題，事實上他也曾經解釋月球的天平動效應，也就是為何月球總以同一面朝向地球。但是，運用分析方法解決力學問題，標誌了與希臘古典傳統的分道揚鑣，因為即使牛頓及其追隨者的力學研究也依賴著幾何和圖形。

從一開始，拉格朗日就得到了年長他近三十歲的競爭對手歐拉的慷慨讚譽和提攜，成為數學史上一段佳話。把主要精力花在分析及其應用之餘，拉格朗日也像歐拉一樣，沉緬於解決奧妙無窮的數論難題。例如，前文已提到他證明了費馬的兩個重要猜想。同餘理論中也有一個拉格朗日定理，說的是一個 n 次整係數多項式，如果它的首項係數不能被質數 p 整除，那麼這個多項式關於模 p 的同餘方程至多有 n 個解。可是，更著名的拉格朗日定理出現在群論中，即有限群 G 的子群的階是 G 的階的因數。

由於拉格朗日取得的成就，薩丁尼亞國王贊助他前往巴黎和倫敦遊學，但他在巴黎生了一場大病，身體稍微好轉就急切地返回杜林。不久，他接到普魯士國王腓特烈二世的邀請並前往柏林，在那裡一待就是十一年，直到腓特烈二世去世。這一次，法國終於沒再錯過拉格朗日，路易十六把他邀請到巴黎來。那是一七八七年，拉格朗日當時已經把興趣轉向了人文科學、醫學和植物學，

德拉克洛瓦的
《領導民眾的自由女神》

比他年輕十九歲的瑪麗皇后對他愛護有加，盡一切所能緩解他的消沉情緒。

　　兩年後，法國大革命的高潮席捲巴黎，似乎也打破了拉格朗日的冷漠，讓他的數學頭腦再次活躍起來。他謝絕了重返柏林的邀請，依靠自己的緘默度過了恐怖歲月，而化學家拉瓦錫則人頭落地。等到巴黎師範學院成立，拉格朗日被任命為教授，之後又成為巴黎綜合理工學院第一位教授，為拿破崙麾下的年輕軍事工程師們講授數學，其中就有未來的數學家柯西。在兩次戰役之間將關注點轉到內政事務上的拿破崙也經常拜訪拉格朗日，談論數學和哲學，並讓他當上參議員和伯爵。「拉格朗日是數學科學領域中高聳的金字塔。」這位不可一世、征服過埃及的皇帝讚嘆道。

法蘭西的牛頓

　　晚年的拉格朗日曾經不無嫉妒地談及牛頓，「無疑，他是特別有天賦的人，但是我們必須看到，他也是最幸運的人，因為找到建立世界體系的機會只有一次。」相比之下，拉普拉斯比拉格朗日更不幸，不僅無法取得像牛頓那樣的成就，由於他的學術生涯恰好均勻分布在兩個世紀，而十八世紀有歐拉和拉格朗日，十九世紀有高斯，因此諸如某某世紀最傑出的數學或科學人物之類的頭銜，永遠不可能落到拉普拉斯頭上。儘管如此，他度過了輝煌的一生，這與他的才智、個人努力，以及有一個像拿破崙那樣的學生不無關係。

　　拉普拉斯的雙親是農夫，他出生於法國北部鄰近英吉利海峽的卡爾瓦多斯

「法蘭西的牛頓」：拉普拉斯

省，屬於下諾曼第，即二次大戰盟軍登陸的地方。在鄉村學校讀書期間，拉普拉斯就已顯露多方面的才能，其中包括辯論口才，並因此獲得富有鄰居的關心，成為一名走讀生進入當地的軍事學校。可能是因為拉普拉斯的非凡記憶能力而不是數學才華，一位有影響力的人士為他寫了推薦信，十八歲的拉普拉斯揣著這封信前往巴黎，這是他第一次出遠門。

　　沒想到，這封推薦信卻差點害了拉普拉斯。《百科全書》副主編、數學家達朗貝爾接見拉普拉斯時，對於他遞上的推薦信並不在意。回到住處後，不甘心的拉普拉斯連夜寫下一封關於力學原理的信，這封信果然發揮了作用，達朗貝爾閱後回信，請拉普拉斯立刻去見他。達朗貝爾在回信中寫道：「我幾乎沒有注意到你的那封推薦信。你不需要別人的推薦，你已經做了更好的自我介紹。」幾天以後，在達朗貝爾的引薦下，拉普拉斯成為巴黎軍事學院的教授，並在那裡遇到了他未來的學生拿破崙。

　　相較於拉格朗日，拉普拉斯在純粹數學方面花費的精力不多，取得的成就也比較少，基本上是為了滿足天文學研究的需要。在行列式計算時有按多行（列）展開的拉普拉斯定理，即設任意選定 k 行（列），則由這 k 行（列）元素所組成的一切 k 級子式與它們的代數餘子式的乘積之和，等於行列式的值。在微分方程中也有所謂的拉普拉斯變換，透過無窮積分把一類函數 $F(t)$ 變換為另一類函數 $f(p)$，即

$$f(p) = \int_0^\infty e^{-pt} F(t)\,dt$$

巴黎拉普拉斯地鐵站
（作者攝）

　　當然，拉普拉斯最著名的作品還是他的五卷本《天體力學》，為他贏得了「法蘭西的牛頓」美稱。拉普拉斯從二十四歲起就把牛頓的引力說應用於整個太陽系，探討了土星軌道為何不斷膨脹而木星軌道則不斷收縮這類特別困難的問題，也證明了行星軌道的離心率和傾角總保持很小且恆定，能夠自動調整，還發現了月球的加速度和地球軌道的離心率有關，等於是從理論上解釋了太陽系動態觀測中的最後一個反常現象。可以說，拉普拉斯的名字與宇宙的星雲說密不可分，我們前面談論微積分學的影響時，曾經提及的、關於位能（又稱勢能）的拉普拉斯方程就是一個例證。

　　如何評價拉普拉斯和拉格朗日這兩位科學巨人，這是後來的數學家同行們常常聊的話題。十九世紀的法國數學家帕松這樣寫道：「拉格朗日和拉普拉斯在他們的一切工作中，不論是研究數學，還是研究月球的天平動效應，都有著深刻的差別。拉格朗日在他探討的問題中往往只看到數學，把數學當作問題的根源，因此他高度評價數學的優美與普遍性。拉普拉斯主要則是把數學做為一個工具，每當一個特殊的問題出現時，他就巧妙地修改這個工具，使它適用於該問題……」

　　在為人處事或個性上，兩個人也有鮮明差別。傅立葉曾這樣評價拉格朗日：「他淡泊名利，用他的一生，高尚、質樸的舉止，崇高的品質，以及精確而深刻的科學著作，證明他對人類的普遍利益始終懷著深厚的感情。」而拉普拉斯則被視為數學家中勢利小人的典型代表，「對頭銜的貪婪，政治上的搖擺不定，渴望得到公眾的尊重，為了成為不斷變化的注意力之焦點而出風頭。」

敢於頂撞拿破崙的蒙日

美國數學史家 E・T・貝爾這樣說。

　　不過，拉普拉斯也有坦誠的一面。好比說，他的臨終遺言是「我們所知的不多，我們未知的無限」。正因為如此，他的學生拿破崙一邊批評他「到處找細微的差別，那只是一些似是而非的意見」，把無窮小精神帶入行政工作；一邊加封他為伯爵，授予他法國榮譽軍團的大十字勳章和留尼旺勳章，並在任命他做經度局局長之後，又讓他當內政部部長。拉普拉斯是個政治「不倒翁」，波旁王朝復辟以後，他晉升為侯爵並進入貴族院，還親手簽署了流放拿破崙的法令，同時擔任改組巴黎綜合理工學院的委員會主席。

皇帝的密友

　　有個流傳甚廣的故事說，稱帝後的拿破崙讀完《天體力學》後問拉普拉斯：「為什麼你的著作中沒有提到上帝？」拉普拉斯回答：「陛下，我不需要那個假設。」讓人不免想起歐幾里得回答國王托勒密一世時所說的：「幾何學中沒有王者之路。」事實上，拉普拉斯捨棄上帝可能是想勝牛頓一籌，因為牛頓不得不依賴上帝的存在和「第一推動力」，而且拉普拉斯考慮的天體範圍比牛頓的太陽系更廣。

　　無論是拉普拉斯還是拉格朗日，他們與拿破崙之間都是偉大的科學家與開明君主之間的關係，充其量只是君臣關係。蒙日就不同了，雖然他比拉普拉斯年長三歲，數學方面的才華也稍顯遜色，卻因為個人的閱歷和開放的個性，與

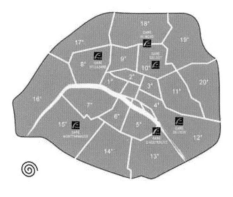

以阿基米德螺線排列的
巴黎區域圖

年輕的拿破崙建立起親密的友誼。在波旁王朝復辟以後，蒙日不僅沒有獲得像拉普拉斯那樣的爵位和榮耀，反而被通緝以致四處躲藏，他被當成是那個科西嘉人的心腹（他也的確是）。事實上，正如拿破崙所說，「蒙日愛我，就像一個人愛他的情人。」

　　蒙日出生在法國中部小鎮博納，該鎮位於第戎西南，隸屬於盛產葡萄酒的勃艮第。蒙日的父親是一個小販和磨刀匠，很重視兒子的教育，使得蒙日在學校的課業成績門門領先，甚至連體育和手工藝也不例外。十四歲那年，蒙日在沒有圖紙的情況下設計出一架消防用的滅火機，他只依賴兩件工具：堅持不懈的意志和靈巧的手指，這架滅火機以幾何的精確性具體呈現了他的想法。兩年後，蒙日又獨立繪製了一幅家鄉的大比例地圖，因此被推薦到里昂的一所教會學校教授物理學。

　　某次從里昂回家的路上，蒙日遇見一位看過他繪製的地圖的軍官，這位軍官介紹蒙日到北部香檳區首府沙勒維爾—梅濟耶爾的皇家軍事工程學院當教官。那座城市距離比利時邊境只有十四公里，也是知名詩人蘭波的出生地，不過詩人誕生於一個多世紀之後。蒙日的職位是低階職員，測量和製圖是他的日常工作，結果他趁機創立了一門新的幾何學 —— 畫法幾何，也就是在一個平面上描畫三維空間中的立體圖形。蒙日因此得到授課的權利和機會，他的一個學生卡諾後來成為卓越的幾何學家，並積極投身於法國大革命。

　　一七六八年，二十二歲的蒙日被任命為皇家軍事工程學院的數學教授，幾年以後又兼任物理學教授。他於一七八三年離開皇家軍事工程學院，到巴黎擔

任法國海軍學員主考官。幸好在去巴黎就職之前，蒙日已完成學術生涯中大部分發現，並娶了一位年輕、美麗、忠誠的寡婦，因為他抵達巴黎後就陷入了權力鬥爭，被勢利小人糾纏。接著爆發了法國大革命，他不得不捲入其中，甚至在革命黨人的逼迫下出任了新政府的海軍部長。

一七九六年，蒙日逃離巴黎後不久，收到已經坐上最高權力寶座的拿破崙來信。信一開頭，拿破崙回憶起若干年前他這個年輕不得志的炮兵軍官，如何受到了時任法國海軍部長的蒙日的熱情接見，接著對蒙日不久前完成的義大利公務旅行表示感謝。原來，拿破崙派蒙日前往義大利，負責挑選義大利人做為戰敗賠償而獻上繪畫、雕塑和其他藝術作品。幸虧蒙日手下留情，沒有宰殺「下金蛋的雞」，為拿破崙的故國義大利保存了相當多的珍稀藝術品。之後，他們維持了長久親密的友誼，蒙日也是唯一一個敢在拿破崙面前講真話甚至頂撞他的人，即便是在拿破崙稱帝以後。

巴黎綜合理工學院創辦後，蒙日成為第一任校長。這所學校與巴黎高等師範學院的創辦，標誌著法國數學與科學史上最光輝時期的到來。然而，拿破崙的心思並不完全在法國，他於一七九八年親率大軍遠征埃及，蒙日身為文化軍團的骨幹，與三角級數的發明者傅立葉隨同前往。據說在地中海航行期間，拿破崙每天早上都召集蒙日等人討論重要的主題，比如地球的年齡、世界毀於大火或洪水的可能性、行星上是否可以住人等。抵達開羅後，蒙日以法蘭西學院為藍本，創建了埃及研究院。

最後，我們要談一談蒙日在數學上所做的貢獻。除了創立畫法幾何，他率先把微積分應用於曲線和曲面研究，並出版了微分幾何最早的著作。蒙日大大推進了空間曲面和曲線理論的發展，其特點是與微分方程緊密結合，用微分方程表示曲面和曲線的各種性質，這也是「微分幾何」一詞的由來。舉例來說，蒙日給出了可展曲面的一般表示形式，並證明除了垂直於 XOY 平面的柱面以外，這類曲面總能滿足下列偏微分方程：

$$\frac{\partial^2 Z}{\partial x^2}\frac{\partial^2 Z}{\partial y^2} - \left(\frac{\partial^2 Z}{\partial x \partial y}\right)^2 = 0$$

巴黎先賢祠墓道，拉格朗日、蒙日、卡諾和
孔多塞侯爵均安葬於此（作者攝）

　　蒙日在巴黎綜合理工學院擔任校長期間，有時也會親自為學生講課。有一次，他在講課時發現了一個巧妙的幾何定理，是關於四面體的某個性質。眾所周知，四面體有四個面和六條邊，每條邊只與另外五條邊中的一條不相交，叫作互為對邊。蒙日定理是指，通過四面體每條邊的中點並垂直於其對邊的六個平面，必交於一點，該點被稱為「蒙日點」，那六個平面則被稱為「蒙日平面」。

結語

　　數學發展遵循的規律是：不時需要其他養料，尤以物理學給予的養分最多（當然，物理學也從數學中受益最多）。可以說，物理問題大力推動了數學的發展，特別是分析（十九世紀後期以來則可能是幾何），從微積分學誕生那一刻起，分析便與力學緊密連繫在一起，正因如此才有了拉格朗日的巨著《分析力學》。不過，偉大的拉格朗日最滿意的數學分支可能是數論，他不無得意地證明，每一個正整數均可以表示成不超過四個平方數之和。而法國大革命所產生的軍事、工程技術的需求，也為數學的發展和應用打開了方便之門，這扇門直到今天也沒有關閉。

　　必須指出，在牛頓和萊布尼茲之後，以及拉格朗日出現之前，歐洲的大數學家主要集中在經濟、文化、科學都不發達的高山小國瑞士。那裡有大名鼎鼎的白努利家族和歐拉，而且他們來自同一座城市巴塞爾，這是一個非常有意思的現象。第一代白努利兄弟雅各布和約翰都是歐拉的老師，他們執教於巴塞爾大學。雖然歐拉大學畢業後一直生活在遙遠的異國城市聖彼得堡和柏林，他的肖像卻出現在瑞士法郎紙幣上，與英鎊紙幣上的牛頓、挪威克朗紙幣上的阿貝爾一起，成為至今仍在流通的歐洲貨幣上僅存的三位數學家。值得一提的是，歐拉是在法蘭西科學院主辦的有獎徵文競賽上嶄露頭角的，他一生贏得了十二次該獎項的一等獎。

　　做為新型大學的開端，巴黎綜合理工學院的創校為數學家，尤其是應用數學家提供了許多可靠的職位，拉格朗日和蒙日都成為首批擔任大學教授的數學家。青年學生為了被學校錄取而展開激烈競爭（甚至設置了面試主考官），入

數學家兼埃及學者傅立葉　　傅立葉之墓，巴黎拉雪茲

學後的培養目標則是成為工程師或軍官，柯西是其中最出色的一個。他有著十分深厚的學術修為，可惜心胸不夠寬廣且自負，因此忽視了包括阿貝爾在內的年輕人。巴黎綜合理工學院的優良傳統後來也傳到了世界各地，如美國創立了麻省理工學院和加州理工學院，中國和印度出現了清華大學和印度理工學院（七個校區分布在印度不同的城市）。

　　在柯西之前，還有兩位法國數學家傅立葉和帕松出自巴黎綜合理工學院。傅立葉最偉大的著作是一八二二年的《熱的解析理論》，馬克士威稱讚其為「一首偉大的詩」。在這本書中，傅立葉證明了任何函數均可表示成多重的正弦或餘弦級數。這些三角級數（又稱傅立葉級數）不僅對受邊界約束的偏微分方程十分重要，也拓展了函數概念。村長的兒子帕松則是「第一個沿著複平面上的路徑進行積分的人」，他的名字在大學數學裡頻頻出現，例如，帕松積分和帕松方程（勢論）、帕松係數（彈性力學）、帕松分布定理或帕松大數定律（概率論）、帕松括弧（微分方程）等。

　　傅立葉有句名言：「對自然的深入研究是數學發現最重要的源泉。」他和帕松都有不少有趣的傳聞。據說傅立葉出任下埃及總督期間，為了研究熱力學，在沙漠裡穿上厚厚的衣服，以致加重了心臟病。當他六十三歲在巴黎去世時，渾身熱得像煮熟了似的。帕松小時候由媬姆照顧，有一天父親來看他，發現媬姆不在，而帕松坐在一個掛在牆上的布袋裡。媬姆後來對帕松的父親解釋，這樣可以避免帕松被地板弄髒並染病。帕松晚年大部分時間都花在研究擺線問題，這或許和他小時候被「掛」在牆上擺來擺去有關。

哲學家康德（與費馬一樣）畢生居住在
遠離文化中心的家鄉哥尼斯堡

　　可以說，十八世紀湧現的數學家人數超過以往任何一個世紀，就連天才輩
出的十七世紀也比不上。然而，十八世紀沒有出現任何一位文藝復興式的「巨
人」，一味務實也導致數學家與哲學家漸行漸遠，所以有人稱十八世紀為「發
明的世紀」。事實上，十八世紀幾乎沒有產生一位數學家兼哲學家，或是數學
家兼文學家。晚年的歐拉同意拉格朗日的說法，數學的思想快要窮盡了，但他
們沒有想到的是，這個盡頭又是一個嶄新的起點。

　　與此同時，數學所取得的超乎人們想像的成就，以及由此確立的崇高地
位，也動搖了長期以來盛行的哲學和宗教思想體系。至少對有識之士來說，對
上帝的虔誠信仰已經動搖了，神學家們開始關心一個問題，哲學家們也趁機發
出疑問：真理是如何發現的？

　　關於這個問題，德國哲學家、近代歐洲最具影響力的思想家康德做了認真
研究，他以「直線是兩點間的最短距離」為例說明，真理不能僅從經驗中得
來，而必須是一種綜合判斷。

　　又如，「二律背反」是指，兩個各自依據普遍認可的原則建立起來的、公
認為正確的命題之間的矛盾衝突，這是康德哲學中的一個重要概念。他在《純
粹理性批判》裡將其描述為四組正題和反題並予以證明，康德稱之為「先驗理
念」的四個衝突。在這四組正反命題中，有兩組接近於數學悖論。它們是：

第三組

正題：世界上有出於自由的原因；

反題：沒有自由，一切都是依自然法則。

第四組

正題：在世界的原因系列裡有某種必然的存在體；

反題：沒有必然的東西，在這個系列裡，一切都是偶然的。

　　由此可見，數學真理包括歐氏幾何學和悖論，這是康德哲學體系的主要支柱。

第七章

現代數學與現代藝術

從虛無中，我開創了一個新的世界。

——J・鮑耶

你給我泥土，我能把它變成黃金。

——波特萊爾

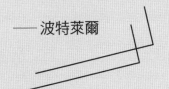

代數學的新生

分析的嚴格化

　　無論是數學還是藝術領域，十九世紀上半葉都是從古典進入現代的關鍵時期，走在最前列的也依然是生性敏感的數學家和詩人。愛倫・坡和波特萊爾的相繼出現，非歐幾何學和非交換代數的接連問世，標誌著以亞里斯多德《詩學》和歐幾里得《幾何原本》為準則，延續了兩千多年的古典時代之終結。然而，由於強大的慣性始然，分析時代的影響力猶在，並經歷了嚴格化和精細化的過程，不過分析似乎沒有像代數和幾何那樣，出現里程碑式的轉捩點。

　　在分析人才輩出的法國，十九世紀最主要的數學家是柯西。一七八九年夏，也就是群眾攻占巴士底監獄後一個多月，柯西在巴黎出生，他父親是一位文職官員，在拿破崙執政後成為新成立的上議院中管理印章和書寫會議紀要的祕書，與拉普拉斯和拉格朗日交往頗多，因此柯西從小就有機會親近這兩位數學家。據說有一天，拉格朗日在老柯西的辦公室裡看到柯西寫在草稿紙上的演算題，脫口說道：「瞧這孩子，將來我們這些可憐的數學家都會被他取而代之。」拉格朗日也建議老柯西，鑑於柯西體質虛弱，在完成基本教育之前，先別讓他攻讀數學著作。

　　柯西從小喜歡文學，上大學後一度專攻古典文學，後來又立志成為軍事工程師。十六歲時，柯西考入巴黎綜合理工學院，兩年後進入土木工程科，並在畢業後被派往英吉利海峽邊的瑟堡，為拿破崙軍隊入侵英國設計港口和防禦工事，他也利用業餘時間研究數學。回巴黎後，拉普拉斯和拉格朗日都適時勸說柯西投身數學領域，而拿破崙政權的垮臺也宣告著他的工程師夢想破滅。二十七歲那年，他受聘成為巴黎綜合理工學院的數學和力學教授，並替補因追隨拿

棄文從工後又投理的柯西

破崙而被放逐的蒙日，成為法蘭西科學院院士。此後，除了因為拒絕宣誓效忠新國王而在國外旅居數年，柯西的生活十分安定。

柯西把自己在分析方面的許多成果都寫入了巴黎綜合理工學院的上課講義，這些以嚴格化為目的的教材內容包括變數、函數、極限、連續性、導數和微分等微積分學的基本概念。例如，他率先把導數定義為下列差商

$$\frac{\Delta y}{\Delta x} = \frac{f(x+\Delta x)-f(x)}{\Delta x}$$

在 Δx 無限趨近零時的極限，並把函數的微分定義為 $dy = f'(x)\,dx$。柯西還對數列和無窮級數的極限進行了嚴格化處理，建立了「柯西收斂準則」。這個準則對數列的情形表述如下：

數列 x_n 收斂的充分必要條件是：對於任意給定的 $\varepsilon > 0$，存在正整數 N，當 $m > N$，$n > N$ 時，就有 $\left| x_m - x_n \right| < \varepsilon$。

此外，微分學中的「柯西中值定理」是上一章談及的拉格朗日中值定理的推廣。「微積分基本定理」也是由柯西嚴格表述並證明的：設 $f(x)$ 是 $[a，b]$ 上的連續函數，對於 $[a，b]$ 上的任意一點 x，由

$$F(x) = \int_a^x f(x)\,dx$$

中學老師出身的數學大師
魏爾斯特拉斯

定義的函數 $F(x)$ 就是 $f(x)$ 的原函數，即 $F'(x)=f(x)$。

　　柯西給出的許多定義和論述基本上已是微積分的現代形式，這是向分析嚴格化邁出的關鍵一步。據說他在法蘭西科學院展示有關級數收斂性的論文時，臺下年事已高的拉普拉斯驚詫無比，會後更是急急忙忙趕回家，從書架上取下《天體力學》，用柯西提供的準則檢查裡面的級數，直到證明它們全都收斂才放下心來。儘管如此，柯西的理論還是存在漏洞，舉例來說，柯西經常使用「無限趨近」、「想要多小就有多小」等直覺性表述，而在證明做為和式極限的連續函數的積分存在性等問題時需要實數的完備性。

　　此時，法國在分析研究方面後繼乏人，德國則有一位中學數學老師接過了接力棒，他就是魏爾斯特拉斯。

　　就在拿破崙慘遭滑鐵盧大敗那一年，魏爾斯特拉斯出生在德國西部的西發里亞。他年輕時選錯了職業，在法律和財經研究上浪費不少時間，二十六歲後又在家鄉與鄰近的幾所中學裡教授數學、物理學、植物學和體育，沒沒無聞過了十五年。直到一八五七年，也就是柯西去世那年，四十二歲的魏爾斯特拉斯才剛剛當上柏林大學的助理教授。雖然魏爾斯特拉斯與小他三十五歲的俄國女數學家柯瓦列夫斯卡婭（偏微分方程解的存在唯一性問題被稱為柯西—柯瓦列夫斯卡婭定理）有著非比尋常的友誼，他卻和三個弟弟、妹妹一樣終生未婚。

　　柯瓦列夫斯卡婭是一位傳奇的美麗女子。出生於莫斯科的她，父親是一位將軍，母親是德國人後裔。那時的俄國不准女子出國留學，就像印度的婆羅門青年甘地曾遭遇的那樣，柯瓦列夫斯卡婭不得已，只好與學生物學的大學生柯

俄國數學家柯瓦列夫斯卡婭

瓦列夫斯基假結婚，從而遷居德國。起初，柯瓦列夫斯卡婭在海德堡大學師從德國物理學家、能量守恆定律的發現者亥姆霍茲，後又到柏林請**魏爾斯特拉斯**擔任她的私人教師。一八七四年，她以一篇關於偏微分方程的論文，在毋須答辯的情況下，獲得哥廷根大學博士學位，成為數學史上第一個女博士，指導老師則是**魏爾斯特拉斯**。一八八八年，柯瓦列夫斯卡婭匿名投寄一篇關於剛性物體繞固定點旋轉的論文給法蘭西科學院，榮獲大獎，並被數學家切比雪夫等人推薦為俄國科學院通訊院士，成為史上第一位女院士。她死後出版的小說《童年的回憶》（一八九三）描寫了早年在俄國的生活，一度廣為流傳。

在那個年代，由於人們對實數系缺乏認識，因而存在一個普遍的錯誤，就是認為所有連續函數都是可微的。但是，**魏爾斯特拉斯**舉出一個處處連續卻處處不可微的函數，震驚了數學界。這個例子是：

$$f(x) = \sum_{n=0}^{\infty} b^n \cos(a^n \pi x)$$

其中 a 是奇數，$b \in (0,1)$，$ab > 1 + \dfrac{3\pi}{2}$。

從那以後，**魏爾斯特拉斯**創立了我們今天熟知的「$\varepsilon - \delta$ 語言」，用其代替柯西的「無限趨近」，並給出了實數的第一個嚴格定義，他也因此被譽為「現代分析之父」。**魏爾斯特拉斯**先從自然數出發並定義有理數，再透過無窮多個有理數的集合來定義實數，然後用實數建立起極限和連續性等概念。後來，他的同胞戴德金和 G‧康托爾分別從有理數的分割和極限重新定義實數，並借此

證明了實數的完備性。G・康托爾本是在俄國聖彼得堡出生的丹麥人，後來移民成為德國人，以創立集合論聞名。他是魏爾斯特拉斯的學生，和戴德金（高斯的學生）雖然是競爭者，卻相互影響和鼓勵，並一直保持著書信往來。

阿貝爾和伽羅瓦

拿破崙在聖赫勒拿島去世那一年，即一八二一年，在歐洲大陸的最北端，十九歲的挪威青年阿貝爾進入奧斯陸大學就讀。三年後，他自費發表論文〈論一般五次代數方程之不可解性〉，證明了以下結果：如果一個多項式的次數不少於五次，那麼任何由它的係數組成的根式都不可能是該方程的根。這個結果的意義非常重大，自從中世紀的阿拉伯數學家將二次方程理論系統化，文藝復興時期的義大利數學家透過公開辯論解決了三次和四次方程的求解問題，兩百多年來的數學家們最渴望破解的，就是五次和五次以上方程式的根。

阿貝爾出生在挪威的西南城市斯塔萬格附近的芬島，是窮牧師的兒子，有七個兄弟姐妹。挪威如今已是歐洲最富裕的國家之一，當時的經濟狀況卻十分糟糕，沒出過一個有名的科學家。所幸，阿貝爾在教會學校遇到一位優秀的數學老師，讓他在少年時代便有機會閱讀歐拉、拉格朗日和高斯的著作。他自認為找到了五次方程的解法，但當時挪威無人可以判斷其對錯，於是他把文章寄去丹麥。然而，丹麥人也看不出對錯，只是要求阿貝爾提供更多例子。後來，阿貝爾自己發現了問題，把注意力轉向否定方，最終取得了成功，那時他已是奧斯陸大學的學生了。

阿貝爾有了知名度後，決定向政府申請一筆旅費，準備前往德國和法國遊學，但被要求先在挪威學好德語和法語。二十三歲那年，剛剛大學畢業的阿貝爾踏上了遊學之旅，他先抵達柏林，在那裡結交了一位出版商朋友，後者在他的《純粹數學與應用數學雜誌》（也叫《克雷爾雜誌》）創刊號上發表了阿貝爾的七篇論文，其中包括五次方程之不可解性證明。《純粹數學與應用數學雜誌》也是目前仍在發行的最古老數學雜誌。與此同時，阿貝爾瞭解到，包括高斯在內，那些收到他論文的數學家都沒有認真閱讀，於是痛苦地繞過哥廷根前

英年早逝的數學天才阿貝爾

往巴黎。但同樣地，柯西和其他法國數學家也漠視了阿貝爾的成果。

　　兩年後返回挪威時，阿貝爾已經染上肺結核，貧困交迫，僅依靠家庭教師和朋友的資助維持生計。直到此時，才有一些歐洲同行認識到他的工作價值：五次方程之不可解性證明只是其中的一小部分，阿貝爾定理奠定了代數函數的積分理論和阿貝爾函數方程式的基礎，阿貝爾方程群大大推進了橢圓函數的研究。橢圓函數做為雙週期的亞純函數，最初是從求橢圓弧長衍生出來的。橢圓函數論可以說是複變函數論在十九世紀最光輝的成就之一，不過德國數學家雅可比也獨立做到了。一八二九年春，經由那位出版商朋友的努力，柏林大學終於為阿貝爾提供了教授職位，但就在聘書寄達奧斯陸的兩天前，阿貝爾不幸去世。

　　阿貝爾死後不久，數學界逐漸意識到其成果的重要性，如今他被公認是近代數學發展的先驅和十九世紀最偉大的數學家之一，就連最高面額的挪威克朗紙幣上也印有他的肖像。阿貝爾很可能是第一個揚名世界的挪威人，他取得的舉世矚目成就激發了其同胞的才智。阿貝爾去世前一年，挪威誕生了偉大的戲劇家易卜生，接下來還有作曲家葛利格、藝術家孟克和探險家阿蒙森，每一位都蜚聲世界。其中阿蒙森是世界上第一個抵達南極的人，使用的交通工具是狗拉雪橇。

　　阿貝爾在否定五次或五次以上方程存在一般解的同時，也考慮了一些特殊的、能用根式求解的方程式，其中一類是「阿貝爾函數方程式」。在這項工作中，實際上他是引進了抽象代數中「域」的概念。十八世紀最後一年，高斯在

他的博士論文中率先證明了 n 次代數方程式恰好有 n 個根（代數基本定理），給了數學家信心。但在阿貝爾之後，數學家們面臨底下這個問題：什麼樣的方程式可以用根式來求解？這問題將由另一位英年早逝的天才伽羅瓦回答，他在阿貝爾去世後的兩年內，迅速建立起判別方程根是可解的充分必要條件。

伽羅瓦的想法是將一個 n 次方程式的 n 個根做為一個整體來考察，並研究它們之間的重新排列（置換）。舉例來說，設四次方程式的四個根為 x_1，x_2，x_3，x_4，則將 x_1 和 x_2 交換就可得到一個置換

$$P = \begin{pmatrix} x_1 & x_2 & x_3 & x_4 \\ x_2 & x_1 & x_3 & x_4 \end{pmatrix}$$

把連續實行兩次置換後得到的一個新置換定義為這兩個置換的乘積，所有可能的置換構成一個集合（上述例子裡共有 4! = 24 個元素）。這種乘法是封閉的（相乘後仍在其中），滿足結合律：$(P_1 P_2) P_3 = P_1 (P_2 P_3)$，且存在單位元素（恆等置換）和逆元素（相乘以後為恆等元素）。

滿足上述條件的集合叫群（如果乘法也滿足交換律，則稱為交換群或阿貝爾群），上述實例叫置換群。伽羅瓦考慮了方程根的置換群中某些置換組成的子群（擁有群的性質的子集合），它們必須滿足一定的代數法則，這樣的群現在被稱為「伽羅瓦群」。以四次方程 $x^4 + px^2 + q = 0$ 為例，它的四個根分成互為正負的兩對，即 $x_1 + x_2 = 0$，$x_3 + x_4 = 0$，其伽羅瓦群中的置換在域 F 中也滿足上述兩個等式，在這裡 F 是 p 和 q 的有理運算式形成的域。可以驗證，上述伽羅瓦群僅有八個元素（置換）。最關鍵的是，伽羅瓦證明了只有伽羅瓦群是可解群時，方程式才是根式可解的。事實上，對於伽羅瓦群，只有在它的階數 $n = 1$、2、3 或 4 時，才是任意可解的。

伽羅瓦於一八一一年秋天出生在巴黎南郊的皇后堡小鎮，家境原本優裕。他父親積極參與法國大革命，當拿破崙從流放地厄爾巴島返回巴黎再次執掌政權（史稱迴光返照的「百日政變」）時，甚至被選為鎮長。伽羅瓦從小接受良好的教育，但他十八歲時，他父親因遭人誣陷憤而自殺，他報考巴黎綜合理工學院未果（可能是因為未通過面試），後來進入巴黎高等師範學院，次年

數學界的「蘭波」—— 伽羅瓦

卻因為參加反對波旁王朝的運動而被校方開除，不久又被當局抓捕並判刑。獲釋後，伽羅瓦談了一場愚蠢的戀愛，並為了情人決鬥而死，那是一八三二年的春天，當時他年僅二十歲。伽羅瓦死後被葬在家鄉的公墓裡，具體位置無人知曉。

　　和阿貝爾一樣，伽羅瓦讀中學時遇到一位好數學老師，帶領他進入奇妙的數學世界。很快，他就拋開教科書，直接閱讀拉格朗日、歐拉、高斯和柯西等數學家原作，並構造出群的概念。伽羅瓦人在巴黎，又在名校讀書，本來可以避免像阿貝爾那樣英年早逝的悲劇命運。不料，他遞交給法蘭西科學院的三篇論文也被柯西等數學家忽視或遺失，幸好他參加決鬥前夜預感到自己的結局，以寫信給朋友的形式留下遺囑，再加上其他手稿，為後世數學家留下了珍貴的遺產。但是，伽羅瓦生前只發表了一篇短文，死後人們能收集到的文稿也僅有六十頁。

　　伽羅瓦的成果開啟了近世的代數研究，不僅解決了方程可解性這個三百多年的數學難題，更重要的是，包括運算對象在內的群的概念（與元素的對象無關，置換群只是其特例）的引進，推動了代數學在對象、內容和方法上的深刻變革。隨著數學和自然科學的發展，群的應用愈來愈廣泛，從晶體結構到基本粒子、量子力學等。一九〇〇年，普林斯頓大學一位物理學家與一位數學家討論課程時說，群論無疑可被刪除，因為它對物理學沒有任何用處。可是不到二十年後，就有三本關於群論與量子力學的專著出版。與此同時，我們也看到阿貝爾和伽羅瓦等人的工作促使代數學家把注意力從解方程式中解放出來，轉而

投入在數學內部的發展和革新上。

值得一提的是，比伽羅瓦早兩年出生的法國人劉維爾也是一位數學天才。劉維爾十六歲進入巴黎綜合理工學院，後留校擔任助教，是代數數的有理逼近和超越數論的奠基者。「代數數」和「超越數」是這樣定義的：如果一個複數是某個整係數多項式方程的根，它就是代數數，否則就是超越數。超越數的概念最早出現在歐拉的著作《無窮分析引論》（一七四八）中。一八四四年，劉維爾首先證明了超越數的存在，透過無窮級數構造了無數個超越數。特別地，下列無窮小數是超越數

$$\sum_{i=1}^{\infty} \frac{1}{10^{i!}} = 0.1100010000\cdots$$

這個數被稱為「劉維爾數」，這是人類對於數的一次認知飛躍。一八七三年，法國數學家埃爾米特證明了自然對數的底 e = 2.7182818⋯是超越數。一八八二年，德國數學家林德曼證明了圓周率 π 是超越數。值得一提的是，林德曼的博士研究導師是克萊殷，林德曼自己執教哥尼斯堡大學期間，則指導希爾伯特和閔考斯基在同一年獲得了博士學位，而正是這三位與林德曼有著師生關係的人，創立了數學領域的哥廷根學派。

可是，我們至今不知 e + π 是不是超越數，甚至不知道它是不是無理數。同樣的，歐拉常數

$$\gamma = \lim_{n \to \infty}(1 + \frac{1}{2} + \cdots + \frac{1}{n} - \log n) = 0.5772156649\cdots$$

是否為有理數也未見分曉。

哈密頓的四元數

伽羅瓦提出群的概念之後，代數學領域接下來的重大發現是四元數。這是歷史上第一次出現不滿足乘法交換律的數系，雖然四元數本身的作用無法與伽

羅瓦的群理論或阿貝爾的橢圓函數相提並論，但對於代數學的發展來說卻極具革命性。自牛頓去世以後，法國和德國數學家始終占據著歐洲的數學舞臺，現在終於輪到說英語的人揚眉吐氣了，那便是神奇的哈密頓。雖然若要老實說，哈密頓其實是愛爾蘭人，住在離倫敦四百多公里遠的都柏林，可是在整個十九世紀，大不列顛和愛爾蘭在名義上是同一個國家。

一八○五年，哈密頓出生在都柏林的一個律師家庭，他的母親很有智慧。或許預見到了未來的不測，雙親把小哈密頓送往鄉下，寄養在他那位當牧師的叔叔家裡。這位叔叔是個語言怪才，哈密頓又是個神童，十三歲時已經能夠流利地講十三種語言，包括拉丁語、希伯來語、阿拉伯語、波斯語、梵語、孟加拉語、馬來語、興都斯坦語、古敘利亞語。正當哈密頓準備學習漢語時，他的父母不幸雙雙離世。十五歲那年，都柏林來了一個擅長速算的美國神童，年紀比哈密頓還小一歲，他把哈密頓引入了另一個世界。

透過自學，哈密頓迅速掌握了解析幾何和微積分，他閱讀牛頓的《自然哲學的數學原理》和拉普拉斯的《天體力學》，並指出後者的一個數學錯誤，引起了人們的注意。第二年，從沒上過學的哈密頓以第一名成績考進都柏林三一學院。等到他從大學畢業時，他已經建立起幾何光學這個新學科，並毫無異議地被母校聘任為天文學教授，還獲得了「愛爾蘭皇家天文學家」稱號，那時哈密頓尚不滿二十二歲，這與阿貝爾和伽羅瓦完全不同。三十歲那年，哈密頓被封為爵士，兩年後又被任命為愛爾蘭皇家科學院院長。

哈密頓生前雖以物理學家和天文學家聞名於世，但他本人最傾心且投入最多精力的卻是數學，然而出於各種原因，他在這方面的成績來得晚了些。十九世紀初，高斯等人分別給出了複數 $a + bi$ 的幾何表示，不久後數學家就意識到，複數能用來表示和研究平面上的向量。尤其是在物理學領域，因為力、速度和加速度這些既有大小又有方向的量，統統都是向量，這些向量符合平行四邊形法則，兩個複數相加的結果正好也符合此一法則。

用複數來表示向量及其運算最大的好處是，毋須透過幾何作圖就可以用代數方法研究它們。但很快又遇到了新問題，複數的用途是有限制的。由於幾個力對物體的作用不一定在同一個平面上，這樣一來就需要複數的三維形式。人

都柏林布魯姆橋上的碑石，
上面寫著哈密頓散步到此發
現了四元數

們很可能自然而然想到利用笛卡兒坐標系 $(x，y，z)$ 來表示從原點到該點的向量，遺憾的是，並不存在讓三元陣列的運算對應向量的運算。擺在哈密頓面前這光榮而艱鉅的任務是，讓複數可以進行上述運算。

　　一八三七年，哈密頓發表了一篇文章，第一次指出複數 $a + bi$ 中加號的使用只是歷史的偶然，複數可用有序偶 $(a，b)$ 表示。他給這種有序偶定義了加法和乘法運算法則，即

$$(a，b)+(c，d)=(a+c，b+d)，$$
$$(a，b) \times (c，d)=(ac-bd，ad+bc)$$

　　他同時證明了這兩種運算是封閉的，並滿足交換律和結合律，這是哈密頓邁出的第一步。接下來他想把這種有序偶推廣到任意元陣列中，使之具備實數和複數的基本性質。經過長期的努力，他發現所要找的新數至少有四個分量，此外，還必須放棄自古以來數的乘法都滿足的交換律。哈密頓把這種新數命名為四元數。

　　四元數的一般形式為 $a + bi + cj + dk$，其中 a、b、c、d 為實數，i、j、k 滿足 $i^2 = j^2 = k^2 = -1$，$ij = -ji = k$，$jk = -kj = i$，$ki = -ki = j$。這樣一來，任何兩個四元數都可以按上述規則相乘，例如設 $p = 1 + 2i + 3j + 4k$，$q = 4 + 3i + 2j + k$，則

$$pq = -12 + 6i + 24j + 12k，qp = -12 + 16i + 4j + 2k$$

英國歷史上最多產的數學家凱萊

雖然 $pq \neq qp$，但結合律卻成立，哈密頓親自驗證並第一次使用了四元數這個詞。這時是一八四三年，哈密頓開啟了代數學的一扇大門，從此以後，數學家們可以更自由地建立新的數系。

　　必須指出的是，哈密頓的四元數雖然具有重大的數學意義，卻不適用於物理學。多位德國、英國和美國數學家經過共同努力，把四元數定義中的第一項和後三項分開，讓後三項組成一個向量，同時重新定義 i、j、k 之間的兩種運算──內積（點積）和外積（叉積），即今天我們在空間解析幾何裡學到的向量運算或向量分析，它們在物理學領域有著廣泛的應用。此外，還出現了更一般的有序 n 元陣列，那是德國數學家格拉斯曼於一八四四年給出的。矩陣也成為獨立的研究對象，矩陣不僅用途極廣，而且與四元數一樣不滿足乘法交換律。

　　遺憾的是，四元數理論後來也與某些數學發現一樣，成為「數學史上一件有趣的古董」，哈密頓晚年錯誤以為四元數理論就是解開宇宙祕密的關鍵，該理論對於十九世紀的重要性就像牛頓的流數法之於十七世紀。事實上，四元數理論誕生後就完成了它的歷史使命，哈密頓卻把人生的最後二十年全部投入了它的推演，對於像他這樣偉大的數學家來說，無疑是個悲劇。當時在大西洋彼岸數學欠發達的美國，四元數理論的確風靡一時，新成立的美國科學院院士們還推選哈密頓為第一位外籍院士。

　　哈密頓去世八年前，即一八五七年，英國數學家凱萊從線性變換中提取出矩陣的概念和運算法則。凱萊發現，矩陣的加法滿足交換律和結合律，乘法僅

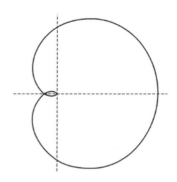

凱萊的蚌線

滿足結合律和對加法的分配律，但與四元數一樣不滿足交換律。例如

$$\begin{pmatrix} 1 & 0 \\ 0 & 0 \end{pmatrix}\begin{pmatrix} 0 & 1 \\ 0 & 1 \end{pmatrix} = \begin{pmatrix} 0 & 1 \\ 0 & 0 \end{pmatrix} \neq \begin{pmatrix} 0 & 0 \\ 0 & 0 \end{pmatrix} = \begin{pmatrix} 0 & 1 \\ 0 & 1 \end{pmatrix}\begin{pmatrix} 1 & 0 \\ 0 & 0 \end{pmatrix}$$

矩陣理論的重要性當然不用多說，正是依賴這個新概念，哈密頓的名字才走出數學史，在今天的高等代數課程裡留下永久的印記，也就是所謂的哈密頓—凱萊定理：

設 A 是數域 P 上的一個 n 階方陣，$f(\lambda) = |\lambda E - A|$（行列式）是 A 的特徵多項式，則 $f(A) = 0$（零矩陣）。

一九二五年，物理學家玻恩和海森堡發現，最能表達他們的新想法的，恰好就是矩陣代數，即某些物理量可以用不能交換的代數對象表示，從而產生了著名的「測不準原理」。值得一提的是，矩陣（matrix）一詞是由凱萊的合作者、英國數學家西爾維斯特命名的。凱萊還率先引入了 n 維空間的概念，詳細討論了四維空間的性質，他和西爾維斯特共同建立了代數不變數理論，在量子力學和相對論的創立過程中發揮了作用。同樣值得一提的是，凱萊也是促使劍橋大學招收女學生的主要推動者，西爾維斯特有段時間則在美國執教，成為新大陸開拓數學事業的先驅。

凱萊的父親是一位在聖彼得堡經商的英國人，母親有俄國血統。在他的父

母返鄉探親期間，凱萊在英國出生，他的童年則在俄國度過。可以想像，凱萊的父親反對兒子以數學為職業，但最終被中學校長說服，凱萊後來也成為英國歷史上最多產的數學家，和哈密頓、西爾維斯特一起開創了繼牛頓之後英國數學的又一個輝煌時期。有意思的是，在成為舉世公認的數學家之前，凱萊和西爾維斯特有段時間都在當律師。從事財產轉讓律師長達十四年的凱萊過著富裕的生活，但始終沒有中斷數學研究，這不由得讓人聯想到美國現代詩人史蒂文斯，他長期擔任保險公司副總裁一職。

幾何學的變革

幾何學的家醜

　　代數學獲得新生的同時，在數學另一大領域——幾何學的內部也悄悄發生著革命性的變化。由於幾何學的歷史沉澱較為厚實，牽涉到人類的思考脈絡，變革因此顯得更加不易，我們必須一路追溯回古希臘。歐幾里得幾何在數學的嚴格性和推理性方面樹立了典範，兩千多年來始終保持著神聖不可動搖的地位。數學家們相信歐幾里得幾何是絕對真理，巴羅曾經條列對其肯定和頌揚的理由，他的學生牛頓也為自己創立的微積分披上了歐幾里得幾何的外衣。

　　笛卡兒的解析幾何雖然改變了幾何研究的方法，但本質上並沒有改變歐幾里得幾何的內容，他在每一次幾何作圖後，都會小心翼翼地給出另外的證明。與笛卡兒同時代或稍晚的哲學家霍布斯、洛克、萊布尼茲、康德和黑格爾，也都從各自的角度判定歐幾里得幾何是明白的和必然的。康德在《純粹理性批判》中甚至聲稱，感性直觀促使我們只按照一種方式觀察外部世界，斷言物質世界必然是歐幾里得式的，並認為歐幾里得幾何是唯一的和必然的。

　　可是，早在一七三九年，也就是康德上大學前一年，蘇格蘭哲學家休謨就在著作裡否定了宇宙中的事物遵循一定的法則。他的不可知論表明，科學是純粹經驗性的，歐幾里得幾何定理未必是真理。事實上，歐幾里得幾何並非無懈可擊，從它誕生之日起，就有一個問題深深困擾著數學家們，也就是第五公設，又稱平行公設。它的敘述不像其他四條公設那樣簡單明瞭，當時就有人懷疑，第五公設不像一個公設而更像一個定理。這條被達朗貝爾戲稱為「幾何學的家醜」的著名公設是這樣敘述的：

不可知論者休謨

蘇格蘭數學家普萊費爾

　　如果同一平面上的一條直線和另外兩條直線相交，同一側的兩個內角之和小於兩個直角，則若兩條直線無限延長，它們必在這一側相交。

　　為了遮掩這一「家醜」，數學家們做了兩方面的努力：一是試圖用其他公設和定理證明它，如第四章提到的奧瑪珈音和納西爾丁的嘗試；二是努力尋找一條容易被接受、更加自然的等價公設代替它。在歷史上，用來代替它的公設不下十條，其中最有名又出現在今日教科書裡的，是由十八世紀的蘇格蘭數學家兼物理學家普萊費爾提出的（也稱普萊費爾公理），即

　　過已知直線外一點，能且僅能作一條直線與已知直線平行。

　　需要指出的是，早在奧瑪珈音和納西爾丁之前，二世紀的古希臘天文學家托勒密便嘗試並認為自己證明了平行公設（可能是歷史上第一個），但是五世紀的哲學家普羅克洛發現，托勒密的證明中用到了上述普萊費爾公理。也就是說，普萊費爾公理並非蘇格蘭人普萊費爾首創。

　　接下來的歷史是一段空白，因為就連歐幾里得的《幾何原本》也在歐洲消失了，只有熟讀阿拉伯文的波斯人看得到並做了研究。直到中世紀以後，這本書從阿拉伯文版本被譯成拉丁語，第五公設才重新出現在歐洲數學家眼前。沃利斯對這個問題進行了幾番探究，但他的每一種證明中，要嘛隱含了另一個等價的公設，要嘛存在其他形式的推理錯誤。後來到十八世紀中葉時，才有三位

不太知名的數學家取得了一些有意義的進展。

事實上，這三位數學家用的方法與奧瑪珈音和納西爾丁的嘗試並無本質上的區別。他們同樣考慮了等腰雙直角四邊形 ABCD，其中 ∠A=∠B 為直角，再用歸謬法排除 ∠C=∠D 為銳角和鈍角的情形，但卻栽在鈍角假設上。經過一番努力，在一位義大利同行的基礎上，一位德國人對第五公設能否由其他公設或公理加以證明首先表示了懷疑，一位瑞士人則認為，如果一組假設引起矛盾，就有可能產生一種新的幾何。後兩位數學家雖然都離成功很近，卻由於某種原因退縮了，不過他們仍是非歐幾何學的先驅。

非歐幾何學的誕生

前文我們提過由兩位數學家同時開創一門新學科的例子，例如笛卡兒和帕斯卡發明了解析幾何，牛頓和萊布尼茲創立了微積分。接下來我們要談的非歐幾何學更加稀奇，因為有三位不同國籍的數學家參與其中，並在相互不知情的情況下，用相似的方法創立了非歐幾何學。這三位數學家分別是德國的高斯、匈牙利的 J·鮑耶和俄國的羅巴切夫斯基，第一位早已大名鼎鼎，後兩位則初出茅廬，主要是憑藉著這項成果而留名史冊。

以前人的成果為基礎，這三位數學家都是從普萊費爾公理出發，判定：過已知直線外一點能做多於一條、只有一條或沒有一條直線平行於已知直線這三種可能性，分別對應前文所說的銳角假設、直角假設和鈍角假設。這三位數學家都相信在第一種情況下能實現幾何相容性，雖然他們並未證明這種相容性（即銳角假設與直角假設不矛盾），但都進行了銳角假設下的幾何學和三角學證明。至此，新的幾何學便建立了起來。

下面我們舉一個簡單的例子來說明。考慮任意一條二次曲線（例如橢圓）圍成的區域，它可以被視為一個羅巴切夫斯基空間。如右上圖所示，橢圓上任何兩點 A、B（無窮遠點）的連線被定義為直線，從橢圓內（包括邊界）、直線 AB 外任意一點 P，均可引兩條直線與 AB 交於 A、B，其延長線分別與橢圓交於 C、D。根據笛沙格定理（參見第五章），相交於無窮遠點的兩條直線即

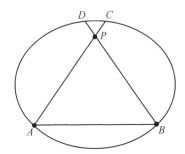

羅巴切夫斯基空間圖例

相互平行，因此直線 APC 和 BPD 均與 AB 平行。

　　值得注意的是，上述例子雖然簡單明瞭，卻無法完全滿足歐幾里得幾何的前四個公設。對此，我們可以加以修改。依然是任意一個橢圓，只不過要用曲線來代替直線，這些曲線滿足歐幾里得幾何的前四個公設，且在兩個端點處與橢圓相互垂直。在這種情況下，我們甚至可以作無窮多條曲（直）線與已知曲（直）線平行。

　　高斯將這一新的幾何學命名為「非歐幾何學」，這使得所有幾何學都是用那位幸運的古希臘數學家的名字命名，類似的現象在其他科學分支中並不存在。但，除了在給朋友的信中略有透露，高斯生前並未公開發表過任何這方面的論著，或許是因為他認為自己的發現與當時流行的康德空間哲學相違背，擔心因此受到世俗的攻擊，「黃蜂就會圍著耳朵轉」，畢竟那時的他已經聞名全歐洲。也恰恰因為這樣，給兩位年輕後輩留下了出名的機會，這一至高榮譽無疑也屬於他們各自的祖國。

　　J・鮑耶是阿貝爾的同齡人，他出生的小鎮屬於外西凡尼亞，即今天羅馬尼亞的克盧日－納波卡。第一次世界大戰結束以前，此地長達八個多世紀隸屬於匈牙利。J・鮑耶的父親 F・鮑耶早年就讀哥廷根大學，是高斯的同學和終身好友，後來回到外西凡尼亞，在一所教會學校執教長達半個世紀。在父親的教導下，J・鮑耶在少年時代就已學習微積分和分析力學，十六歲考入維也納帝國皇家理工學院，畢業後被分配到軍事部門工作，但卻一直迷戀著數學，尤其是非歐幾何學的研究。

　　可是，F・鮑耶得知兒子的志趣後，堅決反對並寫信責令 J・鮑耶停止研

匈牙利郵票上的 J・鮑耶　　　　F・鮑耶的故居（作者攝於哥廷根）

究，「它將剝奪你所有的閒暇、健康、思維的平衡以及一生的快樂，這個無底的黑洞將會吞噬一千個如燈塔般的牛頓」。儘管如此，J・鮑耶仍然「執迷不悟」。二十三歲時，他利用放假回家探親的機會，把寫好的論文帶回家請父親過目，但不被 F・鮑耶接受。直到六年以後，F・鮑耶打算出版一本數學教程，才勉強答應把兒子的研究結果放入附錄，但被壓縮至二十四頁。此外，F・鮑耶還把這份附錄的清樣寄給高斯，沒想到很久以後才收到的回信裡，高斯宣稱他三十年前就已經得到了這一結果。

　　不出所料，這部著作及其附錄的發表沒有引起任何回響。第二年，J・鮑耶不幸遭遇車禍致殘，退役後返回家鄉，和他父親一樣經歷了一場糟糕的婚姻，而且兒子比父親還多了一重磨難：貧窮。再加上俄國又傳來羅巴切夫斯基創立新幾何學的消息，J・鮑耶只得在文學寫作裡尋求安慰，卻同樣未能取得成功。一直等到 J・鮑耶鬱鬱寡歡而死的三十多年後，匈牙利才修整了他的墓地，建造了一座他的雕像供人瞻仰。後來，匈牙利科學院又設立了以 J・鮑耶命名的國際數學獎，數學家龐加萊、希爾伯特和物理學家愛因斯坦曾經先後獲得此一獎項。

　　現在，我們來談談最先發表非歐幾何學概念的羅巴切夫斯基。羅巴切夫斯基比 J・鮑耶早十年出生在莫斯科以東約四百公里處的下諾夫哥羅德，他擔任神職工作的父親早逝，幸虧母親的勤勞、頑強和開明，才把三個兒子都送到三

蘇聯郵票上的羅巴切夫斯基

百多公里以外（與莫斯科相反方向）的喀山中學就讀。四年後，年僅十四歲的羅巴切夫斯基進入喀山大學。喀山是俄羅斯聯邦韃靼斯坦自治共和國首府，雖然當時的喀山大學沒沒無聞，後來卻成為繼莫斯科大學和聖彼得堡大學之後，最令人尊敬的學府。

　　與前文提到的某些數學家一樣，羅巴切夫斯基在中學和大學裡都遇到了優秀的數學老師。在他們的教導下，他在掌握多門外語後，認真閱讀了一些數學家的原著，並展現出自己的才華。他那富於幻想、倔強和有些自命不凡的個性導致他經常違反學校紀律，卻得到了教授們的欣賞和庇護。碩士畢業後，羅巴切夫斯基留校工作，依靠卓越的行政能力和與非歐幾何學無關的學術成就，一路升遷，直至成為教授、系主任乃至一校之長，最後在喀山度過餘生。托爾斯泰進入東方語言系時，羅巴切夫斯基正好擔任校長。

　　雖然羅巴切夫斯基的事業春風得意，但他在非歐幾何學方面的成果卻未能獲得承認。因為俄國是一個落後的國家，之前從未出現聞名歐洲的數學家，不敢貿然承認這項偉大的發明。一八二三年，羅巴切夫斯基撰寫了一篇論文〈幾何學原理及平行線定理嚴格證明的摘要〉，部分包含了他的非歐幾何學新想法，但在俄羅斯科學院審讀時被否定了。三年後，他在喀山大學物理數學系學術會議上闡述了他的論文，卻被他的同事們視為荒誕不經，沒有引起任何注意，甚至連手稿也遺失了。又過了三年，已是一校之長的羅巴切夫斯基在《喀

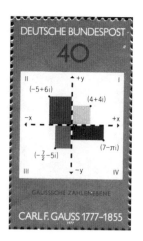

郵票上的高斯整數

山大學學報》上正式發表他的研究結果——〈論幾何基礎〉，他的新想法才緩慢地傳往西歐。

　　無論如何，一門新的幾何學終於宣告誕生了，它被後人稱作羅巴切夫斯基幾何，高斯和 J‧鮑耶的名字並沒有被用來為新幾何學冠名。J‧鮑耶在他父親著作的附錄裡稱它為「絕對幾何學」，羅巴切夫斯基則在他的論文裡稱它為「虛幾何學」。那時候，新幾何學的影響力十分有限，人們對它半信半疑。直到高斯去世，他那本有關非歐幾何學的筆記本被公之於眾，再加上高斯的地位和名望，人們的目光才被吸引過來，「只能有一種可能的幾何學」的信念產生了動搖。

　　最後讓我們扼要介紹一下「數學王子」高斯。一七七七年，高斯出生在德國中北部小城布倫瑞克的農家，是他母親生育的唯一孩子。據說高斯五歲時就發現了父親帳簿上的一處錯誤，九歲那年讀小學時，有一次老師為了讓學生們有事可做，要他們把 1 到 100 的所有數字加起來，高斯幾乎立刻就得出正確答案：5050。從那以後，高斯獲得了布倫瑞克公爵的資助，直到公爵去世，那時高斯即將成為哥廷根大學教授兼天文臺臺長。

　　起初，高斯在成為一位語言學家或數學家之間猶豫不決，後來在快滿十九歲時決定全心投入數學領域。高斯透過數論的方法，對正多邊形的歐幾里得作圖理論（只用圓規和沒有刻度的直尺）做出了驚人的貢獻，尤其是發現了

DISQVISITIONES

ARITHMETICAE

AVCTORE

D. CAROLO FRIDERICO GAVSS

LIPSIAE

IN COMMISSIS APVD GERH. FLEISCHER, Jun.

1801.

高斯年輕時的著作《算術研究》的扉頁

正十七邊形的作圖方法，這可是兩千多年來一直懸而未決的大難題。高斯初出茅廬，技藝卻已爐火純青，而且之後五十年一直保持著相同的水準。一八○一年，年僅二十四歲的高斯出版《算術研究》，開創了現代數論的新紀元。書中出現了有關正多邊形的作圖方法、方便的同餘記號，以及優美的二次互反律的首次證明等。

　　上面我們提到的只是高斯年輕時在數論領域的貢獻，在人生各個階段裡，他幾乎在各數學領域都交出開創性成果，他也是那個時代最偉大的物理學家和天文學家之一。不過，數論無疑是高斯的最愛，他稱其為「數學的皇后」，曾經說：「任何一個下過一點兒功夫研習數論的人，都必然會感受到一種特別的激情與狂熱。」現代數學「最後一個百事通」希爾伯特的傳記作者在談到大師放下代數不變數理論，轉向研究數論時也指出：「數學中沒有一個領域能夠像數論那樣，以它的美——一種不可抗拒的力量——吸引著數學家中的精英。」或許，這就是高斯遲遲沒有發表非歐幾何學研究成果的另一個原因。

黎曼幾何學

　　非歐幾何學誕生以後，尚需要建立自身的相容性或無矛盾性，以及現實意義。雖然羅巴切夫斯基畢生致力於這個目標，卻始終未能實現。值得安慰的

高斯最得意的弟子黎曼

是，在羅巴切夫斯基去世前兩年，即一八五四年，偉大的德國數學家黎曼發展
了他和其他人的想法，建立起一種更為廣泛的幾何學，即現在所稱的「黎曼幾
何」，羅巴切夫斯基幾何和歐幾里得幾何都是黎曼幾何的特例。在黎曼之前，
數學家們普遍認為鈍角假設與直線可以無限延長的假設相互矛盾，因此取消了
這個假設，現在他又把它找了回來。

　　黎曼首先區分了「無限」和「無界」這兩個概念，他認為直線可以無限延
長並不意味著就其長短而言是無限的，而是指它是沒有端點或無界的（例如開
區間）。做了這個區分之後，就可以證明鈍角假設也與銳角假設一樣，可以無
矛盾地引申出一種新的幾何，即黎曼幾何，後人也稱之為「橢圓幾何」，而羅
巴切夫斯基幾何和歐幾里得幾何分別被稱為「雙曲幾何」和「拋物幾何」。在
黎曼的眼裡，普通球面上的每個大圓都可以看作一條直線，不難發現，任意兩
條這樣的「直線」都是相交的。

　　黎曼的研究基礎是高斯關於曲面的內蘊微分幾何，後者是十九世紀幾何學
的另一重大突破之一。在蒙日開創的微分幾何中，曲面是在歐幾里得空間內考
察的。但是，高斯一八二八年發表的論文〈關於曲面的一般研究〉則提出了一
種全新的觀念，即一張曲面本身就可構成一個空間，它的許多性質如距離、角
度、總曲率，並不依賴於背景空間，這種以研究曲面內在性質為主的微分幾何
被稱為「內蘊微分幾何」。值得一提的是，一九一一年出生的中國數學家陳省
身率先給出了高維黎曼流形上的高斯─博內公式的內蘊證明，成為現代微分幾
何學的出發點，並將「示性類」引入其中。陳省身的學生丘成桐所證明的「卡

_____

❶ 僅從修課學生的學費中提取傭金。

拉比猜想」則是在給定里奇曲率的條件下求出黎曼度量，這個猜想在超弦理論中扮演著十分重要的角色，這項成果也讓丘成桐獲得了一九八三年的費爾茲獎。

　　一八五四年，在擔任哥廷根大學無薪講師❶一職的就職典禮上，黎曼發表了題為「關於幾何基礎中的假設」的演說（高斯從黎曼提供的三個題目中選了這一個），把高斯的內蘊幾何從歐幾里得空間推廣到任意 n 維空間。黎曼把 n 維空間稱作一個流形，把流形中的一個點用 n 元有序數組（參數）來表示，這些參數也叫作流形的座標。同時，黎曼定義了距離、長度、交角等概念之後，還引進了子流形曲率的概念。讓他尤為關注的是所謂的「常曲率空間」，即每一點上曲率都相等的流形。

　　對於三維空間，這種常曲率共有三種可能性：

　　　曲率為正常數，曲率為負常數，曲率為零。

　　黎曼指出，第二種和第三種情形分別對應羅巴切夫斯基幾何和歐幾里得幾何，第一種情形對應的則是他創造的黎曼幾何。在黎曼幾何裡，過已知直線外一點不能作任何直線平行於該已知直線。可以說，黎曼是第一位理解非歐幾何學全部意義的數學家。

　　現在只剩下一個問題，在銳角假設的相容性被證明之前，平行公設對於歐幾里得幾何其他公設的獨立性尚難保證。幸運的是，這一點很快就被來自義大

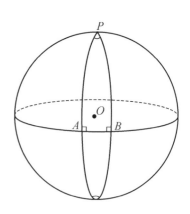

黎曼幾何學圖例

利、英國、德國和法國的數學家各自獨立證實了。

　　他們用的方法有一個共同點：提出歐幾里得幾何的一個模型，使得銳角假設的抽象思維在其上得到具體解釋。這樣一來，非歐幾何學中的任何不相容性將意味著歐幾里得幾何中也存在與其對應的不相容性。也就是說，只要歐幾里得幾何沒有矛盾，羅巴切夫斯基幾何也不會有。這樣一來，非歐幾何學的合法地位就獲得了充分保障，它也具備了現實意義。

　　與羅巴切夫斯基幾何一樣，黎曼幾何的一些定理與歐幾里得幾何是相同的。例如，直角邊定理（斜邊和一條對應直角邊相等的兩個三角形全等）、等角對等邊定理。但是，黎曼幾何中的一些定理卻完全不符合人們的慣性思維。比如說，一條直線的所有垂線相交於一點，兩條直線可以圍成一個封閉的區域。又比如，在一個球面上，連接兩點的最短路徑所形成的曲線，就是通過這兩點並以球心為圓心的大圓之圓弧。如果將歐幾里得幾何公理中的直線解釋為大圓，那麼這樣的直線是無界的但長度有限，而且在這個球面上沒有兩條平行直線，因為任何兩個大圓均相交。

　　這樣一來，球面上的一個三角形就是三個大圓的弧所圍成的圖形。很容易發現，這樣一個三角形的內角和大於 180°。事實上，我們可以讓三角形的兩條邊同時垂直於另一條邊，這樣便形成了兩個直角。有意思的是，一方面，在羅巴切夫斯基幾何中，任何一個三角形的內角和總是小於 180°，不僅如此，面積較大的三角形具有較小的內角和（黎曼幾何卻剛好相反）。另一方面，對羅巴切夫斯基幾何來說，相似的三角形必然全等，而兩條平行線之間的距離，沿一

黎曼故居
（作者攝於哥廷根）

個方向趨近零，沿另一個方向則趨於無窮大。

　　一八二六年，黎曼出生在漢諾威附近的一個小村莊，那裡鄰近萊布尼茲晚年的居住地和高斯的家鄉。黎曼的父親是一位路德教派牧師，母親則是法庭評議員的女兒。由於經濟困難造成的營養不良，導致黎曼的母親過早死亡。黎曼在父親的教育下開始讀書，對波蘭的苦難史尤感興趣，充滿了同情心。他迷戀上算術，還會自己發明難題來捉弄兄弟姐妹。

　　十四歲時，黎曼到漢諾威和祖母一起生活，就讀當地的文科中學，他聽從父親的意見，打算長大後成為一名傳教士。沒想到校長相當賞識黎曼的才華，允許他缺課並借閱自己的私人藏書，結果他很快就讀完了勒讓德的巨著《數論》和歐拉的微積分學著作。

　　十九歲時，黎曼進入哥廷根大學學習神學和哲學，但他總忍不住去旁聽高斯等教授的數學課，終於下定決心轉系，他父親也欣然同意。後來，黎曼覺得不夠，遂在第二年轉學到柏林大學。事實上，高斯是一個厭惡教學的老師，而德國的大學允許學生相互選課。當時的柏林大學有數學家雅可比和狄利克雷，黎曼分別向他們學習力學和代數、數論和分析。兩年後，黎曼回到哥廷根大學並完成學業。那時黎曼已經二十三歲，該輪到高斯指導他了，他也成為高斯最出色的學生，其博士論文〈單複變函數的一般理論基礎〉獲得高斯難得一見的高度評價。

　　黎曼繼狄利克雷之後接替了高斯的職位。晉升教授後，他娶妻生女，不久卻罹患胸膜炎和肺病，最後病逝於義大利北部馬焦雷湖畔的療養地，還不到四

十歲就撒手人寰。在他短暫的一生中，黎曼在許多數學領域都做出了開拓性的貢獻，影響了後來的幾何學和分析學。他那些關於空間幾何的想法極具膽識，對近代理論物理的發展有著重要的指導意義，在很大程度上為二十世紀的相對論提供了數學基礎。而以黎曼命名的諸多數學概念或命題中，最著名且最具挑戰性的無疑是「黎曼猜想」。

　　黎曼猜想是關於下列黎曼 ζ 函數

$$\zeta(s) = \sum_{n-1}^{\infty} \frac{1}{n^s}$$

（在解析延拓到整個複平面之後）的零點分布的猜想，它是黎曼在一八五九年提出來的。已知 $s = -2, -4, -6, \cdots$ 為其零點（平凡零點）。黎曼猜想，所有的非平凡零點均落在 $x = \frac{1}{2}$ 這條垂線上。這個函數和猜想貫穿了數論（透過歐拉建立的一個恆等式 $\zeta(s)$ 與質數發生了連繫）和函數論兩大領域，被公認為數學史上最偉大的猜想，至今尚無人能夠望其項背。據說德國數學家希爾伯特彌留之際表示，如果五百年以後他能復活，他最想知道的是，「黎曼猜想是否已經被證明了？」

藝術的新紀元

愛倫‧坡

　　一八〇九年一月，正當三歲的神童哈密頓能閱讀英文、會做算術，準備學習拉丁文、希臘文和希伯來文，剛滿六歲的 J‧鮑耶和阿貝爾初顯數學才華時，一個叫埃德加‧愛倫‧坡的美國男孩出生在大西洋對岸的波士頓。那時，美國這個新移民國家尚未出現過數學家，卻已誕生了好幾位詩人，比如愛默生和朗費羅。愛倫‧坡的雙親都是演員，父親嗜酒好賭，在愛倫‧坡出生後便離家出走且一去不返，母親不久也辭別人世。不到三歲，愛倫‧坡就成了孤兒，被維吉尼亞一位無子嗣的商人愛倫收養（因此他才擁有雙姓）。這一點與哈密頓倒是有些相似，因為後者也是從小就被寄養在叔叔家裡。

　　六歲那年，愛倫‧坡隨愛倫夫婦返回英國老家，在那裡讀了四年小學。回到維吉尼亞以後，愛倫‧坡並不覺得幸福，因為他的養父母經常吵架。在學校裡，愛倫‧坡的功課不差，卻愛上了他同學的母親。按照愛倫‧坡的說法，是她激發了他的靈感，讓他寫出了〈致海倫〉。

> 海倫，你的美貌對於我，
> 像古代奈西亞的那些帆船，
> 在芬芳的海上悠然浮起，
> 把勞困而倦遊的浪子載還，
> 回到他故國的港灣。

　　這首詩並非愛倫‧坡的頂尖作品，卻表現了他後來的詩歌主題：尋求那種

現代主義文學之父愛倫‧坡

由美麗女性體現的理想。不僅如此,在〈寫作的哲學〉一文中他寫道:

> 我問自己,「根據我們對於人類的普遍認識,在憂傷的題材中,哪
> 一種最憂傷呢?」答案自然是死亡。「那麼,」我說,「在什麼情況
> 下,這種最憂傷的題材最富有詩意呢?」答案是「當死亡和美結成最
> 親密的聯盟時。」也就是說,一個漂亮女人的死,毫無疑問,是世上最
> 富有詩意的題材。

這個想法雖然是二十世紀許多電影導演和製片遵循的原則,可是在十九世紀二〇年代,它似乎顯得太超前了。

若是拿僅僅早愛倫‧坡幾年出生的美國詩人愛默生和朗費羅來比較,愛默生的超驗主義思想雖然有些消極,卻是一種積極的消極,自始至終實踐著他自己的基本準則,「忠於自己」;朗費羅做為敘事長詩的代表詩人,雖然當年轟動一時,他的名字甚至被用來命名查理斯河上的一座橋(查理斯河流經波士頓),卻被認為表達了某種對神話與「美」的傳統世界的嚮往,每每被後來的批評家們貶低成一位唱流行歌曲、講浪漫故事的傷感道德家。

在愛倫‧坡看來,一方面,愛默生和超驗主義者永遠寫不出好詩,因為他們局限於積極意義上的逆來順受。另一方面,長詩是不存在的(他主張一首好詩不應該超過五十行),詩歌也不是用來培養道德情操或有節奏地講述故事的工具。愛倫‧坡固執的想法是,真正的藝術作品應該獨立存在。三十六歲那

印象主義畫家馬奈為〈烏鴉〉所作的插畫

年，他的代表詩作〈烏鴉〉（又譯〈渡鴉〉）問世，讓他一舉成名。這首詩全力體現了他的象徵主義詩歌美學，也就是透過創造神聖美去追求快樂和愉悅。詩中大量運用烏鴉、雕像、門房等各種意象表達哀思之情，從而揭示「美婦之死」這一神聖美的主題。不幸的是，愛倫‧坡對朗費羅的攻擊使他成為大眾的笑柄，也損害了他日益增長的名譽、地位，以及他的健康。

　　愛倫‧坡十七歲那年愛上一個叫薩拉的女孩，這次他的愛情有了回報。但他進入維吉尼亞大學後，薩拉的父母出面干涉，她最後嫁給了別人。愛倫‧坡在維吉尼亞大學念了十一個月便退了學（後來在西點軍校也未完成學業），不知是因為失戀，還是因為行為不檢。不過，校方保留了他當年的宿舍十三號做為永久的紀念。愛倫‧坡三十九歲時，薩拉的丈夫去世，但她再次拒絕了他的求婚。第二年，愛倫‧坡在巴爾的摩街頭突然暈倒，被送到醫院後不治身亡。

　　愛倫‧坡去世後，他的詩歌、短篇小說和文學評論在法國產生了巨大影響，波特萊爾和馬拉美等詩人都對他推崇備至，他還被視為偵探小說的鼻祖。這不禁讓我們想起與他同時代的數學家阿貝爾、J‧鮑耶和伽羅瓦的命運與遭遇。不同的是，數學是發現，而詩歌是創造。對詩人們來說，一代人要推倒另一代人構築的東西，一個人樹立的東西另一個人要摧毀它。但對數學家來說，每一代人都會在舊建築上再蓋一層樓。這大概就是為何詩人裡有許多人也是批評家，而數學家最不願看到的就是「強碰」和優先權之爭。

波特萊爾

　　一八二一年春，當愛倫‧坡和他的養父母從英倫返回北美的第二個年頭，波特萊爾在巴黎出生了，那時愛倫‧坡或許正趴在課桌上為同學的漂亮母親寫情詩，而阿貝爾正在奧斯陸上大學。當時老波特萊爾已經六十二歲了，雖然出生在農村卻家境富裕，受過良好的教育，擔任過中學教師和公爵府的家庭老師。他還愛好文學和藝術，擅長畫畫，在法國大革命和拿破崙執政時期在上議院工作過，或許與柯西的父親是同事，並與拉格朗日和拉普拉斯相識。

　　波特萊爾的母親出身官宦之家，在波旁王朝時期不得不逃往英國。她出生在倫敦，二十一歲那年才回到巴黎，寄住在親戚家裡。五年以後，沒有嫁妝的她嫁給了老波特萊爾。不料，波特萊爾剛滿六歲，老波特萊爾就去世了，他生前曾細心教導兒子欣賞線條和形式美。

　　不過，據法國哲學家沙特分析，讓波特萊爾深深迷戀的母親才是他一生創作的動力，他內心的裂痕則始於母親的改嫁。波特萊爾的繼父是一位上校營長，他隨著母親改嫁進入新家庭，但並沒有改變姓氏。隨著繼父的不斷升遷（直至將軍、大使、議員），他的生活和教育也有了保障，卻逐漸養成憂鬱、孤獨和叛逆的性格。

　　十五歲那年，波特萊爾開始讀雨果、聖伯夫、戈蒂耶等法國詩人和批評家的作品，後者率先提出「為藝術而藝術」（l'art pour l'art）。波特萊爾向他們學寫詩，可是並沒有像愛倫‧坡那樣對前輩百般挑剔。第二年，他在中學的優等生會考中獲得拉丁文詩作二等獎。十九歲時，波特萊爾結識了妓女薩拉（與愛倫‧坡的戀人同名），為她寫了許多詩，開始過著放蕩的生活。繼父因此決定讓波特萊爾的一位船長朋友帶他去印度旅行。那時是一八四一年夏天，中國正在經歷鴉片戰爭，波特萊爾搭乘「南海號」由波爾多前往加爾各答。

　　繞過非洲南端的好望角之後，「南海號」沒有直接穿越莫三比克海峽，而是從東邊繞過了非洲最大的島嶼馬達加斯加，徑直前往印度洋上的島國模里西斯。波特萊爾並沒有享受到旅人的快樂，而是把它看作一次流放，從他在海上寫的那首著名詩作〈信天翁〉中，可以看出詩人不為世人理解的孤獨感。詩的

青年波特萊爾像。庫爾貝作

結尾這樣寫道：

> 雲霄裡的王者，詩人也和你相同，
> 你出沒於暴風雨中，嘲笑弓手；
> 一被放逐到地上，陷於嘲罵聲中，
> 巨人似的翅膀反倒妨礙行走。

　　這首深得詩人和藝術家喜愛的詩竟然出自一位二十歲年輕人之手，不由得讓人驚嘆。「南海號」在模里西斯的首都路易士港整修三星期後，啟航前往附近的法屬海外省留尼旺島，波特萊爾在那裡徘徊了二十六天，最後毅然決然改乘其他船隻回國。雖然這個決定可能會讓二十一世紀的年輕背包客惋惜，但波特萊爾卻下定決心要成為一名詩人，因而迫不及待地返回了自己的祖國。

　　回到巴黎兩個月後，年滿二十一歲的波特萊爾繼承了生父死後留下的大筆遺產。接下來的六年裡，他仍像以前一樣過著放蕩不羈的生活，繼父只得委託公證人管理波特萊爾的財產，每月只允許他支取二百法郎。二十七歲那年，波特萊爾讀到愛倫·坡的作品（其時距愛倫·坡的生命結束尚有一年），以後的十七年，他一直是愛倫·坡的詩歌和小說的忠實翻譯者。愛倫·坡對波特萊爾的影響可從後者寫的〈再論埃德加·愛倫·坡〉一文中看出：

> 在他看來，想像力乃是擁有種種才能的女王……但想像力不是幻想

波特萊爾之墓
（作者攝於巴黎）

力……想像力也不同於感受力。想像力在哲學的方法範圍之外，它首
先覺察到事物深處祕密的關係、感應的關係和類似的關係，是一種近
乎神的能力。

　　一八五七年，也就是黎曼把拓撲學引入複變函數論那一年，波特萊爾的詩
集《惡之華》出版了。上市不到二十天，同齡小說家福樓拜就寫了一封充滿讚
美之詞的信給波特萊爾（福樓拜一年前出版《包法利夫人》時，同樣引起了非
議和訴訟）。但這本詩集卻被法院判決為「有傷風化，有礙公眾道德」，波特
萊爾和出版社因此被處以罰款，其中六首詩直到一九四九年才解禁。儘管這個
判決讓當時的波特萊爾聲名狼藉，也使他一舉成名。隨著時間的推移，波特萊
爾被公認為法國象徵主義詩歌的鼻祖和現代主義詩歌的先驅。

　　為《惡之華》修訂版所寫的序言中，波特萊爾寫道：「什麼叫詩？什麼叫
詩的目的？就是把善與美區別開來，發掘惡中之美。」他還說過：「我覺得，
從惡中提取美，對我來說是一件愉快的事。而且難度愈大，愈是快樂。」波特
萊爾所說的美，當然並非指形式的美，而是指內在的美。他的詩歌表達了現代
人的憂鬱和苦惱，他的現代性表現在詩歌內容而非形式上。波特萊爾開創了一
個詩歌的新時代，他用最適合表現內心隱祕和真實情感的藝術手法，獨特且充
分地展現了自己的思想和精神境界。

　　從下面的詩句可以看出，波特萊爾如何從當代生活中提取新鮮的意象材
料，這些詩句也被二十世紀大詩人艾略特稱讚並引用過：

英國詩人艾略特

在市郊的一處廢棄地，汙跡斑斑的迷宮裡，
人們像發酵的酵母，不停地蠕動著，
只見一個年老的拾荒者走來，搖搖頭，
絆了一下，向牆上撞去，像一個詩人。

其中有某種普遍性的東西，這種寫法無疑為詩增加了新的可能性。事實上，我們也可以在艾略特的詩裡發現這點，例如那首只有十行的短詩〈窗前的早晨〉，「從街道的盡頭，棕色的霧的浮波／把形形色色扭曲的臉拋給了我」。

　　波特萊爾有一句名言：「你給我泥土，我能把它變成黃金。」這讓我想起數學家J‧鮑耶在創立非歐幾何學之後說的那句話：「從虛無中，我開創了一個新的世界。」波特萊爾把《惡之華》獻給批評家聖伯夫，後者在為波特萊爾所寫的辯護書裡這樣說道：「詩的領域全被占領了。拉馬丁取走了『天國』，雨果取走了『人間』，不，比『人間』還多。維尼取走了『森林』，繆塞取走了『熱情和令人眼花繚亂的盛宴』，其他人取走了『家庭』、『田園生活』……還留下什麼可供波特萊爾選擇呢？」

　　一方面，詩歌的現代性或說現代主義的開啟，與現代數學尤其是非歐幾何學非常相似，歐幾里得幾何在誕生後的兩千多年裡一統天下，難怪高斯、J‧鮑耶、羅巴切夫斯基、黎曼等數學家要開創新的世界。另一方面，恰如這一數學革新推動了後來的理論物理學和空間觀念的更新，波特萊爾的詩也影響了後來的象徵主義詩人，如馬拉美、魏爾倫和蘭波，同時透過莫羅（野獸派馬蒂斯

和魯奧的老師）和比利時象徵主義畫家羅普的繪畫，透過羅丹的雕塑，影響其他藝術類別。艾略特不僅獲得了一九四八年的諾貝爾文學獎，更在二十一世紀英國廣播公司 BBC 一次公眾調查中，被英國讀者評選為所有年代中最受歡迎的英國詩人。

從模仿到機智

　　模仿就是仿照某種現成的樣子去做。亞里斯多德認為模仿是藝術的起源之一，也是人和其他動物的區別之一。他指出，人對於模仿的作品總是有快感，經驗證明了這一點。有些事物看上去儘管會激發痛感，但惟妙惟肖的圖像也能激發我們的快感，例如屍體，其原因在於求知對我們而言是快樂的事。我們一邊看，一邊求知，斷定一個事物是另一個事物。在現代藝術誕生之前，一切創作實踐都離不開模仿。換言之，模仿是對人的普遍經驗的仿製，所不同的是這些仿製的技法和對象不斷更新。

　　舉例來說，繪畫的問題是如何把空間中的物體表現在平面上，古埃及最早的壁畫之一《水邊的狩獵》就是利用截面在平面上的投影，描繪出主要人物的頭和肩膀位置，這是最初的方法。十五世紀初，消失點的出現扭轉了繪畫史，在此轉捩點之後，直線透視法和空氣透視法統治歐洲長達四個世紀。直到十九世紀末，畫家們依然喜歡諸如以黑暗表現陰影、以彎曲的樹木和飄動的頭髮表現風吹、用不穩定的姿態表現身體的運動等手法。即使是印象派畫家，頂多是打亂事物的輪廓，將其巧妙融合在色彩的變幻之中，但仍然是一種對現實的再現。

　　從題材上看，古典主義明顯傾向古代，浪漫主義則傾向中世紀或富有異國情調的東方。若以文學為例，無論是現實主義還是浪漫主義，都擺脫不開對人類生活經驗的仿製。就像蘇格蘭作家華特‧司各特評價英格蘭女作家珍‧奧斯汀的小說《愛瑪》時指出的，那種像自然本身一樣模仿自然的藝術，向讀者顯示的不是想像中的世界的壯麗景觀，而是他們的日常生活準確驚人的再現。

　　可是，模仿有其天然局限。帕斯卡《思想錄》裡談到，兩張相像的面孔，

詩人阿波利奈爾紀念郵票

其中任何一張都不會使人發笑，放在一起卻會因為它們的相像而逗人發笑，由此可見模仿是比較低級的藝術創作形式，而美的感受要求層出不窮的新形式。對於現代藝術家來說，透過對共同經驗的描繪直接與大眾對話已經是一件十分不好意思的事情了。這就迫使我們把模仿引向它的高級形式──機智。如同法國詩人阿波利奈爾所說的，「當人想要模仿行走的時候，他創造了和腿並不相像的輪子」。

　　機智在於事物間相似之處的迅速聯想。意想不到的正確構成機智，機智是人類智力發展到高級階段的產物。西班牙哲學家桑塔亞那認為，機智的特徵在於深入到事物隱蔽的深處，從那裡揀出顯著的情況或關係，只要注意到這種情況或關係，整個對象就會在一種新的、更清楚的狀態下出現。機智的魅力就在於此，它是經過一番思索後獲得的事物體驗。機智是一種高級的心智過程，它透過想像的快感，容易產生諸如「迷人的」、「才情煥發的」、「富有靈感的」等效果。美國美學家蘇珊‧朗格指出，每當情感由一種間接的方式傳達出來時，就標誌著藝術表現上升到了一個新的高度。

　　一九四三年，西班牙畫家畢卡索豎起自行車的坐墊，倒裝上車把，儼然變成一隻〈公牛頭〉。法國畫家夏卡爾的畫作〈提琴和少女〉中，提琴倒置在地上，琴箱和少女的臀部融為一體。還有比利時超現實主義畫家馬格利特的某些作品，如一九五五年的〈歐幾里得漫步處〉，描繪著透過窗戶看到的城市風景，畫中有一條透視強烈變形的筆直大街，看上去重複了相鄰塔樓的圓錐體形狀。

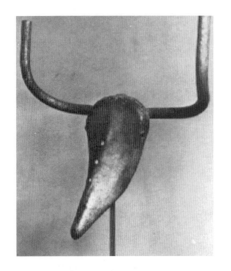

畢卡索的雕塑〈公牛頭〉

馬格利特作品〈歐幾里得漫步處〉

夏卡爾作品〈生日〉

結語

　　正如從古典藝術到現代藝術的演變以詩歌為先導，科學革命的最早動力來源於數學，尤以幾何學的變革為標誌。它們的共同特點是，從模仿到機智，從形象到抽象。而藝術與科學之所以能在同個時代雙雙到達此一境界，我們相信這與現實世界的發展和人類思維方式的改變與進化有關。無論如何，其困難程度可想而知。以非歐幾何學為例，它的出現與哥白尼的日心說、牛頓的萬有引力定律、達爾文的進化論一樣，遇到了重重阻力，也都在科學、哲學、宗教等領域產生了革命性影響。

　　自亞里斯多德以來，在文學藝術以模仿說為準則的同時，科學也一直被視作絕對真理的典範，尤其是數學。古典數學在西方思想中擁有宗教般神聖不可侵犯的地位，歐幾里得是廟堂中職等最高的「神父」。一八〇四年去世的德國哲學家康德正是在歐幾里得幾何毋庸置疑的真理觀之上，建立起深奧難懂的哲學體系。可是，到了一八三〇年前後，一向被視為關於數量關係和空間形式之真理的數學，卻突然出現了好幾種相互矛盾的幾何學，而且這些不同的幾何學似乎都是正確的。

　　事實上，幾千年來，非歐幾何一直在人們的眼皮底下（現代主義詩人筆下的素材也早已存在），但即使是最偉大的數學家，也沒想到透過檢驗球的幾何特性去推翻平行公設，他們之中的某些人曾經嘗試透過四邊形來證實平行公設，人類也一直生活在一個堪稱非歐幾何模型的地球表面之上。這一點表明，人們是多麼容易受到慣性思維和傳統習俗的束縛，難怪功成名就的高斯遲遲不肯把他發現的非歐幾何學公之於眾，怕惹來不必要的麻煩，以至於讓那兩位俄

「數學王子」高斯

羅斯和匈牙利的年輕人搶得先機。

　　然而，歐幾里得幾何最終交出了它的絕對統治權，意味著絕對真理統治時代的終結，正如愛倫‧坡和波特萊爾的出現結束了浪漫派詩人的絕對統治一樣。但是，數學在喪失絕對真理和權威的同時，也獲得了自由發展的機會。正如 G‧康托爾所說：「數學的本質就在於它的充分自由。一八三〇年以前，數學家的處境可以比作一位非常熱愛純藝術，卻不得不為雜誌繪製封面的藝術家。」無疑，非歐幾何學正是推動這種變革的首要因素，而它本身就是人類所能創造出來的最高智慧結晶。非歐幾何學的誕生和代數學的革命，與微積分學產生的原因並不一致，不是出於科學和社會經濟發展的需要，而是出於數學內部發展的需要。

　　一般來說，在我們的日常生活中，歐幾里得幾何更適用；在宇宙空間或原子核世界，羅巴切夫斯基幾何更符合客觀實際；在地球表面研究航海、航空等實際問題，黎曼幾何更準確一些。不過，空間和物理之間總存在難以釐清的關係，要確定某些物理空間適用歐幾里得幾何還是非歐幾何並不容易，因為只要在假定的空間和物理性質方面做適當的補充和改變，一個觀察結果就可以用多種方法解釋。儘管如此，隨著非歐幾何學的誕生和代數學的解放，數學已從科學中分離了出來，正如科學已從哲學中分離、哲學已從神學中分離。數學家可以探索任何可能的問題和體系，而當新的數學創造逐漸完善之後，它必將做出回饋，指點人類描繪宇宙的藍圖。我們將在最後一章看到，愛因斯坦的廣義相對論便是在應用非歐幾何學以後產生的。

最後我想談一則趣聞，早在一八三〇年，即羅巴切夫斯基在遙遠的喀山用俄文發表他的新幾何學隔年，劍橋大學的英國數學家皮科克發表了《代數通論》，試圖對代數做堪與歐幾里得《幾何原本》相媲美的邏輯處理。他發現了代數運算的五項基本法則，即加法、乘法的交換律，加法、乘法的結合律，乘法對加法的分配律，這五條性質構成了以正整數為代表的、特殊類型的代數結構之公設。可是，正當皮科克的後繼者準備把公設的概念推廣成代數學的現代概念時，哈密頓和格拉斯曼發表了意義深遠的四元數理論，宣告皮科克和其追隨者的努力失敗。皮科克也於一九三九年離開劍橋大學，出任伊利教區的主教。

第八章

抽象化：二十世紀以來

數是各類藝術最終的抽象表現。

——康丁斯基

哲學一定有某種用處，我們務必要認真對待。

——拉姆齊[1]

[1] 拉姆齊（1903～1930），英國數學家、哲學家和經濟學家。

 **走向抽象化**

集合論和公理化

十九世紀幾何學和代數學的變革，為二十世紀的數學帶來飛速的發展和空前的繁榮。現代數學不再只是幾何、代數和分析這幾門傳統學科，而成為分支眾多、結構龐雜的知識體系，而且至今仍然不斷發展和變化。數學的特點不只是嚴密的邏輯性，更添加了另外兩項，也就是高度的抽象性和廣泛的應用性，並因此形成了現代數學研究的兩大範疇——純粹數學和應用數學。其中，應用數學的一部分發展出電腦科學，就算撇開其重要性，僅僅從它為人類提供的工作來說，就已超過了所有其他數學分支的總和。

純粹數學最初主要受兩個因素推動，集合論的滲透和公理化方法的應用。集合論本來是由 G‧康托爾於十九世紀後期創立的，曾遭到包括克羅內克在內等許多數學家的反對，後來因為集合論在數學中的作用愈來愈明顯才獲得承認。集合最初是建立在數集或點集之上，不久它的定義範圍擴大了，可以是任何元素的集合，如函數的集合、幾何圖形的集合等。這讓集合論能做為一種普遍的語言，進入不同的數學領域，引起了數學中積分、函數、空間等基本概念的深刻變化，同時刺激了本章即將談論的數理邏輯中直覺主義與形式主義的進一步發展。

G‧康托爾本是聖彼得堡出生的丹麥人，其猶太父母年輕時在俄國經商，生意遍及德國漢堡、英國倫敦乃至美國紐約。他與凱萊一樣，可謂商人子女成才的楷模，只不過康托爾一家人在他祖父母那代就來到了聖彼得堡。十一歲那年，G‧康托爾隨父母遷居德國，在那裡度過一生絕大部分時光。他在荷蘭阿姆斯特丹讀中學，後來又到瑞士蘇黎世和德國的幾所大學念書，逐漸喜歡上數

集合論創始人 G・康托爾

學並決定以此為職業，儘管他表現出來的繪畫天分曾使全家為之驕傲。

　　在 G・康托爾的眼裡，集合是一些對象的總體，不管它們是有限的還是無限的。當運用「一一對應」的方法研究集合時，他得出了驚人的結果：有理數是可數的，也就是能夠與自然數一一對應。他的證明非常有趣，

$$\frac{1}{1} \rightarrow \frac{2}{1} \quad \frac{3}{1} \rightarrow \frac{4}{1} \cdots$$
$$\frac{1}{2} \quad \frac{2}{2} \quad \frac{3}{2} \quad \frac{4}{2} \cdots$$
$$\frac{1}{3} \quad \frac{2}{3} \quad \frac{3}{3} \quad \frac{4}{3} \cdots$$
$$\frac{1}{4} \quad \frac{2}{4} \quad \frac{3}{4} \quad \frac{4}{4} \cdots$$
$$\vdots$$

每行以大小次序排列，所有的正有理數均在其中，其中分母為 i 的在第 i 行，G・康托爾列出的排列順序如上圖所示。與此同時，他證明了全體實數是不可數的。

　　不僅如此，G・康托爾還給出了超越數存在性的非構造性證明。事實上，G・康托爾證明了代數數和有理數一樣是可數的，又證明了實數是不可數的。這樣一來，由於代數數和超越數的全體構成了實數，超越數不僅存在而且數量

❷ 阿列夫是希伯來字母，G・康托爾是猶太人。

剛果郵票上的希爾伯特

比代數數要多得多。針對超越數的研究後來成為二十世紀數論研究的一道風景。可是，由於 G・康托爾認定無限是真實存在的，為此受到同行的長期反對和攻擊，尤其是柏林大學的猶太教授克羅內克。克羅內克不僅是一位傑出的數學家和成功的商人，在科學論戰方面也是最強悍的鬥士。兩相對比，G・康托爾顯得軟弱無能，雖然手握真理，畢生都在一所三流大學當教授。

　　G・康托爾為集合論引進了基數的理論，稱全體整數的基數為阿列夫零，稱後面較大的基數為阿列夫 1、阿列夫 2，依次類推❷。也就是說，他把無窮做了分類。G・康托爾還證明，全體實數集合的基數大於阿列夫零，這就引出了所謂的「康托爾連續統假設」：在阿列夫零與全體實數的基數之間，不存在任何別的基數。二十世紀初，德國數學家希爾伯特在巴黎國際數學家大會上發表題為〈數學問題〉的知名演講時，把這個假設或猜想排在留給二十世紀的二十三個數學問題的第一位（超越數問題排在第七）。

　　當 G・康托爾發現「數學的肌體」罹患重病，古希臘的芝諾傳染給它的疾病還未獲得診治時，不由自主地想醫治它。可是，他對無窮問題所做的普羅米修斯式進攻卻導致了自己的精神崩潰，當時的他年僅四十。很久以後，G・康托爾死於德國中部某家精神病院。希爾伯特發表演講隔年，羅素也談了他的看法：

　　　　芝諾關心過三個問題：無窮小、無窮和連續。每一代最優秀的智者都嘗試解決這些問題，但是確切地說，他們什麼也沒得到……魏爾斯

特拉斯、戴德金和 G・康托爾徹底解決了它們，他們的解答清楚得不再留下絲毫懷疑，這可能是這個時代所能誇耀的最偉大成就……無窮小的問題是由魏爾斯特拉斯解決的，其他兩個問題的解決是從戴德金開始，最後由 G・康托爾完成。

公理化的方法早在古希臘時代就被歐幾里得發現了，並在其名著《幾何原本》中加以應用。眾所周知，《幾何原本》總共建立了五個公設和五個公理，可是歐幾里得構築的公理體系並不完善。德國數學家希爾伯特重新定義了現代的公理化方法，他指出，「不論這些對象是點、線、面，還是桌子、椅子、啤酒杯，它們都可以成為這樣的幾何對象，對於它們而言，公理所表述的關係都成立。」

以點、線、面為例，歐幾里得賦予這些對象描述性的定義，但在希爾伯特眼裡，它們都是純粹抽象的對象，沒有特定的具體內容。此外，希爾伯特還考察了各公理之間的相互關係，明確提出對於公理系統的基本邏輯要求，即相容性、獨立性和完備性。當然，公理化只是一種方法，不像集合論有豐富的內容。儘管如此，希爾伯特的公理化方法不僅使幾何學具備嚴密的邏輯基礎，而且逐步滲透到其他數學領域，成為綜合、提煉數學知識並推動具體數學研究的強有力工具。

一八六一年，希爾伯特出生在東普魯士的哥尼斯堡郊外，如今屬於俄羅斯國土，周圍是波蘭、立陶宛和波羅的海，並早已更名為加里寧格勒。雖然在那座城市出生的最偉大公民是哲學家康德（他一生都在這座偏遠的城市度過），可是希爾伯特卻與數學結下了不解之緣——流經市區的普列戈利亞河分成兩條，河上共有七座橋，其中五座把河岸和一座河中小島連接起來，於是產生了一個數學問題：假設一個人只能通過每座橋一次，能否把七座橋都走過一遍？

這個看似簡單的問題後來成為拓撲學的出發點，並被瑞士數學家歐拉解決了。巧合的是，歐拉長期的筆友、數學家哥德巴赫也出生在哥尼斯堡，後者以提出一個著名的猜想——任何一個大於或等於 6 的偶數，必可表示成兩個奇質數之和——聞名於世，與這個猜想最接近的結果來自中國數學家陳景潤。

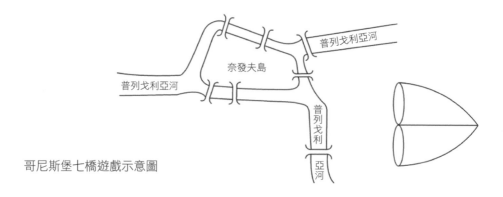

哥尼斯堡七橋遊戲示意圖

不過，直接促使希爾伯特堅定地走上數學之路的人，卻是比他小兩歲的閔考斯基。閔考斯基出生在俄國的亞力克索塔斯（今立陶宛的考那斯），八歲隨家人移居哥尼斯堡，與希爾伯特家僅一河之隔。這位天才猶太少年剛滿十八歲就贏得了法蘭西科學院的數學大獎，比他年長六歲的哥哥奧斯卡・閔考斯基被稱為「胰島素之父」，因為正是他發現了胰島素和糖尿病之間的關聯。

與閔考斯基這樣一位曠世才俊為伍，希爾伯特的才華不僅沒有被埋沒，反而得到了磨煉和積澱，並促使他默默奮鬥，打下更為堅實的基礎。兩人的友誼持續四分之一個世紀，從哥尼斯堡一直延伸到哥廷根，後來更成為同門師兄弟。閔考斯基後來因為急性闌尾炎英年早逝，希爾伯特則活到八十多歲，成就了一代大師的偉業。一九〇〇年，希爾伯特在巴黎國際數學家大會上提出二十三個數學問題，為二十世紀的數學發展指明了方向。

數學的抽象化

集合論的觀點與公理系統在二十世紀逐漸成為數學抽象化的典範，它們相互結合之後力量更強，把數學的發展引向更抽象的道路，推動了二十世紀上半葉實變函數論、泛函分析、拓撲學和抽象代數這四大抽象數學分支的崛起，堪稱四朵抽象數學之花。有意思的是，前文提到的 G・康托爾、希爾伯特、閔考斯基、哥德巴赫和克羅內克這五位數學家都是德國人，德意志恐怕是最擅長抽象思考的民族之一。數學當然是最抽象的科學分支，但無論是在最抽象的藝術

現代分析之父勒貝格

如音樂，還是最抽象的人文社會科學如哲學，德國同樣人才輩出。

　　集合論的觀點首先引起了積分學的變革，從而推動了實變函數論的建立。十九世紀末，分析的嚴格化迫使許多數學家認真考慮所謂的「病態函數」，例如魏爾斯特拉斯定義的處處連續但處處不可微函數。又如，

$$f(x)=\begin{cases}1，當 x 為有理數時\\0，當 x 為無理數時\end{cases}$$

這是由高斯的學生狄利克雷定義的，這個函數處處不連續。在此基礎上，數學家們研究了如何把積分的概念推廣到更廣泛的函數類別中。

　　首先獲得成功的是法國數學家勒貝格，他用集合論的方法定義了測度（「勒貝格測度」），做為原先「長度」概念的推廣，建立起所謂的「勒貝格積分」，從而擴大了定積分的概念。在此基礎上，勒貝格利用微分運算與積分運算的互逆性，重建了牛頓和萊布尼茨的微積分基本定理，從而形成一個新的數學分支——實變函數論。同樣地，此一新生事物也受到某些數學權威的斥責，勒貝格公布自己的研究結果後，差不多將近十年都找不到工作。今天，人們把勒貝格之前的分析學稱為「經典分析」，在他之後的分析稱為「現代分析」。

　　除了實變函數論，現代分析的另一個重要組成部分是泛函分析。「泛函」可以看成是「函數的函數」，這個詞由法國數學家、以率先證明數論中的質數定理而聞名的阿達馬引進，我們在前面講變分法時已經舉過例子。不少數學家

❸ 一九二八年，狄拉克把相對論引進量子力學，
　建立了相對論形式的薛丁格方程式，也就是狄
　拉克方程式，並和薛丁格一同獲得諾貝爾物理
　學獎。

抽象代數的奠基者諾特

在泛函分析理論方面都有重要建樹，這其中，希爾伯特引進了無窮實數組 $\{a_1,$
$a_2, \cdots, a_n, \cdots\}$ 組成的集合，這裡 $\sum_{i=1}^{\infty} a_i^2$ 必須是有限數。在定義「內積」等概念
和運算法則之後，他建立了第一個無限維空間，即所謂的「希爾伯特空間」。

　　十年後，波蘭數學家巴拿赫又建立了更大的「賦範線性空間」（巴拿赫空
間）概念，用「範數」替代內積來定義距離和收斂性等，極大地拓展了泛函分
析的研究領域，同時真正做到空間理論的抽象化。與此同時，函數概念也進一
步擴充和抽象化，最有代表性的便是廣義函數論的誕生，這方面我們僅舉一個
例子，英國物理學家狄拉克❸定義了如下函數

$$\delta(x) = 0 \ (x \neq 0), \int_{-\infty}^{+\infty} \delta(x)dx = 1$$

這類函數雖然有悖傳統，物理學中卻十分常見。也正因如此，泛函分析的觀點
和方法後來被廣泛應用在其他科學，甚至是工程技術領域之中。

　　在集合論的觀點幫助建立實變函數論和泛函分析的同時，公理化方法也朝
向數學領域滲透，其中最具代表性的結果就是抽象代數的形成。自從伽羅瓦提
出群的概念以後，群的類別就從有限群、離散群發展到了無限群、連續群。代
數對象也在擴大，進一步產生了其他代數系統，如環（ring）、域（field）、
格（lattice）、理想（ideal）等。此後，代數學的研究重心就轉移到了代數結
構上，這種結構由集合元素之間的若干二元關係合成運算組成，具有以下特
點：一是集合的元素必須是抽象的，二是運算法則是透過公理來規定的。

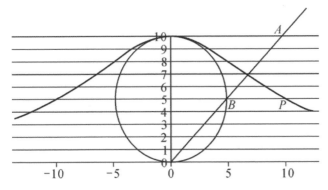

阿涅西箕舌線

　　一般認為，德國女數學家諾特一九二一年發表的《環中的理想論》是抽象
代數的開端，她則是該領域最有建樹的數學家之一，而且弟子遍及全世界。諾
特被視為迄今為止最偉大的女數學家，也就是說，超過了在她之前的四位著名
女數學家，即古希臘的希帕提婭、近代義大利的阿涅西、法國的熱爾曼和俄國
的柯瓦列夫斯卡婭。儘管如此，由於性別歧視，諾特在哥廷根大學很長時間都
當不上講師，到納粹政府上臺時，年過半百的她還不是教授，到美國後也只在
女子學院裡任教。

　　最後，我們來談一談拓撲學。德裔美國數學家外爾曾經說，拓撲天使和代
數魔鬼為占有每一個數學地盤而展開了壯觀的鬥爭，可見這兩門學科的重要
性。相對而言，拓撲學有比抽象代數更早的淵源和更有趣的例子，比如一七三
六年的哥尼斯堡七橋問題、一八五二年的地圖四色問題，以及一八五八年的莫
比烏斯帶。拓撲學研究的是幾何圖形的連續性質，即在連續變形（拉伸、扭曲
但不能割斷和黏合）的情況下保持不變的性質。拓撲學一詞是高斯的學生在一
八四七年引進的，其希臘文原意是「位置的學問」，雖然最初屬於幾何學，但
拓撲學的兩大分支卻分別是代數拓撲學和點集拓撲學。

　　點集拓撲學又名一般拓撲學，它把幾何圖形看成點的集合，同時把整個集
合視為一個空間。數學家們從「鄰域」這個概念出發，引進連續、連通、維度
等一系列概念，再加上緊緻性、可分性和連通性等性質，建立了這門學科。點
集拓撲學有一些有趣的實例，比如說在北極每一個方向都是朝南的（這本來是
經緯度的某種缺陷），或是地球上任何時刻總是至少有一個地方沒有風（颱風

征服者龐加萊

中心），而這兩個完全不同的事實對應於拓撲學中的「不動點定理」：n 維單形到它自身的連續變換，至少有一個不動點。

　　代數拓撲學的奠基人是法國數學家龐加萊。一如牆壁是用磚頭砌成的，龐加萊也將幾何圖形分割成有限個相互連接的小圖形。他定義了所謂的高維流形、同胚和同調，後來的數學家又發展了同調論和同倫論，並把拓撲問題轉化為抽象代數問題。這個領域最早的著名定理是笛卡兒在一六三五年提出後，一七五二年又被歐拉發現的，即任何沒有洞的多面體的頂點數加上面數，再減去棱數，等於 2。還有一九〇四年的「龐加萊猜想」，即任意一個三維的單連通閉流形，必定與一個三維球面同胚。曾有人懸賞一百萬美元求證此猜想。

　　一八五四年，也就是黎曼拓展非歐幾何學那一年，龐加萊出生在法國東北部城市南錫的顯赫家族。龐加萊擁有超乎常人的智力，卻不幸在五歲時罹患白喉，從此變得體弱多病，無法流暢地用話語表達自己的想法。但他依然喜歡各種遊戲，尤其是跳舞，讀書的速度也十分驚人，能夠準確持久地記住讀過的內容，還擅長文學、歷史、地理和自然史。龐加萊對於數學的興趣產生得比較晚，大約是在十五歲，不過很快就顯露出非凡的才華，並在十九歲時進入巴黎綜合理工學院。

　　龐加萊從未在一個研究領域做過久的逗留，一位同行戲稱他是「征服者，而不是殖民者」。從某種意義上講，整個數學領域都是龐加萊的「殖民地」（數學領域以外的貢獻也難以計數），但他對拓撲學的貢獻無疑最為重要。龐加萊猜想的證明及其推廣，即四維和四維以上空間的情形，使得三位數學家前

俄羅斯數學家裴瑞爾曼，因為證明龐加萊
猜想而獲得二〇〇六年的費爾茲獎

後相隔了二十年，分別獲得費爾茲獎（一九六六、一九八六、二〇〇六），在
數學史上被傳為佳話。殊為難得的是，龐加萊也是天才型的數學推廣者，其平
裝本的通俗讀物被譯成多種文字，在不同的國度和階層之間廣泛傳播，就如同
後來的理論物理學家、《時間簡史》的作者史蒂芬・霍金那樣。

　　不同的是，龐加萊還是一位哲學家，他的著作《科學與假設》、《科學
的價值》和《科學與方法》均產生了巨大影響。他是唯心主義哲學的約定論
代表人物，認為公理可以在一切可能的約定中進行選擇，但需以實驗事實為依
據，並避開任何矛盾。同時，他反對無窮集合的概念，反對把自然數歸結為集
合論，認為數學最基本的直觀概念是自然數，這又使他成為直覺主義的先驅之
一。龐加萊相信藝術家和科學家之間在創造力方面的共通性，相信「只有透過
科學與藝術，文明才能體現出價值」。

　　四維空間是非歐幾何學的一種特殊形式，當人們仍在辯論非歐幾何學以及
違反歐幾里得第五公設的哲學後果時，龐加萊這樣引導我們想像四維世界：
「外在物體的形象被描繪在視網膜上，視網膜上的是一幅二維圖，而物體的形
象是一幅透視圖……」按照他的解釋，既然二維面上的形象是從三維面來的投
影，那麼三維面上的形象可以看作是從四維面來的投影。龐加萊建議，可以將
第四維描述成畫布上接連出現的不同透視圖。依照西班牙畫家畢卡索的視覺天
賦，他認為不同的透視圖應該在同一時間裡展示出來，於是有了一九〇七年的
〈亞維農的少女〉，立體主義開山之作。

　　值得一提的是，在一九〇二年出版的《科學與假設》眾多讀者裡，有一

畢卡索〈亞維農的少女〉　　塞尚自畫像

位叫普蘭斯的巴黎保險精算師，在立體主義誕生前夕，他是西班牙畫家畢卡索「洗濯船」藝術家圈子的一員。據說有段時間裡，他的情人和畢卡索的情人是同一個。正是在普蘭斯的推介下，新幾何學成了「充滿熱情地探索著的」新藝術語言。畢卡索的好友、立體主義的闡釋者阿波利奈爾總結道，「第四維不是一個數學概念，而是一個隱喻，它包含著新美術的種子。」在他看來，「立體主義用一個無限的宇宙取代了一個以人為中心的有限宇宙」，並指出「幾何圖形是繪畫必不可少的，幾何學對於造型藝術，就如同文法對於寫作那樣重要」。或許我們可以這樣看，立體主義是文藝復興以來，繪畫和幾何又一次美妙的邂逅。

繪畫中的抽象

　　「抽象」（abstract）這個詞做為名詞在西班牙文裡的意思是摘要，它常常被置於一篇數學論文的開頭，在標題、作者姓名和單位下面。在藝術領域，它可以被理解成從自然裡提取出來的某東西。正如集合論這類抽象數學的出現曾經引起一番爭議，長期以來，抽象一詞用在藝術上多少有些貶義，也讓人爭論不休。自從亞里斯多德以來，繪畫和雕塑一直被當成模仿的藝術，對此我們在第七章已有過較為詳細的論述。

　　直到十九世紀中葉，藝術家才開始傾向新的藝術觀念：繪畫是獨立存在的

塞尚的〈玩紙牌者〉　　　　　梵谷的〈星夜〉

實體，並非是對別的東西的模仿。後來漸漸產生的藝術是，主題變成了附屬的或彎曲變形了的東西，以便強調造型或表現手段，那是一種不以表現自然為目的的藝術。塞尚可謂這類藝術的先驅，他發現眼睛是連續且同時地觀看某一個景色，他對於自然、人與繪畫的觀念，全都展現在他繪製的那些普羅旺斯家鄉山川、靜物和肖像之中。對塞尚來說，抽象主要是一種方法，目的在於重建獨立繪畫的自然景致。

　　塞尚被譽為「現代藝術之父」，在他的引領下，十九世紀末和二十世紀初的藝術家掀起了一波波現代主義的浪潮，典型的有以法國畫家馬蒂斯為代表的野獸派和以西班牙畫家畢卡索為代表的立體主義。可是，這些畫家的作品裡仍有些許可供辨認的主題，因此它們只能被稱為「抽象的」或「半抽象的」藝術。至此，抽象只是一個泛泛的形容詞，還不是一個專有名詞。

　　真正與「抽象代數」這個數學專業詞彙相對應的應該是「抽象藝術」，專指那些沒有任何可辨認主題的繪畫，俄國畫家康丁斯基則被視為第一個「抽象畫家」。十八世紀以來，彼得大帝和葉卡捷琳娜女皇統治下的俄國在長期聘請像白努利兄弟和歐拉這些大科學家的同時，也開啟了贊助藝術的傳統，並與西方不斷進行密切接觸，俄國人經常前往法國、義大利和德國等地旅行。進入十九世紀後，俄國的文學和音樂達到了很高的水準，戲劇和芭蕾也取得了長足的進步。

　　一八六六年，正好是黎曼去世那一年，康丁斯基出生在莫斯科，幾個月以

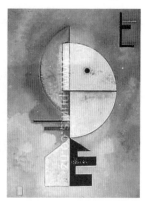

康丁斯基的〈穆爾諾的風景〉　　　　　　康丁斯基的作品

後，波特萊爾也在巴黎去世。康丁斯基家族是來自西伯利亞的茶葉商人，擁有蒙古貴族的血統，據說康丁斯基的祖母是一位中國的蒙古公主，他母親則是道道地地的莫斯科人。康丁斯基幼時隨父母和阿姨前往義大利旅行，不久遷居黑海之濱的奧德薩（今屬烏克蘭）。父母離異後，他和阿姨一起生活，在奧德薩讀完中學，後來成為鋼琴與大提琴的演奏者和業餘畫家。

　　二十歲那年，康丁斯基進入莫斯科大學攻讀法律和經濟學，最後取得博士學位。期間他仍對繪畫保持極大興趣，並在一次前往北部的沃洛格達州進行與法律相關的種族史調查時，對當地民間繪畫中色彩豔麗的非寫實風格產生了強烈的興趣。一八九六年，三十歲的康丁斯基立志成為畫家，毅然放棄了莫斯科大學助理教授一職，前往德國南方進入一所慕尼黑的美術學院就讀，四年後畢業。同學中有比他年輕十三歲的瑞士人克利，兩人後來攜手成為二十世紀的繪畫大師。

　　正是在慕尼黑期間，康丁斯基關於非客觀物體或沒有實際主題的繪畫風格開始成形。經過一番探索，他找到並確立了自己的藝術目標：透過線條和色彩、空間和運動，毋須參照可見的自然物體，表現出一種精神上的反應或決斷。早年的法學薰陶也幫助康丁斯基成為畫家中理論水準最高的人，在《藝術中的精神》一書裡，他談到法國印象派畫家馬奈的作品讓他第一次察覺到物體的非物質化問題，並不斷地吸引著他。自然科學中的革命性進展也粉碎了他對可觸摸、可感知的物理世界所秉持的信念。

《藝術中的精神》德文版

　　從康丁斯基身上我們可以感覺到某種神祕主義的內在力量，這是一種精神產品，而不是外部景象或手工技巧的產品。他這樣寫道：「色彩和形式的和諧，從嚴格意義上講必須以觸及人類靈魂的原則為唯一基礎。」在他中年出版的《康丁斯基回憶錄》裡，有這樣一段描述：

　　　　最初讓我留下深刻印象的色彩是明亮的翠綠、白、洋紅、黑，以及褐黃。這些回憶可以追溯到我三歲時。我曾在各種不同的物體上觀察它們，如今在我眼中那些物體的形狀已經遠不如色彩那麼清晰了。

　　隨著年齡增長，康丁斯基的作品開始往抽象幾何的風格演變，以圓和三角形為主要形式，這從畫作的名字也看得出來，如〈幾個圓圈〉、〈一個中心〉、〈黃紅藍〉、〈三個聲音〉。在晚年出版的理論著作《點線面》中，他甚至分析了圖畫的抽象因素的想像效果，認為橫線表示冷、分隔號表示熱。康丁斯基或許沒有一幅讓人印象特別深刻的代表作，但他任何一幅作品都具有鮮明的形象和豔麗的色彩，能讓人立刻辨認出來，並帶來愉悅感或引人深思。這一點似乎可以說明，抽象藝術有著更廣闊的表現空間——就像非歐幾何學。

　　除了康丁斯基，抽象藝術的代表畫家至少還有法國的馬列維奇、荷蘭的蒙德里安和美國的波洛克。馬列維奇把抽象帶到一種最後的幾何簡化圖形中，例如，在一白方塊中畫上一個斜的黑邊方塊。馬列維奇與康丁斯基代表了抽象藝

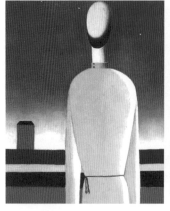
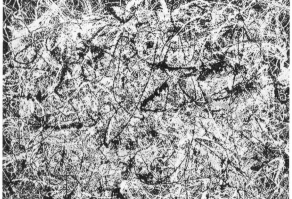

馬列維奇的作品　　　　　波洛克的行動繪畫

從具象到抽象，蒙德里安的〈開花的蘋果樹〉系列

術的兩個方向，他和同時代的蒙德里安都直接從立體主義那裡獲得啟示；波洛克則採用超現實主義的無意識行動技術，創造了在畫布甚至在汽車引擎蓋上滴落與傾倒顏料的技術，他和從荷蘭偷渡到美國的庫寧是最早揚名世界的新大陸藝術家。

數學的應用

理論物理學

本章開頭我們提到現代數學研究的兩大範圍是純粹數學和應用數學，並在第一節扼要介紹了四大抽象數學分支，事實上，這些分支相互作用，又產生了許多新的分支，如代數幾何、微分拓撲等，考慮到篇幅限制，這裡就不多做介紹。現在，我們來談談數學往其他人類文明結晶的滲透，比如科學。

首先看物理學，十八世紀是數學與經典力學相結合的黃金時代，十九世紀數學主要應用於電磁學，產生了劍橋大學數學物理學派，其中最具代表性的成就是馬克士威建立的電磁學方程組，由四個簡潔的偏微分方程式組成。據說馬克士威最初得到的方程組比較複雜，因為他相信表達物理世界的數學應該是美的，因而推倒重來。

馬克士威是蘇格蘭人，這個以格子短裙做為男子傳統服飾的民族所產生的偉大發明家按人口比例堪稱世界之最。在馬克士威之前有實用蒸汽機發明人瓦特，之後有電話發明人亞歷山大·貝爾、胰島素發明人麥克勞德（與人合作）、青黴素發明人弗萊明、電視發明人貝爾德。此外，還有第一個將經濟理論完整化和系統化的亞當·斯密。亞當·斯密代表作《國富論》的中心思想是：看似混亂的自由市場其實有一種自動調控機制，它傾向於以最合適的數量生產那些社會上最受歡迎和最需要的產品。

進入二十世紀後，數學相繼在相對論、量子力學與基本粒子等理論物理學領域得到應用。一九〇八年，德國數學家閔考斯基提出了空間和時間的四維時空結構 $R^{(3,1)}$，即通過（c 為真空中的光速）

就讀劍橋大學時的馬克士威　　愛因斯坦的數學老師閔考
　　　　　　　　　　　　　　斯基

$$ds^2 = c^2dt^2 - dx^2 - dy^2 - dz^2$$

為愛因斯坦的狹義相對論（一九○五）提供了最適用的數學模型，這種結構後來被稱為「閔考斯基空間」。有趣的是，閔考斯基對他早年的學生愛因斯坦的數學才能毫無印象。

　　有了這個模型以後，愛因斯坦又進一步研究了引力場理論。等到一九一二年夏天，他已經概括出這一理論的基本原理，可是由於他只會使用一些最簡單的數學工具，甚至連微積分的方法也不會用（他自稱那樣會使讀者驚呆），自然難以提煉出方程。這個時候，愛因斯坦在蘇黎世遇到一位數學家，後者幫助他學會了以黎曼幾何為基礎的微分學，後來他把它叫作「張量分析」。經過三年多的努力，在一九一五年十一月二十五日發表的一篇論文中，愛因斯坦給出了引力場方程

$$R_{\mu\nu} = kT_{\mu\nu} + \frac{1}{2}Rg_{\mu\nu}$$

其中 $R_{\mu\nu}$ 是里奇張量，$T_{\mu\nu}$ 是能量－動量張量，R 是曲率標量，$g_{\mu\nu}$ 是度規張量，k 是常數，與萬有引力常數和光速有關。愛因斯坦指出，「有了這個方程，廣義相對論做為一種邏輯結構終於成立了！」

　　值得一提的是，雖然愛因斯坦在一九一五年創立了廣義相對論，但他的工

愛因斯坦故居，他在這裡發明了
相對論（作者攝）

作成果發表於一九一六年。巧合的是，幾乎是同一時間，德國數學家希爾伯特沿著另一條道路也得出了上述引力場方程。希爾伯特採用的是公理化方法，同時運用了諾特關於連續群的不變數理論。希爾伯特向哥廷根科學院提交這篇論文的時間是一九一五年十一月二十日，發表論文的時間也比愛因斯坦早了五天。

　　依照愛因斯坦的廣義相對論，時空整體上是不均勻的，只在微小的區域內例外。在數學上，這個非均勻的時空可以借助下面的黎曼度量來描述：

$$ds^2 = \sum_{\mu,\nu=1}^{2} g_{\mu\nu}\, dx_\mu\, dx_\nu$$

　　廣義相對論的這個數學描述第一次揭示了非歐幾何學的現實意義，也成為歷史上最偉大的數學應用實例之一。可是，與建立萬有引力定律的牛頓相比，愛因斯坦稍顯遜色，因為牛頓力學的數學基礎微積分是牛頓自己創立的。

　　與相對論不同，量子力學與一群物理學家的名字相連。普朗克、愛因斯坦和波耳是開拓者，薛丁格、海森堡、狄拉克等人分別以波動力學、矩陣力學和變換理論的形式建立起量子力學。為了將這些理論融合成統一的體系，需要新的數學理論。希爾伯特使用積分方程等分析工具，馮‧諾依曼進一步借助希爾伯特空間理論以解決量子力學的特徵值問題，並在最終將希爾伯特的譜理論推廣到量子力學中經常出現的無界運算元情形，從而奠定了這門學科的嚴格數學

基礎。

　　二十世紀下半葉，還有多項物理學的工作需要應用抽象的純粹數學，例如
著名的規範場論和超弦理論。一九五四年，楊－米爾斯理論❹的提出揭示了規
範不變性可能是自然界中所有四種力（電磁力、引力、強力和弱力）相互作用
的共性，這使得已經存在的規範場論重新引起人們的注意，並試圖用這個理論
來統一自然力的相互作用。結果，數學家們很快發現，統一場論所需要的數
學工具——纖維叢微分幾何早就有了，楊－米爾斯方程實際上是一組偏微分方
程，對它們的進一步研究也推動了數學的發展。一九六三年被證明的阿蒂亞－
辛格指標定理❺也在楊－米爾斯理論中獲得重要應用，成為連接純粹數學和理
論物理的又一座橋梁，其研究方法涉及分析學、拓撲學、代數幾何、偏微分方
程和多複變函數等諸多核心數學分支，因而常被用來論證現代數學的統一性。

　　超弦理論或弦理論興起於二十世紀八〇年代，它把基本粒子看作一些伸展
的一維弦線般的無質量實體（其長度約為 10^{-33} 公分，被稱為普朗克長度），
以代替其他理論中所用的、在時空中無尺寸的點。這個理論以引力理論、量子
力學和粒子相互作用的統一數學描述為目標，成為數學家與物理學家攜手合作
的活躍領域，其中用到的數學涉及微分拓撲、代數幾何、微分幾何、群論、無
窮維代數、複分析和黎曼曲面上的模理論等。可以想像，與它有所連結的物理
學家和數學家不計其數。

生理學家安德魯‧赫胥黎

生物學和經濟學

　　除了物理學，數學還在其他自然科學和社會科學領域發揮了重要作用。限於篇幅，我們僅以生物數學和數理經濟學為例。與物理學相比，生物學是一門年輕的學科，在十七世紀顯微鏡發明以後才真正步入正軌，但它和物理學是自然科學裡面兩個最重要的分支。在生物學研究領域，數學方法的引進相對遲緩，大約始於二十世紀初，多才多藝的英國數學家皮爾森率先將統計學應用在遺傳和進化問題的研究上，並於一八九九年創辦了《生物統計學》雜誌，這是最早的生物數學雜誌。

　　一九二六年，義大利數學家沃爾泰拉提出下列微分方程式，成功解釋了地中海中不同魚種週期消長的現象，其中 x 表示被食小魚數，y 表示食肉大魚數。這個方程組也被稱為「沃爾泰拉方程」，是用微分方程建立生物模型的先河。

$$\begin{cases} \dfrac{dx}{dt} = ax - bxy \\ \dfrac{dy}{dt} = cxy - dy \end{cases}$$

　　二十世紀五〇年代，英國和美國數學界出現了兩項轟動成果，即描述神經脈衝傳導的數學模型霍奇金－赫胥黎方程[6]和視覺系統側抑制作用的哈特蘭－拉特利夫方程，它們都是複雜的非線性方程式，引起了數學家和生物學家的興

華生、克里克和 DNA 模型

趣。有意思的是，前三位分別因此獲得一九六三年和一九六七年的諾貝爾生理學暨醫學獎，而拉特利夫只因為這個方程式和身為哈特蘭的前同事被人們記住。

一九五三年，即霍奇金－赫胥黎方程誕生隔年，美國生物化學家華生和英國物理學家克里克發現了去氧核糖核酸（DNA）的雙螺旋結構，不僅標誌著分子生物學的誕生，也把抽象的拓撲學引入了生物學。因為在電子顯微鏡下可以看到，雙螺旋鏈有纏繞和紐結，這樣一來，代數拓撲學的紐結理論便有了用武之地，並應驗了一個多世紀前高斯的預言。一九八四年，紐西蘭出生的美國數學家鍾斯建立了關於紐結的不變數 —— 鍾斯多項式（紐結多項式），幫助生物學家針對在 DNA 結構中觀察到的紐結進行分類，鍾斯也因此獲得一九九○年費爾茲獎。

華生和克里克獲得了一九六二年的諾貝爾生理學暨醫學獎，但其發現的意義尚未獲得充分認識。這裡我想多說幾句。若用物理學做為參照，物理學主要探討宏觀世界（原子內部結構的重要性也在於核聚變和核裂變產生的巨大能量），生物學則側重研究微觀的事物（細胞和基因）。達爾文的進化論和伽利略的自由落體運動定律一樣，主要在於表現生命和物體運動的外在規律；而牛頓的萬有引力定律發現了物體乃至宇宙運動的內在規律和原因，與此相對應的生物學成就則是揭示了生命奧祕的 DNA 雙螺旋結構。值得一提的是，華生和克里克是在他們平日和同事常去的劍橋老鷹酒吧宣布這一里程碑式發現的。

一九七九年的諾貝爾生理學暨醫學獎由兩位非本行的專家一起獲得，南非

❼ 他們因為在資源最佳配置理論方面的
貢獻獲得一九七五年的諾貝爾經濟學
獎。

電影《美麗境界》的原型奈許

出生的美國物理學家科馬克和英國電機工程師豪斯費爾德。在開普頓一家醫院
的放射科兼職時，身為物理學講師的科馬克就對人體軟組織和不同密度組織層
的 X 射線成像問題產生了興趣，到美國任教後，他建立起電腦掃描的數學基
礎，即人體不同組織對 X 射線吸收量的計算公式。這個建立在積分幾何基礎
之上的公式，解決了電腦斷層掃描的理論問題，也促使豪斯費爾德發明了第一
臺電腦 X 射線斷層掃描器，即 CT 掃描器，並在臨床試驗中取得成功。

　　接著我們要談的是數理經濟學，這門學科是由匈牙利數學家馮・諾依曼開
啟的。他在與人合著的《博弈論與經濟行為》（一九四四）中提出競爭的數學
模型並應用在經濟問題上，成為數理經濟學的開端。整整半個世紀以後，美國
數學家奈許和德國經濟學家澤爾藤因為博弈論研究獲得諾貝爾經濟學獎。奈許
患有精神疾病，是小說與改編電影《美麗境界》的主人公原型，他建立了奈許
均衡理論，解釋博弈雙方的策略和行動。在他生命的最後一年，奈許因為在非
線性偏微分方程方面所做的貢獻而獲得數學界的至高榮譽阿貝爾獎。

　　如果說前蘇聯數學家坎托羅維奇的線形規劃論和荷蘭出生的美國經濟學家
科普曼斯的生產函數所用的數學理論算是比較簡單的❼，那麼法國出生的美國
經濟學家德布魯和另一位美國經濟學家阿羅所用的凸集和不動點理論就較為深
刻了，他們建立的均衡價格理論在後續研究中使用了微分拓撲、代數拓撲、動
力系統和大範圍分析等抽象的數學工具。有意思的是，阿羅和德布魯雙雙獲得
諾貝爾經濟學獎卻相隔多年，分別是在一九七二年和一九八三年。

　　二十世紀七〇年代以來，隨著隨機分析進入經濟學領域，尤其是美國經濟

學家布萊克和加拿大出生的美國經濟學家休斯將期權的定價問題歸結為一個隨機微分方程的解，並匯出與實際較為吻合的期權定價公式，即布萊克－休斯公式。在此以前，投資者無法精準確定期權的價格，這個公式把風險溢價因素計入期權價格，從而降低了期權投資的風險。後來美國經濟學家默頓消除了許多限制，使得該公式亦適用於其他金融交易領域，如房屋抵押。一九九七年，默頓和休斯分享了諾貝爾經濟學獎。

可是進入二十一世紀後，美國發生次貸金融危機，嚴重影響了世界經濟的發展。在正常情況下，客戶會向銀行申請貸款，但有些客戶由於信用條件差或其他原因，銀行不願意與他們簽訂貸款協定。於是，就有貸款機構發放信用要求寬鬆但利率較高的貸款。次級貸款蘊含較大的違約風險，主要原因在於其衍生產品。有關部門不願意獨自承擔風險，往往會將這些產品打包出售給投資銀行、保險公司或對沖機構。這些衍生品看不見、摸不著，其價格與打包方式無法透過人為的簡單判斷來確定，這就催生了一個新興的數學分支──金融數學。

衍生品的定價過程中有兩個非常重要的參數，折現率和違約概率，前者基於某個隨機微分方程，後者服從帕松分布。這次世界性金融危機的遭遇讓人們發現，這兩種數學手段和其他估價手段還得更精準。二十世紀九〇年代，同樣於一九四七年出生的中國數學家彭實戈和法國數學家巴赫杜合作創立了倒向隨機微分方程，現已成為高級金融產品的風險度量和穩健定價的數學工具和方法。十八世紀初的雅各布‧白努利說過，從事物理學研究而不懂數學的人，實際上處理的是意義不大的事情，到了二十一世紀，金融業或銀行業也出現了同樣的情況，擁有兩百多年歷史的美國花旗銀行宣稱，他們有七〇％的業務依賴數學，同時強調如果沒有數學，花旗銀行不可能生存下去。

最後值得一提的，坎托羅維奇的線性規劃論是運籌學中最早成熟的研究內容和分支之一。運籌學可以定義為，管理系統的人為了獲得系統運行的最優解而必須使用的一種科學方法，主要依賴於數學方法和邏輯判斷。與運籌學幾乎同時脫胎於第二次世界大戰的應用數學學科還有模控學和資訊理論，其創始人分別是美國數學家維納和夏農，兩人退休前都在麻省理工學院任教，也都是公眾人物。維納十八歲就獲得哈佛大學博士學位，出版過兩本自傳《昔日神童》

---

❽ 數論裡有一個與二項式係數相關的同餘式用他的名字命名。

和《我是一個數學家》；夏農則被譽為數位通訊時代的奠基人。

　　在維納看來，模控學研究的是機器、生物社會中的控制和通訊的一般規律，是研究動態系統在變動的環境條件中如何保持平衡或穩定狀態的科學。他創造了 cybernetics 一詞，希臘文原意為「操舵術」，意指掌舵的方法和技術。在柏拉圖的著作中，常用它來表示管理人的藝術。資訊理論是一門用數理統計方法來研究資訊的度量、傳遞和變換規律的科學。需要注意的是，這裡的資訊指的不是傳統的消息，而是一種秩序的等級或非隨機性的程度，可以測量或用數學方法處理，就像質量、能量或其他物理量一樣。

電腦和混沌理論

　　一般來說，電腦是指能接收資料，按照程式指令進行運算並提供運算結果的自動電子機器。在電腦的歷史上發揮重要革新作用的幾乎全是數學家。一直到二十世紀七〇年代末，中國大陸的大學電機系大多仍設在數學系內，就像康德時代數學隸屬於哲學系一樣，可是如今，多數大學都有一、兩個電機學院。用機器來代替人工計算一直是人類的夢想，或許最早使用算盤的並非中國人，但長期以來使用最廣泛的非算盤莫屬。明代出版的一本書裡有十檔算盤的插圖，但算盤的實際發明時間遠在此之前。數學家程大位一五九二年出版的《算法統宗》裡詳述了珠算的規則、口訣和方法，標誌著珠算的成熟。這本書也傳入了朝鮮和日本，使得算盤在這兩個國家十分流行。

　　第一個提出機械電腦設計思想的是德國人施卡德，他在與克卜勒通信時闡述了此想法。第一臺能進行加減計算的機械計算器是帕斯卡一六四二年發明的，三十年後，萊布尼茲製造出一臺能進行乘除和開方運算的計算機。使計算機擁有能針對資料進行各種運算的裝置，無疑是向現代電腦過渡的關鍵一步，由英國數學家巴貝奇❽首先邁出。巴貝奇一八三四年設計的「分析機」分為運

郵票上的巴貝奇

算室和儲存庫，外加一個專門控制運算程式的裝置，他曾設想根據穿孔卡片上的「0」和「1」來控制運算的順序，毫無疑問是現代電子電腦的雛形。

　　遺憾的是，即便巴貝奇付出後半生絕大多數精力和財產，甚至失去劍橋大學的盧卡斯教授榮譽席位，也沒幾個人理解他的想法。據說真正支持他的人只有三個：他的兒子巴貝奇少將（在父親去世後還為分析機奮鬥了許多年）、未來的義大利總理和詩人拜倫之女愛達。愛達是拜倫的獨生女，她為某些函數編寫了計算程式，可謂開現代程式設計之先河。由於時代的局限，巴貝奇分析機的設計方案遇到了巨大的技術障礙，他借助通用程式控制電腦的天才設想還要再過一個多世紀才能實現。

　　二十世紀至今，科學技術的迅猛發展帶來了堆積如山的數據問題，尤其是二次大戰期間，軍事上的計算需要更使得計算速度的改進成為燃眉之急。起初，人們採用電器元件來代替機械齒輪。一九四四年，美國哈佛大學的數學家艾肯在 IBM（國際商業機器公司）的支援下設計和製造出世界上第一臺能夠實際操作的通用程式電腦，占地一七〇平方公尺，只有部分使用了繼電器，不久後他又製作了一臺全部使用繼電器的電腦。與此同時，賓州大學用電子管代替繼電器，於一九四六年造出了第一臺電子數值積分計算機（ENIAC，簡稱「伊尼亞克」），效率提高了一千倍。

　　一九四七年，數學家馮‧諾依曼提出了把 ENIAC 使用的外插程式改為存

馮‧諾依曼和他的電腦

英國索立大學（University of Surrey）中的圖靈銅像

儲程式的想法，按照這種想法製成的電腦能夠依照記憶體中的指令進行操作，大大加快了運算進程。一九四六年，他與人合作發表論文，提出了並行處理和存儲資料電腦的綜合設計理念，對後來的電腦設計產生了深遠影響。馮‧諾依曼出生在布達佩斯，屬於多才多藝型的學者，在數學、物理學、經濟學、氣象學、爆炸理論和電腦領域都取得了卓越的成就。據說他是在火車站等車時遇見了 ENIAC 的設計師，後者向他討教電腦的技術問題，從而激起了他的興趣。

　　另一位對電腦設計理念做出傑出貢獻的是英國數學家圖靈，他為了解決數理邏輯中的基本理論問題 —— 相容性，以及數學問題的機器可計算性的判定，而提出了他的「理想電腦」模型。直到今天的電腦都沒有跳出這個理想模型的範疇：

　　輸入／輸出裝置（帶子和讀寫頭）、記憶體和控制器。

　　圖靈還研究過能夠思考的電腦製造理論，這方面的構想已成為人工智慧研究的基礎。他也提出了會思考的機器的標準，即有超過三〇％的測試者無法確定被測試者是人還是機器，被稱為「圖靈測試」。遺憾的是，圖靈後來因為不堪忍受針對其性取向的強迫治療，吃下用氰化物溶液浸泡過的蘋果自殺了。為了紀念圖靈，一九六六年，英特爾公司出資設立「圖靈獎」，成為電腦領域的

最高獎項。一九七六年創建的蘋果電腦公司以一顆被咬了一口的蘋果做為企業標誌，這家以推出 iPhone 手機和 iPad 平板電腦風靡全球的公司，信念是：只有不完美才能促使進步去追求完美。

雖然電腦已歷經四代發展，但從電子管、電晶體到積體電路、超大型積體電路，均是採用二進位撥碼開關，即使將來電腦會被諸如量子電腦取代，這一點也不會改變，而這與布爾代數的符號邏輯體系是分不開的。布爾代數由十九世紀英國數學家布爾創立，布爾完成了兩個世紀前萊布尼茲未竟的事業，創立了一套表意符號，每一個符號代表一個簡單的概念，再透過符號的組合來表達複雜的思想。布爾出身貧寒，父親是個補鞋匠，主要是自學成才，後來成為愛爾蘭皇后學院（現名為科克大學）的數學教授，並入選英國皇家學會。不幸的是，他四十九歲時因淋雨罹患肺炎去世。當年早些時候，他的小女兒出世，她便是小說《牛虻》的作者伏尼契。

做為抽象數學應用的光輝典範之一，電腦已成為數學研究本身的有力工具和問題源泉，並推動了一個新的數學分支——計算數學的誕生。計算數學不僅設計、改進各種數值計算方法，還研究與這些計算相關的誤差分析、收斂性和穩定性等問題。馮·諾依曼是這門學科的奠基者之一，不僅與人合作建立了全新的數值計算法「蒙地卡羅方法」（也稱統計模擬方法），還領導一個小組利用 ENIAC，首次實現了數值天氣預報，後者的中心問題是求解有關的流體力學方程。值得一提的是，二十世紀六〇年代，中國數學家馮康獨立創建了一種數值分析方法「有限元法」，可用於包括航空、電磁場和橋梁設計等工程計算。

一九七六年秋，伊利諾大學的數學家阿佩爾和哈肯在電腦的幫助下，證明了已有一百多年歷史的地圖四色定理，成為利用電腦解決重大數學問題的實例中最鼓舞人心的一個。難得一見的地圖四色定理是由英國人提出的著名猜想。一八五二年，甫於倫敦大學獲得雙學士學位的古德里受聘在某研究單位為地圖著色，他發現只需用四種顏色就可以填滿地圖，而且任何兩個鄰國都能呈現不同的顏色。但是，不僅他和仍然在讀書的弟弟無法證明這個猜想，就連他的老師德摩根和哈密頓也無能為力。凱萊經過一番研究後，在倫敦數學學會做了一

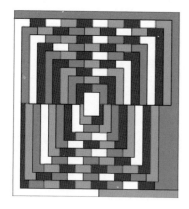

地圖四色問題圖例

個報告，使得這個問題出了名。

　　從那以後，數學家們更常借助電腦研究純粹數學，最突出的例子就是孤立子（soliton）和混沌（chaos）的發現，兩者都是非線性科學的核心問題，可謂兩朵美麗的「數學物理之花」。孤立子比四色定理出現得更早，一八三四年，英國工程師史考特‧羅素在馬背上跟蹤並觀察運河中船隻突然停止所激起的水波，他發現水波在行進中的形狀和速度並沒有發生明顯的改變，稱其為「孤立波」。一個多世紀以後，數學家們發現，兩個孤立波碰撞後仍是孤立波，因此被稱為「孤立子」，孤立子大量存在於光纖通訊、木星紅斑活動、神經脈衝傳導等領域。混沌理論則是描述自然界不規則現象的有力工具，被視為繼相對論和量子力學之後，現代物理學的又一次革命。

　　電腦科學的飛速發展不僅離不開數理邏輯，也促進了與之相關的其他數學分支之變革或創立，變革的例子比如組合學，創立的典型代表則是模糊數學。組合學的起源可以追溯至《易經》中的「洛書」，萊布尼茲在《論組合的藝術》中率先提出了「組合」這個概念，後來數學家們從遊戲中歸納出一些新問題，如哥尼斯堡七橋問題（衍生出「圖論」這一組合數學的主要分支）、歐拉三十六位軍官問題、柯克曼女生問題和哈密頓環球旅行問題等。二十世紀下半葉以來，在電腦系統設計和資訊存儲、恢復中遇到的問題，為組合學研究注入了全新的強大動力。

　　相比於古老的組合學，一九六五年誕生的模糊數學可以說非常年輕。按照經典集合的概念，每一個集合必須由確定的元素構成，元素之於集合的隸屬關

係是明確的，這一性質可以用特徵函數 $\mu_A(x)$ 來表示：

$$\mu_A(x) = \begin{cases} 1, & x \in A \\ 0, & x \notin A \end{cases}$$

　　模糊數學的創始人是亞塞拜然出生的伊朗裔美國數學家、電機工程師澤德，他把特徵函數改寫成所謂的隸屬函數 $\mu_A(x)$：$0 \leq \mu_A(x) \leq 1$，在這裡 A 被稱為模糊集合，$\mu_A(x)$ 為隸屬度。經典集合論要求 $\mu_A(x)$ 取 0 或 1 兩個值，模糊集合則突破了這一限制，$\mu_A(x) = 1$ 表示百分之百隸屬於 A，$\mu_A(x) = 0$ 表示完全不屬於 A，還可以有二〇％隸屬於 A，八〇％隸屬於 A，諸如此類。由於人腦的思維包括精確的和模糊的兩方面，因此模糊數學在人工智慧系統模擬人類思維的過程中發揮了重要作用，與新型的電腦設計密切相關。但是，做為一個數學分支，模糊數學尚未成熟。

　　現在，我們來談談電腦科學的分支之一——人工智慧（Artificial Intelligence，縮寫為 AI）。人工智慧的概念最初是在一九五六年，由美國新英格蘭的達特茅斯學院提出的，主要目標是使機器能夠勝任一些通常需要人類智慧才能完成的複雜工作，包括機器人、語言和圖像的識別及處理等，涉及了機器學習、電腦視覺等領域。其中，機器學習的數學基礎有統計學、資訊理論和控制論，電腦視覺的數學工具有攝影幾何學、矩陣與張量和模型估計。二十世紀七〇年代以來，人工智慧與空間技術、能源技術被視為三大尖端技術。人工智慧在過去的半個世紀裡更是呈現飛速發展，在很多領域都獲得廣泛的應用，成果卓著，如今則與基因工程、奈米科學一起被視為二十一世紀的三大尖端技術。

　　人工智慧並非人類智慧，但是能像人類那樣思考，也有可能超越人類智慧。一九九七年，美國 IBM 公司研製的「深藍」（Deep Blue）戰勝了亞塞拜然出生的俄羅斯西洋棋大師卡斯帕羅夫。二〇一六年和二〇一七年，Google 旗下的人工智慧公司 DeepMind 研製的 AlphaGo 又擊敗了兩位圍棋世界冠軍——韓國的李世石和中國的柯潔。這方面的進步得益於雲端計算、大數據、神經網路技術的發展和摩爾定律。目前，人工智慧在邏輯推理方面可說已超越人

2016 年李世石激戰 AlphaGo

類，但在認知情感、決策等領域能做的事情仍十分有限。專家認為，人工智慧面臨的更多是數學問題，還沒有像複製羊技術那樣，發展到需要進行倫理討論的階段。

　　一方面，電腦的每一次飛躍都離不開數學家們的工作。另一方面，電腦的進步也推進了數學研究的成果，這裡就讓我們來介紹幾何學和電腦的奇妙結合。二十世紀幾何學的兩次飛躍分別是從有限維到無限維（上半世紀）和從整數維到分數維（下半世紀），後者被稱為碎形幾何學，是新興的科學分支混沌理論的數學基礎。擁有法國和美國雙重國籍、波蘭出生的數學家曼德博透過自相似性，建立起這門全新的幾何學，這是有關斑痕、麻點、破碎、扭曲、纏繞、糾結的幾何學，它的維度居然可以不是整數。

　　一九六七年，曼德博發表〈英國的海岸線有多長？統計自相似和分數維度〉專文。在查閱西班牙和葡萄牙、比利時和荷蘭的百科全書後，人們發現這些國家對於它們共同邊界的估計相差了二〇％。事實上，無論海岸線還是國境線，其長度取決於測量度的大小。相比於海灘上的踏勘者，試圖從人造衛星上估計海岸線長度的觀察者將得到較小的數值，但若與爬過每一顆鵝卵石的蝸牛相比較，海灘上的踏勘者將得到較小的結果。

　　常識告訴我們，雖然這些估計值一個比一個大，可是它們會趨近於某個特定的值，即海岸線的真正長度。但是曼德博卻證明，任何海岸線在一定意義上都是無限長的，因為海灣和半島會顯露出愈來愈小的子海灣和子半島。這就是所謂的自相似性，它是一種跨越不同尺度的特殊對稱性，意味著遞迴，即圖案之中套著圖案。這個概念在西方文化中由來已久，萊布尼茲早在十七世紀就設

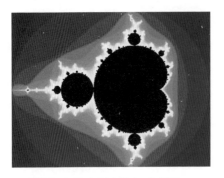

曼德博集合是碎形中的知名例子

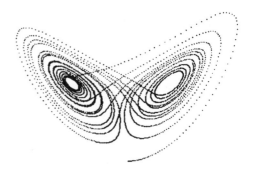

勞侖次吸子為「混沌蝴蝶」

想過一滴水中包含著整個多彩的宇宙；之後，英國詩人兼畫家威廉・布萊克在詩中寫：一沙一世界／一花一天堂。

曼德博考慮了一個簡單的函數 $f(x) = x^2 + c$，其中 x 是複變數，c 是複參數。從某個初始值 x_0 開始令 $x_{n+1} = f(x_n)$，就產生了點集 $\{x_i, i = 0, 1, 2 \cdots\}$。一九八〇年，曼德博發現，對於有些參數 c，反覆運算會在複平面的某幾點之間迴圈反覆；而對於另外一些參數 c，反覆運算結果卻毫無規律可言。前一種參數 c 叫吸子，後一種叫混沌，所有吸子的複平面子集如今被命名為「曼德博集合」。

由於複數反覆運算過程即便對於較為簡單的方程（動力系統）也需要大量的計算，因此碎形幾何學和混沌理論的研究只有借助高速電腦才能進行，結果也產生了許多精美奇妙的碎形圖案，不僅被用來當作書籍插圖，還被拿來製作月曆。在實際應用中，碎形幾何學和混沌理論在描述和探索許許多多的不規則現象，如海岸線形狀、大氣運動、海洋洋流、野生生物群，乃至股票、基金價格的漲落等，均發揮十分重要的作用。

就美學價值而言，新的幾何學賦予了硬科學特別的現代感，即追求野性、未開化、未馴養的天然情趣，這與二十世紀七〇年代以來後現代主義藝術家追逐的目標不謀而合。在曼德博看來，令人滿足的藝術沒有特定的尺度，或說它包含了一切尺寸的要素。他指出，巴黎的藝術宮殿做為摩天大樓的對立面，宮殿的大片雕刻和怪獸、凸角和側柱、布滿旋渦花紋的拱壁和配有檐溝齒飾的飛簷，觀察者從任何距離望去都能看到某種賞心悅目的細節。而當你走近時，它的構造又發生了變化，展現出新的結構元素。

數學與邏輯學

羅素的悖論

　　二十世紀以來，數學的抽象化不僅拉近了它與科學、藝術的關係，也使得它與哲學的有效合作再次變得可能，這是自古希臘和十七世紀以來的第三次了。巧合的是，數學自身的危機也恰好出現了三次，而且兩者在時間上幾乎一致。第一次是古希臘時期無理數的發現，這與所有數可由整數或整數之比來表示的論斷相矛盾；第二次是十七世紀，微積分在理論上出現了一些矛盾，焦點在於：無窮小量究竟是零還是非零？如果是零，怎樣可以用它做除數？如果不是零，怎樣能去掉那些包含無窮小量的項？

　　畢達哥拉斯學派發現，邊長為 1 的正方形的對角線長度既不是整數，也不能由整數之比表示，從而引發了第一次數學危機。相傳有個叫希帕索斯的門徒因為洩密，被扔進地中海淹死了，他的出生地梅塔蓬圖姆恰巧是他的老師畢達哥拉斯被謀殺的地方。兩個世紀以後，歐多克斯透過在幾何學中引進不可通約量的概念，化解了此一危機。兩條幾何線段，如果存在第三條線段能夠同時量盡它們，這兩條線段就是可通約的，否則為不可通約。正方形的邊與對角線，就不存在量盡它們的第三線段，因此它們是不可通約的。只要承認不可通約量的存在，所謂的數學危機也就不復存在了。

　　兩千多年後，微積分的誕生使得數學再次出現危機，在數學基礎上引發了矛盾。例如，無窮小量是微積分的基礎概念之一，牛頓在一些典型的推導過程中，先把無窮小量當成分母進行除法運算，再把無窮小量看成零，消掉那些包含它的項，從而得到想要的公式。儘管這些公式在力學和幾何學的應用證明了它的正確性，但其數學推導過程卻在邏輯上自相矛盾。直到十九世紀上半葉柯

多才多藝的羅素

西發展了極限理論，這個問題才得到解決。柯西認為，無窮小量是要怎樣小就怎樣小的量，在本質上，它是以零為極限的變數。

隨著十九世紀末分析嚴格化的最高成就 —— 集合論的誕生，數學家們以為有希望一勞永逸地擺脫數學基礎所面對的危機。一九○○年，法國人龐加萊在巴黎國際數學家大會上宣稱：「現在我們可以說，完全的嚴格化已經實現了！」可惜他的話音未落，隔年英國數學家兼哲學家羅素就給出了簡單明瞭的集合論「悖論」，挑起了關於數學基礎的新爭論，引發了第三次數學危機。為了解決這場危機，人們對數學基礎進行了更深入的探討，促進了數理邏輯的發展，使之成為二十世紀純粹數學的又一重要趨勢。

一八七二年，羅素出身於英格蘭一個貴族家庭，其祖父曾兩度出任英國首相。羅素三歲時就失去了雙親，嚴格的清教徒式教育導致他在十一歲時對宗教產生了懷疑，以懷疑主義的目光探究著「我們能知道多少，以及擁有何種程度的確定性和不確定性」。隨著青春期的到來，孤獨和絕望徘徊在羅素心頭，讓他產生了自殺的念頭，最終是對數學的痴迷讓他逐漸擺脫了自殺的想法。十八歲那年，羅素考入劍橋大學，此前他都在家中接受教育。羅素試圖在數學中尋找確定又完美的目標，但在大學最後一年，德國哲學家黑格爾的觀點吸引了他，他喜歡上了哲學。

顯而易見，最適合羅素的研究領域應該是數理邏輯，正巧劍橋大學有最適合的土壤和一流的志同道合者，包括和他亦師亦友的懷海德、比他小一歲的Ｇ‧Ｅ‧摩爾和他後來的學生維根斯坦。精通數學的羅素認為科學的世界觀

羅素的老師懷海德

大多是正確的，並在此基礎上確定了三大哲學目標。第一，把人類認識上的虛榮、矯飾減少到最低限度，並使用最簡單的表達方式。第二，建立邏輯和數學之間的連繫。第三，從語言去推斷它所描述的世界。對於這些目標，羅素和他的同行後來或多或少做到了，由此奠定分析哲學的基礎。

　　羅素的影響之所以深遠，部分原因是他相當擅長解釋與推廣。他的哲學著作文辭優美、通俗易懂，無論是《西方哲學史》、《西方的智慧》，還是《人類的知識》，許多當代哲學家便是被他的書吸引入行的。同時，羅素的一些著作超出了哲學範疇，涉及社會、政治和道德的方方面面，並滿懷激情地指出了敏感問題。為此他被監禁兩次、罰款，並被剝奪了在劍橋大學講課的資格。儘管如此，羅素仍於一九五〇年榮獲諾貝爾文學獎。在他之後，數學系出身的俄羅斯作家索忍尼辛和南非出生的澳洲作家柯慈也先後獲得了一九七〇年和二〇〇三年的諾貝爾文學獎。

　　所謂「羅素悖論」是這樣的：有兩種集合，第一種集合不是它自己的元素，大多數集合都是這樣的；第二種集合是它自己的一個元素 $A \in A$，例如由一切集合組成的集合。那麼，對於任何一個集合 B，它不是第一種集合就是第二種集合。假設第一種集合的全體構成一個集合 M，那麼 M 屬於哪種集合？如果 M 屬於第一種集合，那 M 應該是 M 的一個元素，即 $M \in M$，但是滿足 $M \in M$ 關係的集合應屬於第二種集合，由此出現了矛盾。若 M 為第二種集合，那 M 應該滿足 $M \in M$ 的關係，這樣一來 M 又屬於第一種集合，再次出現了矛盾。

挑戰數學家的鄉村理髮師

一九一九年，羅素又提出上述悖論的通俗版，即所謂「理髮師悖論」：

　　某鄉村理髮師宣布了一條規則：他決定為所有不自己刮鬍子的人刮鬍子，而且只為村裡這樣的人刮鬍子。試問：理髮師是否為自己刮鬍子呢？

　　這無論如何都會得出矛盾的結論，也就明白揭示了集合論本身確實存在著矛盾。由於嚴格的極限理論的建立，數學的第二次危機已經被化解了，但極限理論是以實數理論為基礎的，而實數理論又是以集合論為基礎的，現在集合論遭遇了羅素悖論，自然就引發了數學史上的第三次危機。

　　為了消除悖論，人們開始對集合論進行公理化。最早進行這一嘗試的是德國數學家策梅洛，提出了七條公理，建立了一種不會產生悖論的集合論，後來經過德國數學家弗蘭克爾的改進，成為一個無矛盾的集合論公理系統，即所謂的「ZF 公理系統」（Zermelo-Fraenkel Set Theory，或「策梅洛－弗蘭克爾集合論」，簡寫為 ZF）。這場數學危機到此緩和下來，但 ZF 公理系統本身是否會出現矛盾呢？沒人能夠保證。美國數學家寇恩證明，在 ZF 公理系統下康托爾連續統假設的真偽無法判別，從某種意義上否定了希爾伯特在一九○○年巴黎國際數學家大會上提出的第一個問題，寇恩因此獲得一九六六年費爾茲獎。可以預見，意想不到的事今後仍會不斷出現。

　　為了進一步解決集合論的悖論，人們試圖從邏輯上尋找問題的癥結。由於

拓樸學的奠基者布勞威爾，
他發現了不動點定理

數學家們的觀點不同，形成了數學基礎的三大學派，分別是：以羅素為代表的邏輯主義學派，以荷蘭數學家布勞威爾為代表的直覺主義學派，以希爾伯特為代表的形式主義學派。這些學派的形成和活躍將把人們對數學基礎的認識提高到一個空前的高度，雖然他們的努力最終未能取得滿意的結果，卻推動了由萊布尼茲開啟的數理邏輯學之形成和發展。限於篇幅，我們在此僅介紹這三大學派的部分論點。

　　首先我們來看邏輯主義學派。按照羅素的觀點，數學就是邏輯，全部數學都可以由邏輯推導得出，不需要任何數學特有的公理。數學概念可以透過邏輯概念來定義，數學定理可以由邏輯公理按邏輯規則推導得出，邏輯的展開則是依靠公理化的方法進行。為了重建數學，他們提出命題函數和類型論之後，又定義了基數和自然數，並在此基礎上建立了實數系、複數系、函數以及全部分析，幾何也可以透過數來引進。這樣一來，數學就成了沒有內容，只有形式的哲學家的數學。

　　與邏輯主義學派相反，直覺主義學派的基本思想是：數學獨立於邏輯。堅持數學對象的「構造性」定義是直覺主義的精華，按照布勞威爾的觀點，要證明任何對象的存在，必須同時證明它可以用有限的步驟構造出來。在集合論中，直覺主義只承認可構造的有窮集合，這就排除了像是「所有集合的集合」這種容易引發矛盾的集合。可是，有限的可構造性主張也導致「排中律」（非真即假）被否定，也就是說，無理數的一般概念，以及無限多個自然數中，必定存在一個最小者這個「最小數定理」也不得不犧牲掉。

最有數學味的哲學家維根斯坦

　　形式主義學派的希爾伯特則指出，「禁止數學家使用排中律，就像禁止天文學家使用望遠鏡。」在批判直覺主義的同時，拋出了準備已久的「希爾伯特綱領」，後人稱之為「形式主義綱領」。希爾伯特主張，數學思維的基本對象是數學符號本身，而非它們表示的意義，如物理對象。他還認為，所有數學都能歸結為處理公式的法則而不用考慮公式的意義。形式主義吸取了直覺主義的某些觀點，保留了排中律，引進了所謂的「超限公理」，也證明了施以若干限制的自然數理論的相容性。可是，正當人們滿懷希望時，哥德爾卻提出了他的不完備性定理。

維根斯坦

　　在介紹哥德爾的不完備性定理之前，我想先談談羅素的學生和合作者 ——維根斯坦，正是他把邏輯學提升到了純粹哲學的高度。一八八九年，維根斯坦出生在維也納一個富有的猶太商人家庭，是八個孩子中年齡最小的，十四歲以前一直在家裡接受教育。在柏林讀完工程學後，維根斯坦於一九〇八年考入曼徹斯特大學，專攻航空學，一生大部分時光都在英國度過。據說他曾為飛機設計了一種噴氣反衝推進器，並因此對應用數學產生了興趣。後來他喜歡上純粹數學，為了進一步瞭解數學基礎，又轉向數理哲學。

　　一九一二年，二十三歲的工科大學生維根斯坦來到劍橋大學，在三一學院

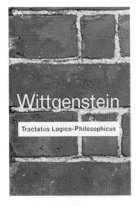

《邏輯哲學論》封面　　　　　哲學家的硬幣，維根斯坦之墓（作者攝於劍橋）

度過了五個學期。兩位大師哲學家羅素和 G・E・摩爾都很賞識他，認為他的才智至少與他們並駕齊驅。可是，第一次世界大戰爆發後，維根斯坦自願加入奧地利軍隊，起初他在東部前線當一名炮兵，後來去了土耳其，於一九一八年冬天被義大利士兵俘虜。此後，維根斯坦與劍橋失去了聯絡，羅素在次年出版的《數理哲學導論》裡談及維根斯坦的研究時提到，「也不知道他是否還活著」。

　　一九一九年，維根斯坦從戰俘營寫信給羅素，順道解答了書中提出的幾個問題，原來他在獄中讀到老師的著作。後來維根斯坦獲釋，師生兩人都希望盡快相聚，以便當面討論哲學問題，但維根斯坦受俄國大文豪托爾斯泰的影響，認為不應享受財富，把相當可觀的私人財產都分給了親人，此時身無分文。不得已，羅素替維根斯坦賣掉了他留在劍橋的部分家具，這才湊足了他的旅費，兩個人終於在荷蘭的阿姆斯特丹會面。

　　由這樣一位有毅力和責任感的天才經過長期努力，在不同的時期建立起兩種極具獨創性的思想體系，完全是有可能的。不僅如此，維根斯坦每一種思想體系都有一種精緻有力的風格，大大影響了當代哲學。維根斯坦還留下兩部經典哲學著作：第一本是一九二一年的《邏輯哲學論》，第二本是一九五三年的《哲學研究》。除了另一篇題為〈關於邏輯形式的一些看法〉的短文，《邏輯哲學論》是維根斯坦生前唯一出版的著作。

　　《邏輯哲學論》是一部哲學巨著，中心問題為：「語言是如何可能稱其為

語言的？」讓維根斯坦感到驚訝的是一個我們司空見慣的事實，即一個人居然能聽懂他以前從未聽過的句子。他對這個問題是這樣解釋的：一個描述事物的句子或命題必定是一幅圖像。命題顯示其意義，也顯示世界的狀態。維根斯坦認為，所有的圖像和世界上所有可能的狀態一定具有某種相同的邏輯形式，它既是「表現形式」，也是「實在形式」。

但是，這種邏輯形式本身卻得不到說明，或者說是無意義的。維根斯坦打了一個比方，它就像梯子，當讀者爬上這架梯子後，就必須扔掉它，這樣才能正確地看世界。還有其他一些東西無法用語言說明，比如實在的簡單元素的必然存在，思想和意願的自我的存在，以及絕對價值的存在。這些無法說明的東西也無法想像，因為語言的界限就是思想的界限。《邏輯哲學論》的最後一句話是維根斯坦留給我們的箴言：「凡是無法說出的，就應該保持沉默。」

維根斯坦聲稱，「哲學不是一種理論體系，而是一種活動，一種澄清自然科學的命題和揭露形而上學的無為的活動。」事實上，他也身體力行從事這項活動。由於維根斯坦認為《邏輯哲學論》已經完成了他對哲學的貢獻，接下來幾年就在奧地利南方的幾所山村擔任小學老師，此前他還曾獨自在挪威鄉間蓋了棟小木屋。回到英國後，維根斯坦把《邏輯哲學論》提交給劍橋大學，理所當然獲得了博士學位，並很快當選為三一學院院士。

此後六年，維根斯坦一直在劍橋大學教書，期間他對《邏輯哲學論》漸生不滿，開始向兩位學生口述（並非老得不能動筆）自己思想的新發展。在他訪問過蘇聯（原打算在那裡定居）之後，又到挪威的小木屋住了一年。再次返回劍橋大學時，他接替了 G・E・摩爾的講座教授一職，隨後爆發了第二次世界大戰，他在倫敦一家醫院當看護，後來又在紐卡斯爾一家研究所做助理實驗員，並完成了《哲學研究》的主要部分。二次大戰後，維根斯坦回到劍橋大學做了兩年教授，然後辭職前往愛爾蘭，在那裡待了兩年，寫完《哲學研究》全書。

《哲學研究》雖然與邏輯學沒有必然的連繫，卻也沒有完全脫離數學。在這部力作裡，維根斯坦放棄了原先的想法，認為無窮無盡的語言背後並沒有統一的本性。他以遊戲為例，指出一切遊戲所共有的性質不存在，它們僅具有

「家族」的相似性。他還說，當我們仔細觀察做為遊戲匯集在一起的、各種不同的具體活動時，「便能發現一張由相互重疊、彼此交叉的相似點構成的複雜的網，有時是總體相似，有時是細節相似」。

為此，維根斯坦引入了好幾個數列的例子，在他看來，數字也構成了這樣一個「家族」。他所關心的事情是，領會並遵循一條數學規則的含義是什麼？其中一個例子是：當甲看見乙寫下

$$1，5，11，19，29，\cdots$$

這些數字並向乙聲稱：「現在我可以繼續寫下去了。」時，可能代表了很多種情況，其中一種情況是，甲試圖用各種公式來續寫這個數列，他發現公式 $a_n = n^2 + n - 1$，19 後面的 29 就驗證了這個假設。還有一種情況是，他可能沒有想到上述公式，而是注意到前後兩個數之差構成了一個等差數列 4、6、8、10，由此得知接下來的那個數是 29 + 12 = 41。無論哪種情況，甲都可以不費力氣地繼續寫下去。

維根斯坦試圖證明的觀點是，一個人理解數列的原則並不意味著他找到了什麼公式，因為他可能根本不需要這個公式。同樣的，你也可以想像他的理解僅僅源於公式，而不是因為靈光乍現或其他特殊的經驗。由此得出的教訓是，接受一條規則並不等於穿上了一件緊身夾克，在任何時候，對於規則是接受還是拒絕，都是我們的自由。維根斯坦還認為，數學運算過程的結果不是事先確定的，儘管我們可以遵循看起來清清楚楚的程式，卻無法預知這個程式將把我們引向何處。

哥德爾定理

二十世紀末，美國《時代週刊》雜誌評選過去一百年裡最具影響力的一百位人物，其中科技和學術精英占了五分之一。在這二十個人裡，哲學家和數學家各有一位，前者是維根斯坦，後者是我們接下來要介紹的哥德爾。他們兩人的共同點是都橫跨了數學和哲學兩大領域，都是奧地利人，都用非母語的英文

最有哲學味的數學家哥德爾

寫作。不同的是，維根斯坦移居英國後死於劍橋大學，哥德爾移居美國後死於普林斯頓大學。當然，他們去世時都不是奧地利公民。

一九〇六年，哥德爾出生在摩拉維亞的布呂恩城，今天這座城市的名字叫布爾諾，屬於捷克共和國。在歷史上布爾諾幾易其主，十九世紀的奧地利遺傳學家孟德爾就是在此城的一座修道院裡發現了遺傳學的基本原理，後來這座城市又成為捷克作曲家楊納傑克終生居住的地方。說起摩拉維亞，在這個中歐知名地理區域出生的還有精神分析學家佛洛伊德，以及有著「現象學之父」美譽的哲學家胡塞爾，後者曾在維也納大學數學系獲得變分法相關博士學位。

哥德爾在家鄉長大，直到考入維也納大學攻讀理論物理，此前他對數學和哲學產生了濃厚的興趣，並自學了高等數學。從大學三年級開始，哥德爾的第一愛好轉向數學，他的借書卡表明他看了許多數論方面的書。同時，在數學老師的介紹下，他參加了著名的「維也納小組」某些活動。這是一個由哲學家、數學家、科學家組成的學術團體，主要探討的是語言和方法論，在二十世紀哲學史上占有重要地位，也被稱為「維也納學派」。在該學派的宣言書《科學的世界觀：維也納學派》所附名單中，二十三歲的哥德爾是十四個成員裡最年輕的。一九三〇年，他以《邏輯謂詞演算公理的完全性》獲得哲學博士學位，隨後建立了震驚世界的哥德爾第一和第二不完備定理。

一九三一年一月，維也納《數學物理學月刊》發表了一篇題為〈論《數學原理》及有關系統的形式之不可判定命題〉的論文。幾年後，這篇論文已被視為數學史上具有重大意義的里程碑，作者正是不到二十五歲的哥德爾。這篇論

哥德爾與愛因斯坦

文的結果首先是否定性的，既推翻了數學的所有領域都能被公理化的信念和努力，又摧毀了希爾伯特想方設法要證明的、數學內部相容性的全部希望。同時，這種否定最終促成了數學基礎的劃時代變革，既分清了數學中的「真」與「可證」的概念，又把分析的技巧引入數學基礎。

　　哥德爾第一不完備定理：對於包含自然數系的形式體系 F，如果是相容的，則 F 中一定存在一個不可判定命題 S，使得 S 與 S 之否定在 F 中皆不可證。

　　也就是說，自然數系的任何公設集如果是相容的，就是不完備的。由此得出結論：任何形式系統都不能完全刻畫數學理論，總有些問題從形式系統的公理出發不能解答。更有甚者，幾年以後，美國數學家邱奇證明，「對於包含自然數系的任何相容的形式體系，不存在有效的方法，判定該體系的哪些命題在其中是可證的」。在第一不完備定理的基礎上，哥德爾進一步提出第二不完備定理。

　　哥德爾第二不完備定理：對於包含自然數系的形式系統 F，如果是相容的，則 F 的相容性不能在 F 中被證明。

　　也就是說，在真的但是無法用公理證明的命題中，包括了這些公理是相容

的（無矛盾性的）此一論斷。這使希爾伯特的希望破滅了。現在看來，經典數學的內部相容性不可證，除非我們採用那些複雜的推理原則，但那些原則的內部相容性與經典數學的內部相容性一樣值得懷疑。

　　哥德爾這兩條不完備定理表明，沒有哪一部分數學能做到完全的公理推演，也沒有哪一部分數學能保證其內部不存在矛盾，這是公理化方法的局限。一方面，它們說明數學證明的程式無法確實不與形式公理的程式相符；另一方面，它們也旁證了人的智慧不能被完全的公式化所替代。對於形式系統來說，「可證」是可以機械實現的，「真」則需要進一步的思想能動性。換句話說，可證的命題必然是真的，但真的命題卻未必是可證的。

　　哥德爾不完備定理如今已成為數學史上最重要的定理，但它的證明太專業，我們這裡就不做介紹。值得一提的是，證明中提出的「遞迴函數」概念是哥德爾一位朋友來信建議的，這個朋友三個月後意外死亡。哥德爾不完備定理出名以後，遞迴函數隨之譽滿天下。遞迴函數後來成為演算法理論的起點，引導圖靈提出了理想電腦的概念，為現今的電腦初期研製提供了理論基礎。與此同時，有關悖論與數學基礎的論證也漸趨平靜，數學家們把更多的精力放在數理邏輯研究上，大大推動了這門學科的發展。

結語

　　隨著社會分工的進一步細化，人們受教育的時間不斷延長，所學內容也愈來愈複雜和抽象，這在人類文明各個領域皆是如此。正如憑藉王之渙〈登鸛雀樓〉這類簡單明晰的詩作留名史冊已不可能，像費馬小定理那樣既容易推導又能傳世的數學成果也很難再出現了。與此同時，無論在數學、自然科學，還是藝術、人文領域，人們的審美觀念均發生了很大的變化，複雜、抽象和深刻已成為評判的標準和尺度之一。

　　可喜的是，抽象化並沒有導致純粹數學理論被束之高閣，反而得到了更廣泛的應用。這一點恰好說明，數學的抽象化符合了社會潮流的發展和變化。自從微積分誕生以來，數學做為一種強有力的工具，在十七、十八世紀推動了以機械運動為主體的科學技術革命，一八六〇年後又推動了以發電機、電動機和電信通訊為主體的技術革命。十九世紀四〇年代以來，無論是電腦、原子能技術、空間技術、生產自動化或通訊技術，都與數學緊密相關，相對論、量子力學、超弦理論、分子生物學、數理經濟學和混沌理論等科學分支所需的數學工具尤為深奧和抽象。

　　隨著科學技術的進步和現實社會的發展，不斷催生出新的數學理論和分支，這裡僅以突變理論和小波分析為例。突變理論誕生於一九七二年，當年法國拓撲學家、費爾茲獎得主托姆出版了《結構穩定性與形態發生學》一書。突變理論是微分流形拓撲學的分支之一，研究的是系統控制變數經受突然的巨大變化時的一系列行為及其分類，系統變數最終的性質、行為可繪製成曲線或曲面。以拱橋為例，最初只是比較均勻地變形，直到荷載達到某一臨界點時，橋

科比意作品：法國廊香教堂

形瞬間發生變化而坍塌。突變理論後來被社會學家應用於諸如群氓鬥毆等社會現象的研究。

　　小波分析則被譽為「數學的顯微鏡」，是調和分析領域的里程碑式進展。大約在一九七五年，從事石油訊號處理的法國工程師莫利特提出並命名了「小波」。小波分析或變換是指用有限長度的、快速衰減的振盪波形表示訊號，與傅立葉變換一樣，可用正弦函數之和表示。兩者的區別是：小波在時域和頻域上都是局部的，而傅立葉變換通常只在頻域上是局部的；另外，小波計算的複雜度較小，只需 $O(N)$ 時間，而快速傅立葉變換需要的時間是 $O(N\log N)$。除了訊號分析，小波分析還被用於武器智慧化、電腦分類識別、音樂語言合成、機械故障診斷、地震勘探資料處理等。在醫學成像方面，小波縮短了 B 超（超音波檢查的一種）、CT 和核磁共振成像的時間，提高了時空解析度。

　　二十世紀數學的主流可以說是結構數學，這是法國布爾巴基學派的一大發明。數學的研究對象不再是傳統意義上的數與形，數學的分類不再是代數、幾何和分析，而是依據結構相同與否。例如，線性代數和初等幾何「同構」，因此可以一起處理。布爾巴基學派的主將韋伊與文化人類學家李維史陀有往來，後者用結構分析的方法研究不同文化的神話，發現了其中的「同構性」，可說是語言學和數學相結合的產物。李維史陀引領的哲學潮流「結構主義」在二十世紀六〇年代的法國盛極一時，拉岡、羅蘭・巴特、阿爾都塞和傅柯分別將之應用於精神分析學、文學、馬克思主義和社會歷史學研究，德希達的解構主義則是對結構主義的批判。

萊特作品：紐約古根漢博物館

　　展望未來，數學能否走向統一？這是人們關心的問題。早在一八七二年，德國數學家克萊殷就發表了著名的〈埃爾朗根綱領〉，基於他與挪威數學家、李群和李代數的發明人索菲斯‧李在群論方面的工作，試圖用群的觀點統一幾何學和數學。按照布爾巴基學派的觀點，李群是群結構和拓撲結構的結合，隨後群的觀點便深入到數學的各個部分去，可是克萊殷的目標仍然遙不可及。將近一個世紀以後，加拿大數學家朗蘭茲舉起了「朗蘭茲綱領」大旗，在一九六七年寫給韋伊的信中提出了一系列猜想，揭示了數論中的伽羅瓦理論與分析中的自守型理論之間的關係。

　　十九世紀後期以來，數學的某些不同學科之間有相互滲透、結合的趨勢，這推動了一系列新數學分支的誕生。即便在當前，數學的分化依然是主流，最鮮明的特徵是抽象化、專業化和一般化，相當一部分的數學存在著脫離現實世界和自然科學的傾向，這是十分令人擔憂的現象。抽象化或結構最終能否成為數學統一的標籤？這種可能性無疑是存在的，可是無論如何，數學的統一無法在不斷孤立自身的背景下實現。

　　與此同時，「拼貼」逐漸成為藝術的主要技巧和代名詞，拼貼也是哲學家努力找尋的現代神話。從前，我們理解的拼貼是把不相關的畫面、詞語、聲音等隨意組合起來，創造出特殊效果的藝術手段。現在看來還可以再擴大，至少可以涵蓋觀念的組合。這樣一來，拼貼就會在數學甚至更多文明中發揮作用。可以說，數學中許多新的交叉學科就是拼貼藝術在這些領域發揮作用的結果。拼貼和抽象化在某種意義上是同一件事，只不過拼貼一詞源自藝術，抽象化則

庫哈斯作品：北京中央電視臺總部大樓

往往讓人聯想到數學。

　　限於篇幅，我們沒有討論繪畫以外的其他藝術，但它們同樣經歷了抽象化的過程，比如建築，從內容、形式到裝飾都發生了重大變化。古羅馬建築師維特魯威在《建築十書》裡提出「適用、堅固、美觀」，成為判斷建築或建築設計優劣的準則，但即使是文藝復興時期的阿伯提，也只是把「美觀」分為「美」和「裝飾」，認為美在於和諧的比例，裝飾只是「輔助的華彩」。可是進入二十世紀後，建築師們終於意識到，裝飾不再是無足輕重的華彩，而是藝術組成中不可或缺的、無處不在的一部分，就像繪畫中的拼貼那樣。在這之中，幾何圖形（無論是古典的還是現代的）扮演了非常重要的角色。

　　與音樂、繪畫、建築等藝術一樣，數學是無國界的，幾乎沒有語言障礙。它不僅是人類文明的重要組成部分，也可能是外星文明的重要組成。如果真的存在外星人，他們可能讀得懂甚或精通數學。也就是說，地球人與外星人可望以數學形式的語言進行溝通。早在一八二〇年，數學王子高斯就曾建議用畢達哥拉斯定理的圖形化示範方法顯示廣袤的西伯利亞森林，做為發往太空的人類文明訊息。大約二十年後，波西米亞出生的奧地利天文學家馮‧利特羅則建議用充滿石油且溝壑縱橫的撒哈拉沙漠照片當成文明訊息。他們都認為，這類數學圖片必定能引起富有智慧的外星生命的關注。遺憾的是，兩個想法均未能付諸實踐。

　　美國亞利桑那大學數學教授德維托認為，兩個星球開展精確的交流取決於科學的資訊交流，為此兩者首先必須學習對方的測量單位。近年他和一位語言

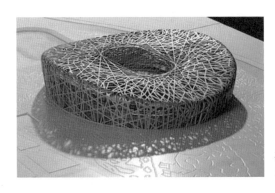

赫爾佐格和德梅隆作品：
北京國家體育場「鳥巢」

學家合作，提出了一種基於普遍科學概念的語言。他們認為，大氣中化學成分
或星球能量輸出的差異，有可能可以讓不同星系的文明彼此交流。此想法奠基
於以下假設：兩個星球都會一些數學方法和計算，都認可化學元素和週期表，
都對物質狀態進行了定量研究，都知道應用足夠的化學物質進行計算。

　　儘管如此，想成功聯絡外星文明依然存在許多困難和障礙。例如，外星人
可能從不同的數學方法總結出運動的定律，這些定律或許與我們熟悉的定律大
不相同。我們描述運動的數學基礎是微積分，微積分是許多科學領域的基礎，
外星文明是否也這樣呢？又如，外星人是否已建立起歐幾里得幾何或非歐幾何
學？外星人的物理學可能與我們的物理學存在差異，他們是否承認哥白尼提出
的太陽系宇宙學說？這也值得懷疑。同樣棘手的問題是，如何從數學出發討論
人類文明的其他方面？而這正是本書試圖探討的問題之一，仍然需要我們做大
量跨文化的研究。

常用數學符號來歷一覽

符號	名稱	使用人	年代
―	分數線	（義）斐波那契	1202 年
＋	加號	（德）魏德曼	1489 年
－	減號	（德）魏德曼	1489 年
（　）	括弧	（德）魏治德	約十六世紀中葉
＝	等號	（英）雷科爾德	1557 年
×	乘號	（英）奧特雷德	1618 年
≠	不等號	（英）哈里奧特	1631 年
√	根號	（法）笛卡兒	1637 年
a、b、c，x、y、z	已知數、未知數	（法）笛卡兒	1637 年
％	百分比	佚名	約 1650 年
∞	無窮	（英）沃利斯	1655 年
÷	除號	（瑞士）雷恩	1659 年
∫	積分符號	（德）萊布尼茲	1675 年
π	圓周率	（英）瓊斯	1706 年
Σ	求和	（瑞士）歐拉	1755 年
≡	同餘符號	（德）高斯	1801 年
∏	求積	（德）高斯	1812 年
| |	絕對值	（德）魏爾斯特拉斯	1841 年
∈	屬於號	（義）皮亞諾	1889 年

 **數學年表**

年代	大事記
約西元前 3000 年	埃及出現象形數字。
西元前 2400 −前 1600 年	巴比倫泥板書使用六十進位計數法，已知畢達哥拉斯定理（畢氏定理）。
西元前 1850 −前 1650 年	埃及紙草書使用十進位計數法。
西元前 1400 −前 1100 年	中國殷墟甲骨文使用十進位計數法；西元前十一世紀，周公和商高已知「勾三、股四、弦五」。
約西元前 600 年	希臘人泰勒斯開始命題論證；中國人榮方和陳子已知勾股定理。
約西元前 540 年	希臘畢達哥拉斯學派證明畢氏定理，由 $\sqrt{2}$ 發現不可通約量。
約西元前 500 年	印度《繩法經》給出 $\sqrt{2}$ 的精確值，已知畢達哥拉斯定理。
約西元前 460 年	希臘辯士學派（也稱智人學派）提出三大幾何作圖難題。
約西元前 450 年	希臘埃利亞學派的芝諾提出「芝諾悖論」。
約西元前 380 年	希臘人柏拉圖在雅典創辦「柏拉圖學院」，主張透過學習幾何培養邏輯思維能力。
約西元前 335 年	希臘人歐德莫斯著《幾何學史》，成為第一個數學史家。

年代	大事記
約西元前 300 年	希臘人歐幾里得著《幾何原本》，用公理法建立演繹數學體系。
西元前 287 －前 212 年	希臘人阿基米德給出球體積計算公式、圓周率上下界，隱含近代積分學概念。
西元前 230 年	希臘人埃拉托斯特尼發明「埃氏篩」，用於建立質數表。
西元前 225 年	希臘人阿波羅尼奧斯著《圓錐曲線論》。
約西元前 150 年	中國出現最早的數學書《算數書》，之後又有《周髀算經》和《九章算術》。
約 150 年	希臘人托勒密著《天文學大成》，發展了三角學。
約 250 年	希臘人丟番圖著《算術》，提出不定方程式，引入未知數，創建未知數的符號。
約 370 年	希臘人希帕提婭出生，成為史上第一位女數學家。
462 年	中國人祖沖之計算圓周率，精確到小數點後七位，以 $\frac{355}{113}$ 為密率。
820 年	阿拉伯人花拉子密著《代數學》，此書十二世紀傳入歐洲，代數學因此得名。
850 年	印度人馬哈威拉著《計算精華》，率先給出二項式定理的計算公式。
約 870 年	印度出現包括零的十進位數字，後傳至阿拉伯變成「印度－阿拉伯數字」。
1100 年	阿拉伯人奧瑪珈音用圓與拋物線的交點求三次方程的根。

年代	大事記
1150 年	印度人婆什迦羅對負數有所認識，並接納了無理數。
1202 年	義大利人斐波那契著《計算之書》，提出「兔子問題」。
1247 年	中國人秦九韶著《數書九章》，發現大衍術和秦九韶演算法。
1482 年	歐幾里得《幾何原本》的拉丁文譯本首次出版。
1545 年	義大利人卡爾達諾著《大術》，給出三次和四次方程求解法。
1572 年	義大利人邦貝利著《代數學》，提出初步的虛數理論。
1591 年	法國人韋達討論方程根與係數的關係，成為現代代數符號之父。
1614 年	英國人納皮爾建立對數理論。
1629 年	荷蘭人吉拉爾提出代數基本定理。
1637 年	法國人笛卡兒創立解析幾何學；費馬提出「費馬最後定理」。
1642 年	法國人帕斯卡發明世界上第一臺加減法計算器。
1657 年	荷蘭人惠更斯提出數學期望概念，此前帕斯卡和費馬在通信中已談及概率問題。
1665 年	英國人牛頓研究流數法，他和德國人萊布尼茲先後創立微積分，後者發表在先。
1666 年	德國人萊布尼茲著《論組合的藝術》，提出數理邏輯的概念。

年代	大事記
1680 年	日本人關孝和始創「和算」，引入行列式概念。
1736 年	瑞士人歐拉解決哥尼斯堡七橋問題，創立圖論和幾何拓撲學。
1777 年	法國人布豐伯爵提出「投針問題」，推動概率論的發展。
1799 年	法國人蒙日創立畫法幾何學。
1801 年	德國人高斯著《算術研究》，奠定了近代數論的基礎。
1802 年	法國人蒙蒂克拉和拉朗德合著的四卷本《數學史》出版，成為最早的系統性論述數學史著作。
1810 年	法國人熱爾戈納編輯並出版《純粹與應用數學年刊》，是第一本數學專門期刊。
1812 年	英國劍橋分析學會成立，是最早的數學分支學會。
1824 年	挪威人阿貝爾證明五次或五次以上的一般代數方程不存在根式解。
1829 年	俄國人羅巴切夫斯基發表最早的非歐幾何論著《論幾何基礎》。
1832 年	法國人伽羅瓦徹底解決代數方程根式可解性問題，確立群論的基本概念。
1843 年	英國人哈密頓發現四元數，首次提出非交換代數的概念。
1851 年	德國人黎曼提出「黎曼猜想」。
1864 年	莫斯科數學會成立，是歷史上的第一個數學會。

年代	大事記
1868 年	義大利人貝爾特拉米首先提出偽球面可做為實現雙曲幾何的模型。
1871 年	德國人 G·康托爾首次引進無窮集合的概念，隨後創立集合論。
1872 年	德國人克萊殷發表〈埃爾朗根綱領〉，試圖以群論為基礎統一幾何學。
1889 年	義大利人皮亞諾建立了自然數的皮亞諾公理系統。
1897 年	第一屆國際數學家大會在瑞士蘇黎世舉行。
1898 年	英國人皮爾森創立數理統計學。
1899 年	德國人希爾伯特著《幾何基礎》，開創公理化方法。
1900 年	希爾伯特在巴黎國際數學家大會上提出了二十三個著名的數學問題。
1903 年	英國人羅素提出「理髮師悖論」，引發第三次數學危機。
1904 年	法國人龐加萊提出「龐加萊猜想」。
1907 年	德國人閔考斯基提出四維時空結構，為狹義相對論提供了最適用數學模型。
1910 年	希爾伯特建立了「希爾伯特空間」，把幾何學的維數從有限推進到無限。
1931 年	奧地利人哥德爾提出了公理化數學體系的不完備性定理。
1933 年	俄國人柯爾莫哥洛夫建立概率論的公理系統。

年代	大事記
1936 年	奧斯陸國際數學家大會第一次頒發費爾茲獎。
1938 年	布爾巴基學派的叢書《數學原本》開始出版。
1944 年	美籍匈牙利人馮‧諾依曼等建立博弈論。
1948 年	美國人維納著《模控學》。
1949 年	英國劍橋大學設計製造出第一臺存儲程序的電子計算機（EDSAC）。
1976 年	美國人阿佩爾和哈肯利用電腦證明了地圖四色定理。
1977 年	曼德博建立碎形幾何學，維度從整數推進到分數。
1978 年	沃爾夫數學獎開始頒發。
1995 年	英國人懷爾斯證明費馬最後定理。
2003 年	阿貝爾獎開始頒發。
2006 年	數學界最終確認俄國人裴瑞爾曼證明了龐加萊猜想。

 **參考文獻**

*為方便讀者查找，參考文獻的書名與譯名皆未更動，可能與臺灣習慣譯法不同，同時加
　注作者原名以供參考。

- 《古今數學思想》，M‧克萊因（Morris Kline）著，張理京等譯，上海：上
　海科學技術出版社，1988 年。
- 《西方文化中的數學》，M‧克萊因（Morris Kline）著，張祖貴譯，上海：
　復旦大學出版社，2004 年。
- 《數學：確定性的喪失》，M‧克萊因（Morris Kline）著，李宏魁譯，長
　沙：湖南科學技術出版社，2007 年。
- 《科學史及其與哲學和宗教的關係》，W‧C‧丹皮爾（William Cecil
　Dampier）著，李珩譯，北京：商務印書館，1989 年。
- 《科學與近代世界》，A‧N‧懷特海（Alfred North Whitehead）著，何欽
　譯，北京：商務印書館，1989 年。
- 《數學大師：從芝諾到龐加萊》，E‧T‧貝爾（Eric Temple Bell）著，徐源
　譯，上海：上海科技教育出版社，2004 年。
- 《數學史概論》，H‧伊夫斯（Howard Eves）著，歐陽絳譯，太原：山西人
　民出版社，1986 年。
- 《數學史上的里程碑》，H‧伊夫斯（Howard Eves）著，歐陽絳等譯，北
　京：北京科學技術出版社，1993 年。
- 《世界著名數學家傳記》，吳文俊著，北京：科學出版社，1995 年。
- 《數學史概論》，李文林著，北京：高等教育出版社，2000 年。

- 《大有可為的數學》，胡作玄、鄧明立著，石家莊：河北教育出版社，2006年。
- 《中國曆法與數學》，曲安京著，北京：科學出版社，2005年。
- 《中華科學文明史》，李約瑟（Joseph Needham）、柯林・羅南（Colin A. Ronan）著，上海：上海人民出版社，2001年。
- 《世界史綱：生物與人類的簡明史》，赫伯特・喬治・韋爾斯（Herbert George Wells）著，吳文藻等譯，北京：人民出版社，1982年。
- 《不列顛百科全書》，北京：中國大百科全書出版社，1999年。
- 《阿拉伯通史》，菲利浦・希提（Philip Khuri Hitti）著，馬堅譯，北京：商務印書館，1995年。
- 《中東藝術史》，尼阿瑪特・伊斯梅爾・阿拉姆著，朱威烈譯，上海：上海人民美術出版社，1992年。
- 《薄伽梵歌》，毗耶娑著，張保勝譯，北京：中國社會科學出版社，1989年。
- 《中國文學史》，游國恩、王起等合著，北京：人民文學出版社，1982年。
- 《理想國》，柏拉圖（Plato）著，郭斌和等譯，北京：商務印書館，1995年。
- 《詩學》，亞里士多德（Aristotle）著，羅念生譯，北京：人民文學出版社，1988年。
- 《思想錄》，帕斯卡爾（Blaise Pascal）著，何兆武譯，北京：商務印書館，1985年。
- 《純粹理性批判》，康德（Immanuel Kant）著，藍公武譯，北京：商務印書館，1982年。
- 《西方哲學史》，伯特蘭・羅素（Bertrand Russell）著，何兆武、李約瑟、馬元德合譯，北京：商務印書館，1980年。
- 《西方的智慧》，伯特蘭・羅素（Bertrand Russell）著，馬家駒、賀霖譯，北京：世界知識出版社，1992年。
- 《二十世紀哲學》，艾耶爾（Alfred Jules Ayer）著，李步樓等譯，上海：上

海譯文出版社，1987 年。

- 《哥德爾》，王浩著，康宏逵譯，上海：上海譯文出版社，2002 年。
- 《藝術發展史》，恩斯特·貢布里希（Ernst Hans Gombrich）著，范景中譯，天津：天津人民美術出版社，1986 年。
- 《現代西方藝術史》，阿納森（H. Harvard Arnason）著，鄒德儂等譯，天津：天津人民美術出版社，1986 年。
- 《物理學史》，弗·卡約里（Florian Cajori）著，戴念祖譯，桂林：廣西師範大學出版社，2002 年。
- 《混沌》，詹姆斯·格萊克（James Gleick）著，張淑譽譯，上海：上海譯文出版社，1990 年。
- 《概率論和統計學》，約翰·塔巴克（Johm Tabak）著，楊靜譯，北京：商務印書館，2007 年。
- 《科學與智慧》，雅克·馬利坦（Jacques Maritain）著，尹今黎、王平譯，上海：上海社會科學院出版社，1992 年。
- 《智慧之神：畢達哥拉斯傳》，皮特·戈曼（Peter Gorman）著，石定樂譯，長沙：湖南文藝出版社，1993 年。
- 《費爾馬大定理》，西蒙·辛格（Simon Singh）著，薛密譯，上海：上海譯文出版社，1998 年。
- 《高斯：偉大數學家的一生》，霍爾（Tord Hall）著，田光復等譯，臺北：臺灣凡異出版社，1986 年。
- 《希爾伯特》，康斯坦絲·瑞德（Constance Reid）著，袁向東、李文林譯，上海：上海科學技術出版社，2001 年。
- 《愛因斯坦、畢加索》，亞瑟·I·米勒（A. I. Miller）著，方在慶、伍梅紅譯，上海：上海科技教育出版社，2003 年。
- 《惡之花》，波德萊爾（Charles Pierre Baudelaire）著，錢春綺譯，北京：人民文學出版社，1991 年。
- 《波德萊爾》，薩特（Jean-Paul Sartre）著，施康強譯，北京：北京燕山出版社，2006 年。

- 《論藝術的精神》，康定斯基（Wassily Kandinsky）著，查立譯，北京：中國社會科學出版社，1987 年。
- 《康定斯基回憶錄》，康定斯基（Wassily Kandinsky）著，楊振宇譯，杭州：浙江文藝出版社，2005 年。
- 《印度：受傷的文明》，奈保爾（V. S. Naipaul）著，宋念申譯，上海：三聯書店，2003 年。
- 《美國詩人五十家》，皮特・瓊斯（P. Jones）著，湯潮譯，成都：四川文藝出版社，1989 年。
- 《人類簡史：從動物到上帝》，尤瓦爾・赫拉利（Yuval Noah Harari）著，林俊宏譯，北京：中信出版社，2014 年。
- 《數字與玫瑰》，蔡天新著，北京：商務印書館，2012 年。
- 《數學傳奇》，蔡天新著，北京：商務印書館，2016 年。
- 《數之書》，蔡天新著，北京：高等教育出版社，2014 年。
- 《英國，沒有老虎的國家：劍橋遊學記》，蔡天新著，北京：中信出版社，2011 年。
- 《德國，來歷不明的才智：哥廷根遊學記》，蔡天新著，北京：中華書局，2015 年。
- World Atlas. London: DK publishing，2003 年。
- Jane Muir. *Of Men and Numbers: the story of the great mathematicians*. New York: Dove Press，1996 年。
- Winfried Scharlan. Hans Opolka. *From Fermat to Minkowski*. New York: Springar-Verlag，1984 年。
- Richard K. Guy. *Unsolved Problems in Number Theory*. New York: Science Press，2007 年。

中外對照

人物類

中國人物	年代
一〜五畫	
一行	A.D.673 〜 727
三上義夫	A.D.1875 〜 1950
公孫龍	320 〜 250B.C.
王之渙	A.D.688 〜 742
王安石	A.D.1021 〜 1086
王孝通	約西元六〜七世紀（唐代）
丘成桐	A.D.1949 〜
司馬遷	約 145 〜約 90B.C.
玄奘	A.D.602 〜 664
六〜九畫	
旭烈兀	A.D.1217 〜 1265
朱世杰	A.D.1249 〜 1314
何承天	A.D.370 〜 447
吳文俊	A.D.1919 〜 2017
李文林	A.D.1942 〜
李世石	A.D.1983 〜
李白	A.D.701 〜 762
李冶	A.D.1192 〜 1279

中國人物	年代
李淳風	A.D.602 ～ 670
李善蘭	A.D.1811 ～ 1882
李煜	A.D.937 ～ 978
杜甫	A.D.712 ～ 770
沈括	A.D.1031 ～ 1095
帖木兒	A.D.1336 ～ 1405
法顯	A.D.334 ～ 420
柯潔	A.D.1997 ～

十～十四畫

徐光啟	A.D.1562 ～ 1633
祖沖之	A.D.429 ～ 500
祖暅	約西元六世紀
秦九韶	A.D.1202 ～ 1261
商高	不詳
張丘建	約西元四、五世紀
張蒼	256 ～ 152B.C.
張衡	A.D.78 ～ 139
莊周	369 ～ 286B.C.
陳子	西元前六、七世紀
陳建功	A.D.1893 ～ 1971
陳省身	A.D.1911 ～ 2004
彭實戈	A.D.1947 ～
惠施	約 370 ～ 310B.C.
程大位	A.D.1533 ～ 1606
華羅庚	A.D.1910 ～ 1985
馮康	A.D.1920 ～ 1993
黃巢	A.D.820 ～ 884
楊振寧	A.D.1922 ～
楊輝	A.D.1238 ～ 1298

中國人物	年代
葛洪	A.D.284 ～ 364
賈憲	約 A.D.1010 ～約 1070
蒙哥大汗	A.D.1209 ～ 1259
裴秀	A.D.223 ～ 271
趙元任	A.D.1892 ～ 1982
趙匡胤	A.D.927 ～ 976
趙爽	不詳

十五畫以上

劉徽	A.D.225 ～ 295
關孝和	A.D.1642 ～ 1708
蘇步青	A.D.1902 ～ 2003
蘇軾	A.D.1037 ～ 1101

人物	原文名	年代
五畫以下		
E・T・貝爾	Eric Temple Bell	A.D.1883 ～ 1960
F・鮑耶	Farkas Bolyai	A.D.1775 ～ 1856
G・康托爾	Georg Ferdinand Ludwig Philipp Cantor	A.D.1845 ～ 1918
G・E・摩爾	George Edward Moore	A.D.1873 ～ 1958
H・G・威爾斯	Herbert George Wells	A.D.1866 ～ 1946
J・鮑耶	János Bolyai	A.D.1802 ～ 1860
大流士一世	Darius I the Great	558 ～ 486B.C.
丹尼爾・白努利	Daniel Bernoulli	A.D.1700 ～ 1782
切比雪夫	Pafnuty Chebyshev	A.D.1821 ～ 1894
孔多塞侯爵	marquis de Condorcet	A.D.1743 ～ 1794
孔恩	Thomas S. Kuhn	A.D.1922 ～ 1996
巴貝奇	Charles Babbage	A.D.1792 ～ 1871
巴門尼德	Parmenides	約 515 ～約 445B.C.
巴哈	Johann Sebastian Bach	A.D.1685 ～ 1750
巴格尼尼	Nicolo Paganini	A.D.1850 ～ ?
巴拿赫	Stefan Banach	A.D.1892 ～ 1945
巴塔尼	Battani	約 A.D.858 ～ 929
巴赫杜	Étienne Pardoux	A.D.1947 ～
巴羅	Isaac Barrow	A.D.1630 ～ 1677
戈列尼雪夫	Vladimir Semyonovich Golenishchev	A.D.1856 ～ 1947
戈蒂耶	Théophile Gautier	A.D.1811 ～ 1872
牛頓	Isaac Newton	A.D.1642 ～ 1727
卡瓦列里	Bonaventura Cavalieri	A.D.1598 ～ 1647
卡瓦菲	C. P. Cavafy	A.D.1863 ～ 1933
卡斯帕羅夫	Garry Kasparov	A.D.1963 ～
卡爾達諾	Girolamo Cardano	A.D.1501 ～ 1576
卡諾	Nicolas Léonard Sadi Carnot	A.D.1796 ～ 1832
古德里	Francis Guthrie	A.D.1831 ～ 1899

人物	原文名	年代
古騰堡	Johannes Gutenberg	A.D.1397 ～ 1468
史考特・羅素	John Scott Russell	A.D.1808 ～ 1882
史蒂文斯	Wallace Stevens	A.D.1879 ～ 1955
史蒂芬・霍金	Stephen Hawking	A.D.1942 ～
外爾	Hermann Weyl	A.D.1885 ～ 1955
尼古拉・白努利	Nikolaus Bernoulli	A.D.1695 ～ 1726
布拉赫	Tycho Brahe	A.D.1546 ～ 1601
布倫瑞克公爵	Johann Friedrich, Duke of Brunswick-Lüneburg	A.D.1625 ～ 1679
布勞威爾	Luitzen Egbertus Jan Brouwer	A.D.1881 ～ 1966
布萊克	Fischer Black	A.D.1938 ～ 1995
布爾	George Boole	A.D.1815 ～ 1864
布魯內萊斯基	Filippo Brunelleschi	A.D.1377 ～ 1446
布豐伯爵	Georges-Louis Leclerc, Comte de Buffon	A.D.1707 ～ 1788
弗萊明	Alexander Fleming	A.D.1881 ～ 1955
弗蘭克爾	Abraham Fraenkel	A.D.1891 ～ 1965
瓦特	James Watt	A.D.1736 ～ 1819
瓦薩里	Giorgio Vasari	A.D.1511 ～ 1574
甘地	Mohandas Karamchand Gandhi	A.D.1869 ～ 1948
皮亞諾	Giuseppe Peano	A.D.1858 ～ 1932
皮科克	George Peacock	A.D.1791 ～ 1858
皮爾森	Karl Pearson	A.D.1857 ～ 1936

六畫

丟番圖	Diophantus	約 A.D.246 ～ 330
亥姆霍茲	Hermann von Helmholtz	A.D.1821 ～ 1894
伊夫斯	Howard Eves	A.D.1911 ～ 2004
伊本・西拿（阿維森納）	Ibn-Sīna (Avicenna)	A.D.980 ～ 1037
伏尼契	Ethel Lilian Voynich	A.D.1864 ～ 1960
伏爾泰	Voltaire	A.D.1694 ～ 1778

人物	原文名	年代
休斯	Myron Scholes	A.D.1941 ～
休謨	David Hume	A.D.1711 ～ 1776
吉卜林	Rudyard Kipling	A.D.1865 ～ 1936
吉拉爾	Albert Girard	A.D.1595 ～ 1632
多瑪斯・阿奎那	St. Thomas Aquinas	約 A.D.1225 ～ 1274
安德魯・赫胥黎	Andrew Huxley	A.D.1917 ～ 2012
托姆	René Thom	A.D.1923 ～ 2002
托勒密	Claudius Ptolemaeus	約 A.D.90 ～ 168
托勒密一世	Ptolemy I Soter	305 ～ 283 / 2B.C.
托爾斯泰	Leo Tolstoy	A.D.1828 ～ 1910
米沃什	Czesław Miłosz	A.D.1911 ～ 2004
米爾斯	Robert Mills	A.D.1927 ～ 1999
色諾芬	Xenophon	440 ～ 354B.C.
艾狄胥	Paul Erdős	A.D.1913 ～ 1996
艾肯	Howard Hathaway Aiken	A.D.1900 ～ 1973
艾略特	Thomas Stearns Eliot	A.D.1888 ～ 1965
西爾維斯特	James Joseph Sylvester	A.D.1814 ～ 1897

七畫

伯里克利	Pericles	約 495 ～約 429B.C.
伽利略	Galileo Galilei	A.D.1546 ～ 1642
伽羅瓦	Évariste Galois	A.D.1811 ～ 1832
但丁	Dante	A.D.1265 ～ 1321
佛洛伊德	Sigmund Freud	A.D.1856 ～ 1939
克卜勒	Johannes Kepler	A.D.1571 ～ 1630
克利	Paul Klee	A.D.1879 ～ 1940
克里克	Francis Crick	A.D.1916 ～ 2004
克萊因	Morris Kline	A.D.1908 ～ 1992
克萊殷	Felix Klein	A.D.1849 ～ 1925
克羅內克	Leopold Kronecker	A.D.1823 ～ 1891

人物	原文名	年代
克麗歐佩特拉	Kleopátra	69 ～ 30B.C.
利瑪竇	Matteo Ricci	A.D.1552 ～ 1610
坎托羅維奇	Leonid Vitaliyevich Kantorovich	A.D.1912 ～ 1986
希帕索斯	Hippasus of Metapontum	約西元前五世紀
希帕提婭	Hypatia	約 A.D.370 ～ 415
希提	Philip Khuri Hitti	A.D.1886 ～ 1978
希爾伯特	David Hilbert	A.D.1862 ～ 1943
希羅	Heron of Alexandria	約 A.D.10 ～ 70
希羅多德	Herodotus	約 480 ～約 425B.C.
李約瑟	Joseph Needham	A.D.1900 ～ 1995
李維史陀	Claude Lévi-Strauss	A.D.1908 ～ 2009
杜勒	Albrecht Dürer	A.D.1471 ～ 1528
杜象	Marcel Duchamp	A.D.1887 ～ 1968
沃利斯	John Wallis	A.D.1616 ～ 1703
沃爾泰拉	Vito Volterra	A.D.1860 ～ 1940
沙特	Jean-Paul Sartre	A.D.1905 ～ 1980
狄利克雷	Peter Gustav Lejeune Dirichlet	A.D.1805 ～ 1859
狄拉克	Paul Adrien Maurice Dirac	A.D.1902 ～ 1984
貝爾特拉米	Eugenio Beltrami	A.D.1835 ～ 1900
貝爾德	John Logie Baird	A.D.1888 ～ 1946
辛波絲卡	Wisława Szymborska	A.D.1923 ～ 2012
辛格	Isadore Manuel Singer	A.D.1924 ～
邦貝利	Rafael Bombelli	A.D.1526 ～ 1572

八畫

亞里斯多德	Aristotle	384 ～ 322B.C.
亞當・斯密	Adam Smith	A.D.1723 ～ 1790
亞歷山大・貝爾	Alexander Graham Bell	A.D.1847 ～ 1922
亞歷山大大帝	Alexander the great	356 ～ 323B.C.
佩脫拉克	Francesco Petrarca	A.D.1304 ～ 1374

人物	原文名	年代
佩爾	John Pell	A.D.1611 ～ 1685
奈波爾	Vidiadhar Surajprasad Naipaul	A.D.1932 ～
奈許	John Forbes Nash	A.D.1928 ～ 2015
孟克	Edvard Munch	A.D.1863 ～ 1944
孟德爾	Gregor Johann Mendel	A.D.1822 ～ 1884
孟德爾頌	Felix Mendelssohn	A.D.1809 ～ 1847
居魯士大帝	Cyrus	約 600 ～ 530B.C.
帕松	Siméon Denis Poisson	A.D.1781 ～ 1840
帕波斯	Pappus of Alexandria	約 A.D.290 ～約 350
帕斯卡	Blaise Pascal	A.D.1623 ～ 1662
拉瓦錫	Antoine-Laurent de Lavoisier	A.D.1743 ～ 1794
拉辛	Jean Racine	A.D.1639 ～ 1699
拉姆齊	Frank Plumpton Ramsey	A.D.1903 ～ 1930
拉岡	Jacques-Marie-Émile Lacan	A.D.1901 ～ 1981
拉朗德	Jérôme Lalande	A.D.1732 ～ 1807
拉格朗日	Joseph Lagrange	A.D.1736 ～ 1813
拉特利夫	Floyd Ratliff	A.D.1919 ～ 1999
拉馬丁	Alphonse Marie Louise Prat de Lamartine	A.D.1790 ～ 1869
拉馬努金	Srinivasa Ramanujan	A.D.1887 ～ 1920
拉曼	Chandrasekhara Venkata Raman	A.D.1888 ～ 1970
拉曼羌德拉	Kanakanahalli Ramachandra	A.D.1933 ～ 2011
拉斐爾	Raffaello Sanzio	A.D.1483 ～ 1520
拉普拉斯	Pierre-Simon marquis de Laplace	A.D.1749 ～ 1827
易卜生	Henrik Johan Ibsen	A.D.1828 ～ 1906
林德曼	Ferdinand von Lindermann	A.D.1852 ～ 1939
法爾廷斯	Gerd Faltings	A.D.1954 ～
波耳	Niels Henrik David Bohr	A.D.1885 ～ 1962
波洛克	Jackson Pollock	A.D.1912 ～ 1956
波特萊爾	Charles Pierre Baudelaire	A.D.1821 ～ 1867

人物	原文名	年代
波赫士	Jorge Luis Borges	A.D.1899 ～ 1986
芝諾	Zeno	約 490 ～約 425B.C.
花拉子密	Khwarizmi	約 A.D.783 ～約 850
邱奇	Alonzo Church	A.D.1903 ～ 1995
阿伯提	Leon Battista Alberti	A.D.1404 ～ 1472
阿貝爾	Niels Henrik Abel	A.D.1802 ～ 1829
阿那克希米尼	Anaximenes	約 588 ～ 526B.C.
阿佩爾	Kenneth Appel	A.D.1932 ～ 2013
阿姆士	Ahmes	不詳
阿波利奈爾	Guillaume Apollinaire	A.D.1880 ～ 1918
阿波羅尼奧斯	Apollonius of Perga	約 262 ～ 190B.C.
阿耶波多	Aryabhata	A.D.476 ～ 550
阿涅西	Maria Gaetana Agnesi	A.D.1718 ～ 1799
阿納克西曼德	Anaximander	約 610 ～ 545B.C.
阿基米德	Archimedes	287 ～ 212B.C.
阿基里斯	Achilles	不詳
阿蒂亞	Michael Francis Atiyah	A.D.1929 ～
阿道斯・赫胥黎	Aldous Huxley	A.D.1894 ～ 1963
阿達馬	Jacques Solomon Hadamard	A.D.1865 ～ 1963
阿爾・卡西	Jamshid Kashani (Al-Kashi)	? ～ A.D.1429
阿爾都塞	Louis Pierre Althusser	A.D.1918 ～ 1990
阿蒙森	Roald Amundsen	A.D.1872 ～ 1928
阿羅	Kenneth Arrow	A.D.1921 ～ 2017
雨果	Victor Hugo	A.D.1802 ～ 1885

九畫

哈里奧特	Thomas Harriot	A.D.1560 ～ 1621
哈拉瑞	Yuval Noah Harari	A.D.1976 ～
哈肯	Wolfgang Haken	A.D.1928 ～
哈倫・拉希德（拉希德）	Harun al-Rashid	約 A.D.763 ～ 809

人物	原文名	年代
哈特蘭	Haldan Keffer Hartline	A.D.1903 ～ 1983
哈密頓	William Rowan Hamilton	A.D.1805 ～ 1865
哈雷	Edmond Halley	A.D.1656 ～ 1742
威廉・布萊克	William Blake	A.D.1757 ～ 1827
威廉・喬治・霍納	William George Horner	A.D.1786 ～ 1837
拜倫	George Gordon Byron	A.D.1788 ～ 1824
施卡德	Wilhelm Schickard	A.D.1592 ～ 1635
柏拉圖	Plato	427 ～ 347B.C.
查理曼大帝	Charlemagne	A.D.742 ～ 814
柯瓦列夫斯卡婭	Sofia Kovalevskaya	A.D.1850 ～ 1891
柯西	Augustin Louis Cauchy	A.D.1789 ～ 1857
柯克曼	Thomas Kirkman	A.D.1806 ～ 1895
柯慈	John Maxwell Coetzee	A.D.1940 ～
柯爾莫哥洛夫	Andrey Nikolaevich Kolmogorov	A.D.1903 ～ 1987
洛克	John Locke	A.D.1632 ～ 1704
玻恩	Max Born	A.D.1882 ～ 1970
珍・奧斯汀	Jane Austen	A.D.1775 ～ 1817
思維二世	Pope Sylvester II	約 A.D.945 ～ 1003
科比意	Le Corbusier	A.D.1887 ～ 1965
科伊倫	Ludolph van Ceulen	A.D.1540 ～ 1610
科馬克	Allan MacLeod Cormack	A.D.1924 ～ 1998
科普曼斯	Tjalling Charles Koopmans	A.D.1910 ～ 1985
約翰・白努利	Johann Bernoulli	A.D.1667 ～ 1748
胡塞爾	Edmund Husserl	A.D.1859 ～ 1938
迦梨陀娑	Kālidāsa	約西元四世紀
韋瓦第	Antonio Lucio Vivaldi	A.D.1678 ～ 1741
韋伊	André Weil	A.D.1906 ～ 1998
韋斯特福爾	Richard S. Westfall	A.D.1924 ～ 1996
韋達	François Viète	A.D.1540 ～ 1603
韋爾斯	Herbert George Wells	A.D.1866 ～ 1946

人物	原文名	年代
十畫		
哥白尼	Nicolaus Copernicus	A.D.1473 ～ 1543
哥倫布	Christopher Columbus	A.D.1451 ～ 1506
哥德巴赫	Christian Goldbach	A.D.1690 ～ 1764
哥德爾	Kurt Friedrich Gödel	A.D.1906 ～ 1978
埃拉托斯特尼	Eratosthenes	約 276 ～約 194B.C.
埃爾米特	Charles Hermitian	A.D.1822 ～ 1901
夏卡爾	Marc Zakharovich Chagall	A.D.1887 ～ 1985
夏農	Claude Elwood Shannon	A.D.1916 ～ 2001
宮布利希	Ernst Hans Josef Gombrich	A.D.1909 ～ 2001
席勒	Johann Christoph Friedrich von Schiller	A.D.1759 ～ 1805
席賓斯基	Wacław Sierpinski	A.D.1882 ～ 1969
庫哈斯	Rem Koolhaas	A.D.1944 ～
庫寧	Willem de Kooning	A.D.1904 ～ 1997
庫默爾	Ernst Eduard Kummer	A.D.1810 ～ 1893
拿破崙‧波拿巴	Napoléon Bonaparte	A.D.1769 ～ 1821
朗費羅	Henry Wadsworth Longfellow	A.D.1807 ～ 1882
朗蘭茲	Robert Phelan Langlands	A.D.1936 ～
格拉斯曼	Hermann Günther Grassmann	A.D.1809 ～ 1877
桑塔亞那	George Santayana	A.D.1863 ～ 1952
泰戈爾	Rabindranath Tagore	A.D.1861 ～ 1941
泰勒	Brook Taylor	A.D.1685 ～ 1731
泰勒斯	Thales	約 624 ～約 547B.C.
海森堡	Werner Heisenberg	A.D.1901 ～ 1976
烏魯伯格	Uluġ Beg	A.D.1394 ～ 1449
班傑明‧富蘭克林	Benjamin Franklin	A.D.1706 ～ 1790
納皮爾	John Napier	A.D.1550 ～ 1617
納西爾丁	Nasir al-Dīn al-Tūsī	A.D.1201 ～ 1274
索忍尼辛	Aleksandr Isayevich Solzhenitsyn	A.D.1918 ～ 2008

人物	原文名	年代
索菲斯・李	Marius Sophus Lie	A.D.1842 ～ 1899
馬丁・路德	Martin Luther	A.D.1483 ～ 1546
馬可・波羅	Marco Polo	A.D.1254 ～ 1324
馬列維奇	Kazimir Malevich	A.D.1878 ～ 1935
馬克士威	James Clerk Maxwell	A.D.1831 ～ 1879
馬利克沙	Malik-Shah I	A.D.1053 ～ 1092
馬奈	Édouard Manet	A.D.1832 ～ 1883
馬拉美	Stéphane Mallarmé	A.D.1842 ～ 1898
馬哈威拉	Mahavira	A.D.800 ～ 870
馬格利特	René François Ghislain Magritte	A.D.1898 ～ 1967
馬斯凱羅尼	Lorenzo Mascheroni	A.D.1750 ～ 1800
馬瑟	David Masser	A.D.1948 ～
馬蒂斯	Henri Matisse	A.D.1869 ～ 1954
馬蒙	al-Ma'mun	A.D.786 ～ 833
馬赫迪	Mahdi	A.D.1848 ～ 1885
高乃依	Pierre Corneille	A.D.1606 ～ 1684
高斯	Johann Karl Friedrich Gauss	A.D.1777 ～ 1855

十一畫

人物	原文名	年代
偉烈亞力	Alexander Wylie	A.D.1815 ～ 1887
勒貝格	Henri Léon Lebesgue	A.D.1875 ～ 1941
勒讓德	Adrien-Marie Legendre	A.D.1752 ～ 1833
商博良	Champollion	A.D.1790 ～ 1832
婆什迦羅	Bhaskara (Bhāskara II)	A.D.1114 ～ 1185
婆羅摩笈多	Brahmagupta	約 A.D.598 ～約 660
寇恩	Paul Joseph Choen	A.D.1934 ～ 2007
康丁斯基	Wassily Kandinsky	A.D.1866 ～ 1944
康托爾	Moritz Benedikt Cantor	A.D.1829 ～ 1920
康德	Immanuel Kant	A.D.1724 ～ 1804
曼德博	Benoît B. Mandelbrot	A.D.1924 ～ 2010

人物	原文名	年代
曼蘇爾	Mansur	A.D.707 ～ 775
梅森神父	Marin Mersenne	A.D.1588 ～ 1648
梭倫	Solon	638 ～ 559B.C.
畢卡索	Pablo Ruiz Picasso	A.D.1881 ～ 1973
畢達哥拉斯	Pythagoras	約 580 ～約 500B.C.
笛卡兒	René Descartes	A.D.1596 ～ 1650
笛沙格	Girard Desargues	A.D.1591 ～ 1661
荷馬	Homer	約西元前九～前八世紀
莫利特	Jean Morlet	A.D.1931 ～ 2007
莫里哀	Molière	A.D.1622 ～ 1673
莫德爾	Louis Joel Mordell	A.D.1888 ～ 1972
莫羅	Gustave Moreau	A.D.1826 ～ 1898
麥卡托	Gerardus Mercator	A.D.1512 ～ 1594
麥克勞林	Colin Maclaurin	A.D.1698 ～ 1746
麥克勞德	John James Richard Macleod	A.D.1876 ～ 1935

十二畫

傅立葉	Jean Baptiste Joseph Fourier	A.D.1768 ～ 1830
傅柯	Michel Foucault	A.D.1926 ～ 1984
凱拉吉	Karaji	約 A.D.953 ～約 1029
凱萊	Arthur Cayley	A.D.1821 ～ 1895
凱撒	Gaius Julius Caesar	100 ～ 44B.C.
喬托	Giotto	A.D.1266 ～ 1377
喬治‧華盛頓	George Washington	A.D.1732 ～ 1779
惠更斯	Christiaan Huygens	A.D.1629 ～ 1695
斐波那契	Leonardo Fibonacci	約 A.D.1170 ～約 1250
斯坦因	Marc Aurel Stein	A.D.1862 ～ 1943
斯特勞斯	Ernst Gabor Straus	A.D.1922 ～ 1983
普朗克	Max Planck	A.D.1855 ～ 1947
普萊費爾	John Playfair	A.D.1748 ～ 1819

人物	原文名	年代
普魯塔克	Plutarchus	約 A.D.46 ～ 120
普羅克洛	Proclus Lycaeus	A.D.410 ～ 485
普蘭斯	Maurice Princet	A.D.1875 ～ 1973
湯瑪斯・赫胥黎	Thomas Henry Huxley	A.D.1825 ～ 1895
湯瑪斯・傑佛遜	Thomas Jefferson	A.D.1743 ～ 1826
湯瑪斯・楊	Thomas Young	A.D.1773 ～ 1829
策梅洛	Ernst Zermelo	A.D.1871 ～ 1953
腓力二世	Philip II of Macedon	382 ～ 336B.C.
腓特烈二世（神聖羅馬）	Friedrich II	A.D.1194 ～ 1250
腓特烈二世（普魯士）	Friedrich II von Preußen, der Große	A.D.1712 ～ 1786
華生	James Dewey Watson	A.D.1928 ～
華林	Edward Waring	A.D.1736 ～ 1798
華特・司各特	Sir Walter Scott	A.D.1771 ～ 1832
菲茨傑拉德	Edward FitzGerald	A.D.1809 ～ 1883
萊布尼茲	Gottfried Wilhelm Leibniz	A.D.1646 ～ 1710
萊辛	Gotthold Ephraim Lessing	A.D.1729 ～ 1781
萊特	Frank Lloyd Wright	A.D.1867 ～ 1959
萊茵德	Alexander Henry Rhind	A.D.1833 ～ 1863
費拉里	Lodovico Ferrari	A.D.1522 ～ 1565
費馬	Pierre de Fermat	A.D.1601 ～ 1665
閔考斯基	Hermann Minkowski	A.D.1864 ～ 1909
雅可比	Carl Gustav Jacob Jacobi	A.D.1804 ～ 1851
雅各布・白努利	Jakob I. Bernoulli	A.D.1654 ～ 1705
雅克・馬里頓	Jacques Maritain	A.D.1882 ～ 1973
馮・利特羅	Joseph von Littrow	A.D.1781 ～ 1840
馮・諾依曼	John von Neumann	A.D.1903 ～ 1957
黑格爾	Georg Wilhelm Friedrich Hegel	A.D.1770 ～ 1831

十三畫

塔爾塔利亞（原名豐坦納）	Niccolò Tartaglia (Niccolò Fontana)	A.D.1499 ～ 1557

人物	原文名	年代
塞尚	Paul Cézanne	A.D.1839 ～ 1906
奧托	Valentinus Otho	約 A.D.1550 ～ 1605
奧里斯姆	Nicole Oresme	約 A.D.1320 ～ 1382
奧特雷德	William Oughtred	A.D.1574 ～ 1660
奧斯卡・閔考斯基	Oscar Minkowski	A.D.1858 ～ 1931
奧斯特萊	Joseph Oesterlé	A.D.1954 ～
奧瑪珈音	Omar Khayyam	A.D.1048 ～ 1131
奧維德	Publius Ovidius Naso	43 ～ 18B.C.
愛因斯坦	Albert Einstein	A.D.1879 ～ 1955
愛倫・坡	Edgar Allan Poe	A.D.1809 ～ 1849
愛達	Ada, Countess of Lovelace	A.D.1815 ～ 1852
愛默生	Ralph Waldo Emerson	A.D.1803 ～ 1882
楊納傑克	Leoš Janáček	A.D.1854 ～ 1928
聖伯夫	Charles-Augustin Sainte-Beuve	A.D.1804 ～ 1869
葛利格	Edvard Hagerup Grieg	A.D.1843 ～ 1907
葛蘭特	John Graunt	A.D.1620 ～ 1674
路易十六	Louis XVI	A.D.1754 ～ 1793
達文西	Leonardo da Vinci	A.D.1452 ～ 1519
達・伽馬	Vasco da Gama	約 A.D.1460 ～ 1524
達朗貝爾	Jean le Rond d'Alembert	A.D.1717 ～ 1783
達爾文	Charles Robert Darwin	A.D.1809 ～ 1882
雷科爾德	Robert Recorde	A.D.1510 ～ 1558
雷恩	Johann Rahn	A.D.1622 ～ 1676

十四畫

人物	原文名	年代
圖靈	Alan Mathison Turing	A.D.1912 ～ 1954
歌德	Johann Wolfgang von Goethe	A.D.1749 ～ 1832
瑣羅亞斯德	Zarathustra	628 ～ 551B.C.
瑪麗皇后	Marie Antoinette	A.D.1755 ～ 1793
福樓拜	Gustave Flaubert	A.D.1821 ～ 1880

人物	原文名	年代
維尼	Alfred de Vigny	A.D.1797 ～ 1863
維吉爾	Publius Vergilius Maro	70 ～ 19B.C.
維根斯坦	Ludwig Josef Johann Wittgenstein	A.D.1889 ～ 1951
維特魯威	Vitruvius	西元前一世紀
維納	Norbert Wiener	A.D.1894 ～ 1964
蒙日	Gaspard Monge	A.D.1746 ～ 1818
蒙蒂克拉	Jean-Étienne Montucla	A.D.1725 ～ 1799
蒙德里安	Piet Mondrian	A.D.1872 ～ 1944
裴瑞爾曼	Grigori Yakovlevich Perelman	A.D.1966 ～
豪斯費爾德	Godfrey Hounsfield	A.D.1919 ～ 2004
赫克特斯	Hecataeus of Miletus	約 550 ～ 476B.C.
赫拉克利特	Heraclitus of Ephesus	約 535 ～ 475B.C.

十五畫

人物	原文名	年代
劉維爾	Joseph Liouville	A.D.1809 ～ 1882
德布魯	Gerard Debreu	A.D.1927 ～ 2004
德希達	Jacques Derrida	A.D.1930 ～ 2004
德維托	Carl Devito	不詳
德摩根	Augustus De Morgan	A.D.1806 ～ 1871
摩訶毗羅（簡稱大雄）	Lord Mahavira (Vardhamāna)	540 ～ 468B.C.
摩爾	Georg Mohr	不詳
歐多克斯	Eudoxus	408 ～ 355B.C.
歐拉	Leonhard Euler	A.D.1707 ～ 1783
歐威爾	George Orwell	A.D.1903 ～ 1950
歐幾里得	Euclid	約西元前四世紀中～前三世紀中
歐德莫斯	Eudemus	約西元前四世紀
熱爾戈納	Joseph Diez Gergonne	A.D.1771 ～ 1859
熱爾曼	Marie-Sophie Germain	A.D.1776 ～ 1831
魯奧	Georges Rouault	A.D.1871 ～ 1958
黎曼	Bernhard Riemann	A.D.1826 ～ 1866

人物	原文名	年代
十六～十七畫		
澤爾藤	Reinhard Selten	A.D.1930 ～
澤德	Lotfi Aliasker Zadeh	A.D.1921 ～ 2017
盧梭	Jean-Jacques Rousseau	A.D.1712 ～ 1778
諾伊格鮑爾	Otto Eduard Neugebauer	A.D.1899 ～ 1990
諾特	Emmy Noether	A.D.1882 ～ 1935
錢德拉塞卡	Subrahmanyan Chandrasekhar	A.D.1910 ～ 1995
霍布斯	Thomas Hobbes	A.D.1588 ～ 1679
霍奇金	Alan Lloyd Hodgkin	A.D.1914 ～ 1998
默頓	Robert C. Merton	A.D.1944 ～
戴德金	Richard Dedekind	A.D.1831 ～ 1916
繆塞	Alfred de Musset	A.D.1810 ～ 1857
薛丁格	Erwin Schrödinger	A.D.1887 ～ 1961
賽爾伯格	Atle Selberg	A.D.1917 ～ 2007
鍾斯	Vaughan Jones	A.D.1952 ～
韓德爾	Georg Friedrich Handel	A.D.1685 ～ 1759
十八～十九畫		
薩克萊	William Makepeace Thackeray	A.D.1811 ～ 1863
薩頓	George Sarton	A.D.1884 ～ 1956
魏爾倫	Paul Verlaine	A.D.1844 ～ 1896
魏爾斯特拉斯	Karl Theodor Wilhelm Weierstrass	A.D.1815 ～ 1897
魏德曼	Johannes Widmann	約 A.D.1460 ～ 1498
懷海德	Alfred North Whitehead	A.D.1861 ～ 1947
懷特海德	John Henry Constantine Whitehead	A.D.1904 ～ 1960
懷爾斯	Andrew John Wiles	A.D.1953 ～
瓊斯	William Jones	A.D.1746 ～ 1794
羅丹	Auguste Rodin	A.D.1840 ～ 1917
羅巴切夫斯基	Nikolas lvanovich Lobachevsky	A.D.1792 ～ 1856
羅必達	Guillaume de l'Hôpital	A.D.1661 ～ 1704

人物	原文名	年代
羅林森	Henry Creswicke Rawlinson	A.D.1810 ～ 1895
羅素	Bertrand Russell	A.D.1872 ～ 1970
羅普	Félicien Rops	A.D.1833 ～ 1898
羅蘭‧巴特	Roland Barthes	A.D.1915 ～ 1980
龐加萊	Henri Poincaré	A.D.1854 ～ 1912
龐德	Ezra Pound	A.D.1885 ～ 1972

二十畫以上

蘇珊‧朗格	Susanne K. Langer	A.D.1895 ～ 1982
蘇格拉底	Socrates	469 ～ 399B.C.
蘭波	Jean Nicolas Arthur Rimbaud	A.D.1854 ～ 1891

文獻類

中文書名	原文書名
二～四畫	
《人類大命運》	Homo Deus The Brief History of Tomorrow
《人類大歷史》	Sapiens (From Animals Into Gods): A Brief History of Humankind
《人類的知識》	Human Knowledge: Its Scope and Limits
〈三個聲音〉	Three Sounds
《大術》	Arsmagna
《中日數學的發展》	The Development of Mathematics in China and Japan
《中國科學技術史》	Science and Civilisation in China
《中國數學科學箚記》	Jottings on the Science of Chinese
〈公牛頭〉	Tete de taureau
《分析力學》	Mécanique analytique
《天文學大成》	Almagest
《天的階梯》	Sullam al-sama
《天體力學》	Mécanique Céleste
「巴克沙利手稿」	Bakhshali manuscript
《巴門尼德篇》	Parmenides
《巴黎抄本》	Paris Codex
《方法論》	Discours de la méthode
《牛虻》	The Gadfly
五～六畫	
《代數問題的論證》	Risāla fi´l-barāhin alā masā´il al-jabr wa´lmuqābala (Treatise on Demonstration of Problems of Algebra)
《代數通論》	Treatise Algebra
《代數學》（邦貝利）	Algebra
《代數學》（花拉子密）	Kitab al-Jabr wa-l-Muqabala
《令人滿意的論著》	al–Risāla al–Shāfiya
《包法利夫人》	Madame Bovary

中文書名	原文書名
《古今數學思想》	Mathematical Thought From Ancient to Modern Times
《平方數書》	Liber quadratorum
〈生日〉	L'anniversaire
《生物統計學》	Biometrika
《伊利亞德》	Iliad
《印度的計算術》	On the Calculation with Hindu Numerals
《地球的地貌》	Kitāb ṣūrat al-Arḍ
《地理學指南》	Geography
《有關力學定理的方法》	Method Concerning Mechanical Theorems
《自然哲學的數學原理》	Philosophiæ Naturalis Principia Mathematica
《西方文化中的數學》	Mathematics in Western Culture
《西方的智慧》	Wisdom of the west: A historical survey of western philosophy in its social and political setting
《西方哲學史》	A History of Western Philosophy

七～八畫

《吠陀》	Veda
《我是一個數學家》	I am a Mathematician
《拋物線求積》	Quadrature of the Parabola
《沉思錄》	Méditations métaphysiques
《沙恭達羅》	Shakuntala
《沙粒的計算》	The Sand-Reckoner
貝希斯敦銘文	Behistun Inscription
〈亞維農的少女〉	Les Demoiselles d'Avignon
《昔日神童》	Ex-Prodigy: My Childhood and Youth
《物理學》	Physica
《直線透視》	Linear perspective
《肯達克迪迦》	Khandakhadyaka
阿姆士紙草書（又名萊茵德紙草書）	Ahmes Papyrus
《阿耶波多曆數書》	Āryabhaṭīya

中文書名	原文書名

九～十畫

中文書名	原文書名
〈信天翁〉	L'Albatros
《威尼斯商人》	The Merchant of Venice
《建築十書》	De Architectura
《思想錄》	Pensées
《流數法與無窮級數》	Methodus Fluxionum et Serierum Infinitarum
《科學與方法》	Science et Méthode
《科學與假設》	La Science et l'Hypothèse
《科學的世界觀：維也納學派》	The Scientific Conception of the World. The Vienna Circle (Viewing the World Scientifically: The Vienna Circle)
《科學的價值》	La Valeur de la Science
《科學革命的結構》	The Structure of Scientific Revolutions
《美麗境界》	A Beautiful Mind
《致外省人書》	Lettres provinciales
〈致海倫〉	TO HELEN
《英國的海岸線有多長？統計自相似和分數維度》	How Long Is the Coast of Britain? Statistical Self-Similarity and Fractional Dimension
《計算之書》（又名《算盤書》）	Liber Abaci
《計算精華》	Gania sara sarragraha
《哲學史講演錄》	Lectures on the History of Philosophy
《哲學研究》	Philosophical Investigations
《哲學原理》	les Principes de la philosophie
〈埃爾朗根綱領〉	Erlangen Program
《時間簡史》	A Brief History of Time
〈烏鴉〉（又譯〈渡鴉〉）	The Raven
《純粹理性批判》	Kritik der reinen Vernunft
《純粹與應用數學年刊》	Annales de mathématiques pures et appliquées
《純粹數學與應用數學雜誌》	Pure and Applied Mathematics
《馬德里抄本》	Madrid Codex

中文書名	原文書名
十一～十二畫	
《國富論》	The Wealth of Nations
《婆羅摩曆算書》	Brāhmasphuṭasiddhānta
《康丁斯基回憶錄》	Complete Writing on Art
《梵書》	Brahmana
《理想國》	Republic
《莉拉沃蒂》	Lilavati
莫斯科紙草書	Moscow Mathematical Papyrus
《博弈論與經濟行為》	Theory of Games and Economic Behavior
《喀山大學學報》	Kazan Messenger
《單複變函數的一般理論基礎》	Grundlagen für eine Allgemeine Theorie der Funktionen einer Veränderlichen Complexen Gröss
《幾何》	La Géométrie
《幾何原本》	Euclid's Elements (Elements)
《幾何基礎》	Grundlagen der Geometrie
《幾何學原理及平行線定理嚴格證明的摘要》	Geometrical investigations on the theory of parallel lines; On the foundations of geometry
〈幾個圓圈〉	Several Circles
《惡之華》	Les fleurs du mal
《斐波那契季刊》	The Fibonacci Quarterly
普林頓三二二號	Plimpton 322
《森林書》	Aranyakas
《無窮分析引論》	Introductio in analysin infinitorum
〈窗前的早晨〉	Morning at the Window
《童年的回憶》	A Russian Childhood
《結構穩定性與形態發生學》	Stabilité structurelle et morphogenèse
萊茵德紙草書（又名阿姆士紙草書）	Rhind Mathematical Papyrus
《量度四書》（又譯《使用圓規、直尺的量度指南》）	Underweysung der Messung mit dem Zirckel und Richtscheyt
〈開花的蘋果樹〉	The Flowering Apple Tree
〈黃紅藍〉	Yellow-Red-Blue

中文書名	原文書名

十三～十四畫

《圓的度量》	Measurement of a Circle
《圓規幾何》	La geometria del compasso
《圓錐曲線論》	Conics
《奧義書》	Upanishads
《奧德賽》	Odýsseia
《愛瑪》	Emma
《會飲篇》	Symposium
《群牛問題》	The Cattle-Problem
《運用無窮多項方程式的分析學》	De analisi per aequationes numero terminorum infinitas
《演算法本源》	Bijaganita
《熙德》	El Cid
《算板與沙盤計算方法集成》	Jawāmi' al–hisāb bi'l–takhtwa'l turāb
《算術》	Arithmetica
《算術研究》	Disquisitiones Arithmeticae

十五畫

〈寫作的哲學〉	The Philosophy of Composition
《德勒斯登抄本》	Dresden Codex
〈憂鬱〉	Melencolia I
《摩訶婆羅多》	Mahabharata
《數理哲學導論》	Introduction to Mathematical Philosophy
《數論》	Essai sur la Théorie des Nombres
《數論學報》	Acta Arithmetic
《數學史》	Histoire des mathématiques
《數學物理學月刊》	Monatshefte für Mathematik
《數學原本》	Éléments de mathématique
《數學評論》	Mathematical Reviews
《數學匯編》	Mathematicae collectiones

中文書名	原文書名
《暴風雨》	The Tempest
《模控學：或關於在動物和機器中控制和通訊的科學》	Cybernetics: Or Control and Communication in the Animal and the Machine
〈歐幾里得漫步處〉	Where Euclid Walkde
《熱的解析理論》	Théorie analytique de la chaleur
〈論《數學原理》及有關系統的形式之不可判定命題〉	Über formal unentscheidbare Sätze der "Principia Mathematica" und verwandter Systeme
〈論一般五次代數方程之不可解性〉	Mémoire sur les équations algébriques où on démontre l'impossibilité de la résolution de l'équation générale du cinquième degré
《論世界》	Le Monde
《論平面圖形的平衡或重心》	On the Equilibrium of Planes
《論自然》	On Nature
《論浮體》	On Floating Bodies
《論球和圓柱》	On the Sphere and Cylinder
《論組合的藝術》	Dissertatio de arte combinatoria
《論幾何基礎》	A concise outline of the foundations of geometry
《論劈錐曲面體和旋轉橢圓體》	On Conoids and Spheroids
《論螺線》	On Spirals
《魯拜集》	Rubaiyat

十六畫以上

《曆數書》	Kitāb az-Zīj (Book of Astronomical Tables)
《橫截線原理書》	Kitāb al-Shakl al-qattāʲ
《環中的理想論》	Idealtheorie in Ringbereichen
《薄伽梵歌》	Bhagavad Gita
《點線面》	Point and Line to Plane
《繩法經》（又譯《祭壇建築法規》）	Sulba Sutra
《羅密歐與茱麗葉》	Romeo and Juliet
羅塞塔石碑	Rosetta Stone

中文書名	原文書名
《羅摩衍那》	Ramayana
《藝術中的精神》	Concerning the Spiritual in Art
〈關於曲面的一般研究〉	Disquisitiones generales circa superficies curvas
《邏輯哲學論》	Logisch-Philosophische Abhandlung
《邏輯謂詞演算公理的完全性》	Die Vollständigkeit der Axiome des logischen Funktionenkalküls

地名、機構名

中文	原文
下諾夫哥羅德	Nizhny Novgorod
土倫	Toulon
土魯斯	Toulouse
大不里士	Trabiz
內沙布爾	Nishabur
巴克沙利	Bakhshali
巴特那	Patna
巴爾赫	Balkh
比哈爾邦	Bihar
比德爾	Bidar
加里寧格勒	Kaliningrad
卡尚	Kashan
卡納塔克邦	Karnataka
卡爾瓦多斯省	Calvados
尼采米亞大學	Nizamiyyah College
布雷斯勞	Breslau
布爾諾	Brno
弗次瓦夫	Wrocław
瓜廖爾	Gwailor
伊利亞	Elea
列斯伏斯島	Lesbos
托雷多	Toledo
米利都	Miletus
米蒂利尼	Mytilene
考那斯	Kaunas
西發里亞	Westfalen
克拉科夫	Kraków
克盧日—納波卡	Cluj-Napoca
克羅托內	Crotone

中文	原文
呂園	Lyceum
坎達哈	Candahar
希瓦	Khiva
沙勒維爾—梅濟耶爾	Charleville-Mézières
邦加羅爾	Bangalore
亞力克索塔斯	Alexotas
法爾斯	Fars
芬島	Finnøy
阿雅克肖	Ajaccio
阿蘇斯	Assus
南錫	Nancy
哈爾基季基半島	Chalkidiki
皇后堡	Bourg-la-Reine
科澤科德	Calicut
柏拉圖學院	Academy
哥尼斯堡	Königsberg
哥多華	Córdoba
烏賈因	Ujjain
紐倫堡	Nürnberg
馬杜賴	Madurai
馬焦雷湖	Maggiore
敘拉古	Syracuse
梅塔蓬圖姆	Metapontum
梅爾夫	Merv
清奈	Chennai
訥爾默達河	Narmada River
設拉子	Shiraz
智慧宮	Baytal-Hikmah
博納	Bonnes
喀山	Kazan

中文	原文
喀拉蚩	Karachi
斯塔萬格	Stavanger
普列戈利亞河	Pregolya River
普希金藝術博物館	Pushkin State Museum of Fine Arts
塞拉比斯神廟	Serapeum
圖斯	Tus
赫拉特	Herat
潘菲利亞	Pamphylia
邁索爾	Mysore
薩摩斯島	Samos

其他

中文	原文
幻方	Magic Square
卡瓦列里原理	Cavalieri's principle
布爾巴基學派	Nicolas Bourbaki
伽羅瓦理論	Galois theory
完全數	perfect number
希羅公式	Heron's formula
沃爾夫數學獎	Wolf Prize in Mathematics
佩爾方程	Pell's equation
柯克曼女生問題	Kirkman's girl student problem
流數法	Method of Fluxions
哥德巴赫猜想	Goldbach's conjecture
哥德爾定理	Gödel's incompleteness theorems
埃及分數	Egyptian fractions
埃拉托斯特尼篩法（埃氏篩）	sieve of Eratosthenes
庫塔卡解法	kuttaka
高斯消去法	Gaussian Elimination
康托爾連續統假設	Continuum hypothesis
畢達哥拉斯定理	Pythagorean theorem
莉拉沃蒂獎	Leelavati Prize
傅立葉變換	Fourier transform
華林問題	Waring's problem
費馬小定理	Fermat's little theorem
費馬最後定理	Fermat's Last Theorem
費爾茲獎	Fields Medal
圖爾戰役	Bataille de Poitiers
維加雅那加王國	Vijayanagar
赫爾佐格和德梅隆	Herzog & de Meuron Architekten
蒙地卡羅方法	Monte Carlo method
摩爾定律	Moore's law

中文	原文
數論	number theory
歐拉定理	Euler's theorem
盧卡斯教授	Lucasian Professor
盧卡斯數學教授席位	Lucasian Chair of Mathematics
親和數	amicable number
霍納算法	Horner scheme (Horner method)
謝赫拉莎德數	Palindromic number
羅巴切夫斯基幾何	Lobatschewsky geometry

索引

人物索引

三畫以下

E・T・貝爾　35, 41, 60, 214

F・鮑耶　241-242

G・康托爾　227-228, 262, 266-270, 300

G・E・摩爾　298, 303-304

H・G・威爾斯　113

J・鮑耶　223, 240-242, 244, 251, 253, 257

一行　96

三上義夫　92

大流士一世　39, 145

四畫

丹尼爾・白努利　203-204

公孫龍　81

切比雪夫　227

孔多塞侯爵　206-207, 217

孔恩　109

巴貝奇　289-290

巴門尼德　58-59

巴哈　188

巴拿赫　272

巴格尼尼　56

巴塔尼　141

巴赫杜　288

巴羅　176-177, 238

戈列尼雪夫　33

戈蒂耶　254

牛頓　108-109, 155, 173-174, 176-179, 184, 194-195, 198, 200, 210-211, 214, 218, 233, 235, 237-238, 261, 271, 283, 286, 297

王之渙　309

王安石　99

王孝通　97

五畫

丘成桐　246-247

卡瓦列里　89, 175

卡瓦菲　67

卡斯帕羅夫　294

卡爾達諾　160, 167-169

卡諾　215, 217

古德里　292

古騰堡　68, 184

史考特・羅素　293

史蒂文斯　237

史蒂芬・霍金　275

司馬遷　80

外爾　273

尼古拉・白努利　203

布拉赫　174, 177

布倫瑞克公爵　244

布勞威爾　301
布萊克　288
布爾　292
布魯內萊斯基　161-162
布豐伯爵　320
弗萊明　281
弗蘭克爾　300
玄奘　53, 123
瓦特　281
瓦薩里　163
甘地　226
皮亞諾　315, 321
皮科克　263
皮爾森　285, 321

六畫

丟番圖　36, 73-74, 77, 105, 125, 140, 160,
　169, 191, 318
亥姆霍茲　227
伊夫斯　24, 49, 323
伊本‧西拿（阿維森納）　146
伏尼契　292
伏爾泰　200, 205
休斯　288
休謨　238-239
吉卜林　133
吉拉爾　319
多瑪斯‧阿奎那　157
安德魯‧赫胥黎　284-285
托姆　309
托勒密　45, 72-73, 124, 137, 141, 157, 318
托勒密一世　66, 68, 72
托爾斯泰　243, 303
旭烈兀　146-147
朱世杰　98, 105-108, 110, 112
米沃什　161
米爾斯　284
色諾芬　60

艾狄胥　36
艾肯　290
艾略特　256-258
西爾維斯特　108, 236-237

七畫

伯里克利　58-59
伽利略　56, 174-175, 184-185, 286
伽羅瓦　231-233, 272, 311, 320
但丁　50
何承天　92
佛洛伊德　306
克卜勒　174-177, 179, 289
克利　278
克里克　286
克萊因　16, 31, 76, 323
克萊殷　15, 232, 311, 321
克羅內克　266, 268, 270
克麗歐佩特拉　82, 88
利瑪竇　68, 97
吳文俊　13, 111, 323
坎托羅維奇　287-288
希帕索斯　297
希帕提婭　77, 273, 318
希提　137, 324
希爾伯特　232, 242, 245, 250, 268-270,
　272, 283, 300-302, 307-308, 321, 325
希羅　72
希羅多德　29, 39, 50, 52, 56
李文林　94. 323
李世石　294-295
李白　135
李冶　98, 105-108
李約瑟　79-80, 82-83, 98, 109, 324
李淳風　93, 95
李善蘭　69, 71, 110, 111
李煜　98
李維史陀　310

杜甫　135
杜勒　164-166
杜象　164
沃利斯　176-177, 239
沃爾泰拉　285
沈括　98-101, 108, 112
沙特　254
狄利克雷　191, 249, 271
狄拉克　272, 283
貝爾特拉米　321
貝爾德　281
辛波絲卡　161
辛格　284
邦貝利　319

八畫

亞里斯多德　26, 49, 51, 59-61, 63-65, 76,
　78, 133, 138, 157, 192, 224, 258, 261, 276
亞當‧斯密　281
亞歷山大‧貝爾　281
亞歷山大大帝　64, 66, 120-121, 128, 135
佩脫拉克　156-157
佩爾　127, 132
奈波爾　129
奈許　287
孟克　15, 229
孟德爾　306
孟德爾頌　191
居魯士大帝　145
帕松　213, 219, 288
帕波斯　70, 74
帕斯卡　100, 147, 170, 173, 179, 181-183,
　185-186, 188, 191, 240, 258, 289, 319
帖木兒　149-150
拉瓦錫　211
拉辛　193
拉姆齊　265
拉岡　310

拉朗德　320
拉格朗日　189-190, 194, 197-198, 205-
　206, 208-214, 217-218, 220, 224-225,
　228, 231,
拉特利夫　285-286
拉馬丁　257
拉馬努金　132-133
拉曼　133
拉曼羌德拉　133
拉斐爾　61, 160
拉普拉斯　198, 205-206, 211-215, 224,
　226, 233
易卜生　15, 229
林德曼　232
法爾廷斯　36
法顯　53, 123
波耳　283
波洛克　279-280
波特萊爾　17, 223-224, 252-257, 262, 278
波赫士　113
芝諾　49, 58-61, 76, 81, 174, 268, 317
花拉子密　27, 138-141, 154, 157, 167, 318
邱奇　307
阿伯提　155, 160-163, 165, 170, 184, 312
阿貝爾　15, 169, 218-219, 228-231, 233,
　241, 251, 253-254, 320
阿那克希米尼　52-53
阿佩爾　292, 322
阿姆士　33
阿波利奈爾　259, 276
阿波羅尼奧斯　157, 172, 174, 318
阿耶波多　123-126, 128
阿涅西　273
阿納克西曼德　52-53
阿基米德　49, 69-72, 74, 87, 89-90, 92-93,
　157, 159, 173-175, 209, 215, 318
阿基里斯　59
阿蒂亞　284

阿道斯・赫胥黎　284
阿達馬　271
阿爾・卡西　92, 97, 149-152
阿爾都塞　310
阿蒙森　15, 229
阿羅　287
雨果　254, 257

九畫

哈里奧特　315
哈拉瑞　18
哈肯　292, 322
哈倫・拉希德（拉希德）　136-138, 142,
　146
哈特蘭　285-286
哈密頓　210, 232-237, 251, 263, 292-293,
　320
哈雷　192, 209
威廉・布萊克　296
威廉・喬治・霍納　101
思維二世（葛培特）　156-157
拜倫　290
施卡德　289
柏拉圖　45, 49, 51, 58-65, 67, 74, 76, 78,
　137, 175, 200, 289, 317
查理曼大帝　136
柯瓦列夫斯卡婭　226-227, 273
柯西　211, 219, 224-227, 229, 231, 298
柯克曼　293
柯慈　299
柯爾莫哥洛夫　321
柯潔　294
洛克　238
玻恩　236
珍・奧斯汀　258
科比意　310
科伊倫　151
科馬克　287

科普曼斯　287
約翰・白努利　195, 197-198, 200-203
胡塞爾　306
迦梨陀娑　123, 126
韋瓦第　188
韋伊　310-311
韋斯特福爾　109
韋達　41, 169, 319
韋爾斯　48, 324

十畫

哥白尼　55-56, 161, 164, 174-175, 261,
　313
哥倫布　161
哥德巴赫　74, 269-270
哥德爾　17, 302, 305-308, 321
埃拉托斯特尼　49, 69, 74-75, 318
埃爾米特　232
夏卡爾　259-260
夏農　288-289
宮布利希　50
席勒　194
席賓斯基　37
庫哈斯　312
庫寧　280
庫默爾　191
徐光啟　68
拿破崙・波拿巴　32, 205-208, 211-212,
　214-216, 224-226, 228, 230
朗費羅　251-253
朗蘭茲　311
格拉斯曼　235, 263
桑塔亞那　259
泰戈爾　133
泰勒　194-195
泰勒斯　49-53, 76, 317
海森堡　236, 283
烏魯伯格　150, 153

班傑明・富蘭克林　200
祖沖之　89, 91-94, 98, 111
祖暅　93
秦九韶　14, 96-98, 103-106, 111-112
納皮爾　319
納西爾丁　146-149, 239-240
索忍尼辛　299
索菲斯・李　15, 311
馬丁・路德　164
馬可・波羅　27
馬列維奇　279-280
馬克士威　219, 281-282
馬利克沙　144
馬奈　253, 278
馬拉美　253, 257
馬哈威拉　127-130, 138, 153, 318
馬格利特　259-260
馬斯凱羅尼　207
馬瑟　192
馬蒂斯　257, 277
馬蒙　136, 138-139, 142
馬赫迪　136
高乃依　193-194
高斯　86, 105, 174, 211, 228-229, 231, 233,
　240-242, 244-247, 249, 257, 261-262,
　271, 273, 286, 312, 315, 320

十一畫

偉烈亞力　69, 105
勒貝格　271
勒讓德　206, 249
商高　82-83
商博良　32
婆什迦羅　127-128, 130-133, 153, 158,
　319
婆羅摩笈多　125-128, 130, 132, 135, 137-
　138, 140
寇恩　300

康丁斯基　265, 277-279
康托爾　105
康德　187, 220-221, 238, 241, 261, 269,
　289
張丘建　95-97, 158
張蒼　84
張衡　88-89
曼德博　295-296, 322
曼蘇爾　136-137, 142
梅森神父　170, 176
梭倫　51
畢卡索　259-260, 275-277
畢達哥拉斯　17, 42-43, 49, 52-58, 61-62,
　68, 70, 78, 82, 84, 99, 116-117, 127, 143,
　145, 152, 159, 175, 186, 188, 190, 208,
　297, 312, 317
笛卡兒　170-173, 176-177, 180-181, 184-
　186, 191, 199, 238, 240, 274, 315, 319
笛沙格　170-171, 173, 240
荷馬　22, 50
莊周　81
莫利特　310
莫里哀　193
莫德爾　36
莫羅　257
陳子　83
陳建功　112
陳省身　36, 246
麥卡托　172
麥克勞林　195
麥克勞德　281

十二畫

傅立葉　213, 216, 219, 310
傅柯　310
凱拉吉　142
凱萊　108, 235-237, 266, 292
凱撒　31, 82

喬托　50
喬治・華盛頓　200
彭實戈　288
惠更斯　181, 319
惠施　80-81
斐波那契　27, 85, 97, 121, 146, 153, 158-160, 315, 319
斯坦因　97
斯特勞斯　36
普朗克　283-284
普萊費爾　239-240
普魯塔克　51
普羅克洛　3, 239
普蘭斯　276
湯瑪斯・赫胥黎　284
湯瑪斯・傑佛遜　200-201
湯瑪斯・楊　32
程大位　289
策梅洛　300
腓力二世　64
腓特烈二世（神聖羅馬）　159-160
腓特烈二世（普魯士）　210
華生　286
華林　189
華特・司各特　258
華羅庚　189
菲茨傑拉德　144
萊布尼茲　56, 110, 74, 176-177, 179-183, 185-186, 193-195, 197-201, 203, 218, 238, 240, 249, 289, 292-293, 295, 301, 315, 319
萊辛　194
萊特　311
萊茵德　32-34
費拉里　168-169
費馬　17, 37, 54-55, 73, 127, 160, 172-173, 176, 178, 181-182, 185, 188-193, 202, 210, 220, 309, 319

閔考斯基　232, 270, 281-282, 321
雅可比　45, 229, 249
雅各布・白努利　197, 198, 201-203, 218, 288
雅克・馬里頓　154, 157
馮・利特羅　312
馮・諾依曼　283, 287, 290-292, 322
馮康　292
黃巢　98
黑格爾　60, 238, 298

十三畫

塔爾塔利亞（豐坦納）　167-169
塞尚　276-277
奧托　92
奧里斯姆　172
奧特雷德　315
奧斯卡・閔考斯基　270
奧斯特萊　192
奧瑪珈音　142-149, 153, 239-240
奧維德　201
愛因斯坦　36, 242, 262, 282-283, 307
愛倫・坡　17, 224, 251-255, 262
愛達　290
愛默生　251-252
楊振寧　284
楊納傑克　306
楊輝　98, 100-103, 105, 107-108, 112, 129, 165
聖伯夫　254, 257
葛利格　15, 229
葛洪　91
葛蘭特　192
賈憲　98, 100-101, 106, 147,
路易十六　206, 210
達文西　160, 163-164
達・伽馬　75, 129
達朗貝爾　198, 212, 238

達爾文　71, 261, 286
雷科爾德　315
雷恩　315

十四畫

圖靈　291, 308
歌德　194
瑣羅亞斯德　139
瑪麗皇后　211
福樓拜　256
維尼　342
維吉爾　201
維根斯坦　16-17, 43, 298, 302-306
維特魯威　70, 312
維納　288-289, 322
蒙日　165, 206, 214-218, 225, 246, 320
蒙哥大汗　146
蒙蒂克拉　320
蒙德里安　279-280
裴秀　91
裴瑞爾曼　275
豪斯費爾德　287
赫克特斯　53
赫拉克利特　58, 81
趙元任　109
趙匡胤　98
趙爽　83-84, 88-89, 111, 131

十五畫

劉維爾　232
劉徽　74, 88-94, 98, 152
德布魯　287
德希達　310
德維托　312
德摩根　133, 186, 292
摩訶毗羅（大雄）　118, 134, 139
摩爾　207
歐多克斯　297

歐拉　105, 127, 174, 182, 187, 190, 195-
　　198, 201, 203, 208, 210-211, 218, 220,
　　228, 231-232, 249-250, 269, 274, 277,
　　315, 320
歐威爾　133
歐幾里得　61-63, 65-70, 72, 77, 82, 101,
　　104, 111, 125, 137, 140, 143, 148, 154,
　　157, 184-186, 188, 207, 209, 214, 224,
　　238-239, 241, 244, 246-248, 257, 261-
　　263, 269, 275, 313, 318-319
歐德莫斯　51, 52
熱爾戈納　320
熱爾曼　273
魯奧　258
黎曼　246-250, 256-257, 262, 274, 277,
　　282-284, 320

十六～十七畫

澤爾藤　287
澤德　294
盧梭　205
諾伊格鮑爾　42-43
諾特　272-273, 283
錢德拉塞卡　133
霍布斯　238
霍奇金　284-286
默頓　288
戴德金　227-228, 269
繆塞　257
薛丁格　272, 283
賽爾伯格　15
鍾斯　286
韓德爾　188

十八～十九畫

薩克萊　133
薩頓　105, 108-109
魏治德　315

魏爾倫　257
魏爾斯特拉斯　226-228, 268-269, 271, 315
魏德曼　315
懷海德　16, 185, 298-299
懷特海德　133
懷爾斯　190-192, 322
瓊斯　315
關孝和　110-111
羅丹　258
羅巴切夫斯基　148, 240-248, 257, 262-263, 320
羅必達　203
羅林森　39
羅素　21, 23, 48, 56, 78, 186, 268, 297-303, 321
羅普　258
羅蘭‧巴特　310
龐加萊　242, 274-275, 298, 321, 322
龐德　37

二十畫以上

蘇步青　112
蘇軾　99
蘇珊‧朗格　259
蘇格拉底　58, 60-61, 64
蘭波　215, 257

文獻索引

三畫以下

《乙巳占》　95
《九章算術》　82, 84-88, 91-95, 103, 106, 125, 130, 318
《九章算術注》　88-89
《人類大命運》　18
《人類大歷史》　18
《人類的知識》　299
〈三個聲音〉　279
《大術》　167-168, 319

四畫

《中日數學的發展》　92
《中國科學技術史》　82, 98
《中國數學科學簡記》　105
〈公牛頭〉　259-260
《分析力學》　209-210, 218
《天文學大成》　72, 318
《天的階梯》　150
《天體力學》　213-214, 226, 233
「巴克沙利手稿」　120, 122
《巴門尼德篇》　58
《巴黎抄本》　25
《方法論》　172-173, 185
《牛虻》　292

五～六畫

《代數問題的論證》　143
《代數通論》　263
《代數學》（邦貝利）　319
《代數學》（花拉子密）　138-140, 154, 157, 167, 318
《令人滿意的論著》　148
《包法利夫人》　256
《古今數學思想》　16, 323
《四元玉鑑》　108, 110

《平方數書》　160

〈生日〉　260

《生物統計學》　285

《伊利亞德》　59, 64

《印度的計算術》　27, 139-140

《地球的地貌》　141

《地理學指南》　137, 157

《有關力學定理的方法》　69

《自然哲學的數學原理》　178-179, 200,
　233

《西方文化中的數學》　16, 323

《西方的智慧》　299, 324

《西方哲學史》　299, 324

七～八畫

《吠陀》　115-116

《我是一個數學家》　289

《 物線求積》　69

《沉思錄》　185

《沙恭達羅》　123

《沙粒的計算》　69

貝希斯敦銘文　39, 145

〈亞維農的少女〉　275-276

《周髀算經》　30, 82-84, 88, 95, 117, 318

《昔日神童》　288

《泛說》　105

《物理學》　59, 64

《直線透視》　195

《肯達克迪迦》　126

阿姆士紙草書（又名萊茵德紙草書）　33

《阿耶波多曆數書》　123

九～十畫

〈信天翁〉　254-255

《威尼斯商人》　194

《建築十書》　70, 312

《思想錄》　185, 188, 258

《流數法與無窮級數》　178

《科學的世界觀：維也納學派》　306

《科學的價值》　275

《科學革命的結構》　109

《科學與方法》　275

《科學與假設》　275

《美麗境界》　287

《致外省人書》　185

〈致海倫〉　251

《英國的海岸線有多長？統計自相似和分
　數維度》　295

《計算之書》（又名《算盤書》）　85,
　121, 158, 319

《計算精華》　129, 318

《哲學史講演錄》　60

《哲學研究》　303-304

《哲學原理》　185

〈埃爾朗根綱領〉　15, 311, 321

《孫子算經》　95-96

《時間簡史》　275

《海島算經》　85, 95, 98

〈烏鴉〉（又譯〈渡鴉〉）　253

《純粹理性批判》　220, 238

《純粹與應用數學年刊》　320

《純粹數學與應用數學雜誌》　228

《馬德里抄本》　25

十一～十二畫

《國富論》　281

《婆羅摩曆算書》　126

《康丁斯基回憶錄》　279

《張丘建算經》　95-96

《梵書》　115

《理想國》　62-63

《莉拉沃蒂》　131-132

《莊子》　88, 88

莫斯科紙草書　33-35

《逍遙遊》　81

《博弈論與經濟行為》　287

《喀山大學學報》　244

《單複變函數的一般理論基礎》　249

《幾何》　173

《幾何原本》　65-68, 73-77, 82, 87, 110, 137, 143, 148, 154, 157, 184, 224, 239, 263, 269, 318

《幾何基礎》　321

〈幾何學原理及平行線定理嚴格證明的摘要〉　243

〈幾個圓圈〉　279

《惡之華》　256-257

《斐波那契季刊》　160

普林頓三二二號　42-43

《森林書》　115

《測圓海鏡》　105-106

《無窮分析引論》　232

〈窗前的早晨〉　257

《童年的回憶》　227

《結構穩定性與形態發生學》　309

萊茵德紙草書（又名阿姆士紙草書）　32-34

《量度四書》（又譯《使用圓規、直尺的量度指南》）　165

〈開花的蘋果樹〉　280

《黃帝九章算經細草》　100

〈黃紅藍〉　279

十三～十四畫

《圓的度量》　69, 157

《圓規幾何》　207

《圓錐曲線論》　71-72, 77, 157, 318

《奧義書》　115-116

《奧德賽》　22

《愛瑪》　258

《會飲篇》　62

《群牛問題》　69

《詳解九章演算法》　100-101

《運用無窮多項方程式的分析學》　178

《夢溪筆談》　99

《演算法本源》　131

《熙德》　194

《算板與沙盤計算方法集成》　147

《算法統宗》　289

《算術》　73, 77, 191, 318

《算術研究》　245

《算術書》　82-83

《算經十書》　95, 97

《算學啟蒙》　107-109

《綴術》　93-95, 98

〈駁議〉　93

十五畫

《墨經》　80

〈寫作的哲學〉　252

《德勒斯登抄本》　25

《憂鬱》　103, 165

《摩訶婆羅多》　116

《數書九章》　103-104, 106, 319

《數理哲學導論》　303

《數論》　249

《數論學報》　73

《數學史》　320

《數學物理學月刊》　306

《數學原本》　322

《數學評論》　42-43

《數學匯編》　74

《暴風雨》　194

《模控學：或關於在動物和機器中控制和通訊的科學》　322

〈歐幾里得漫步處〉　259-260

《熱的解析理論》　219

《緝古算經》　95, 97

〈論《數學原理》及有關系統的形式之不可判定命題〉　306

〈論一般五次代數方程之不可解性〉　228

《論世界》　185

《論平面圖形的平衡或重心》　69

《論自然》　58

《論浮體》　69

《論球和圓柱》　69

《論組合的藝術》　80, 293, 319

《論幾何基礎》　320

《論劈錐曲面體和旋轉橢圓體》　69

《論螺線》　69

《魯拜集》　144-145

十六畫以上

《曆數書》　141

《橫截線原理書》　148

《環中的理想論》　273

《薄伽梵歌》　115

《點線面》　279

《繩法經》（又譯《祭壇建築法規》）
　29, 116-117, 317

《羅密歐與茱麗葉》　194

羅塞塔石碑　32, 39

《羅摩衍那》　116

《藝術中的精神》　278-279

〈關於曲面的一般研究〉　246

《邏輯哲學論》　303-304

《邏輯謂詞演算公理的完全性》　306

LEARN 037
數學大歷史

作　　　者 — 蔡天新
主　　　編 — 邱憶伶
責任編輯 — 陳詠瑜
責任企畫 — 葉蘭芳
封面設計 — 李莉君
內頁設計 — 張靜怡

總 編 輯 — 李采洪
董 事 長 — 趙政岷
出 版 者 — 時報文化出版企業股份有限公司
　　　　　　108019 臺北市和平西路 3 段 240 號 3 樓
　　　　　　發行專線 — (02) 2306-6842
　　　　　　讀者服務專線 — 0800-231-705・(02) 2304-7103
　　　　　　讀者服務傳真 — (02) 2304-6858
　　　　　　郵撥 — 19344724 時報文化出版公司
　　　　　　信箱 — 10899 台北華江橋郵局第 99 信箱
時報悅讀網 — http://www.readingtimes.com.tw
電子郵件信箱 — newstudy@readingtimes.com.tw
時報出版愛讀者粉絲團 — https://www.facebook.com/readingtimes.2

法律顧問 — 理律法律事務所　陳長文律師、李念祖律師
印　　　刷 — 紘億彩色印刷有限公司
初版一刷 — 2018 年 3 月 16 日
初版三刷 — 2021 年 3 月 5 日
定　　　價 — 新臺幣 480 元

時報文化出版公司成立於一九七五年，
一九九九年股票上櫃公開發行，二〇〇八年脫離中時集團非屬旺中，
以「尊重智慧與創意的文化事業」為信念。

數學大歷史 / 蔡天新著 . -- 初版 . -- 臺北市：
時報文化 , 2018.03
　　368 面 ; 17×23 公分 . --（LEARN ; 37）

　　ISBN 978-957-13-7345-4（平裝）

　　1. 數學　2. 歷史

310.9　　　　　　　　　　　　107002771

© 蔡天新 2017
本書中文繁體版由中信出版集團股份有限公司
授權時報文化出版企業股份有限公司在臺灣香
港澳門地區獨家出版發行。
ALL RIGHTS RESERVED

ISBN 978-957-13-7345-4
Printed in Taiwan